高等院校新能源专业系列教材
普通高等教育新能源类"十四五"精品系列教材

Thermoelectric Conversion Technology and Intelligent Internet of Things

热电转换技术与智能物联

林涛　韦国锐　编著

中国水利水电出版社
www.waterpub.com.cn
·北京·

内 容 提 要

新能源利用技术是自然科学和工程学的结合，其理论基础宽广，创新及学科应用交叉特点突出，工程实践性强。本书围绕着新能源利用、热电转换技术、基础要素、物联网标准、智能物联网系统设计及物联网智能应用案例等内容进行编著。随着5G、云计算和人工智能等领域技术的快速发展，物联网及智能物联已经从概念阶段跨入应用阶段，热电转换物理世界与智能物联信息世界的融合探索正在进行，如何应对学科应用交叉的挑战很重要，本书理论联系实际，结合了大量相关专业典型案例。

本书既适合作为高等院校中低年级学生、大专院校及高职院校高年级学生教材，也可以作为研究生参考教材。对于从事新能源技术工作、爱好新能源的读者，本书也有重要的参考价值。

图书在版编目（CIP）数据

热电转换技术与智能物联 / 林涛，韦国锐编著. -- 北京 ：中国水利水电出版社，2021.7
高等院校新能源专业系列教材 普通高等教育新能源类“十四五”精品系列教材
ISBN 978-7-5170-9739-6

Ⅰ. ①热… Ⅱ. ①林… ②韦… Ⅲ. ①热电转换－物联网－高等学校－教材 Ⅳ. ①TK123②TP393.4③TP18

中国版本图书馆CIP数据核字(2021)第135871号

书　名	高等院校新能源专业系列教材 普通高等教育新能源类“十四五”精品系列教材 **热电转换技术与智能物联** REDIAN ZHUANHUAN JISHU YU ZHINENG WULIAN
作　者	林　涛　韦国锐　编著
出版发行	中国水利水电出版社 （北京市海淀区玉渊潭南路1号D座　100038） 网址：www.waterpub.com.cn E-mail：sales@waterpub.com.cn 电话：（010）68367658（营销中心）
经　售	北京科水图书销售中心（零售） 电话：（010）88383994、63202643、68545874 全国各地新华书店和相关出版物销售网点
排　版	中国水利水电出版社微机排版中心
印　刷	北京瑞斯通印务发展有限公司
规　格	184mm×260mm　16开本　10.75印张　262千字
版　次	2021年7月第1版　2021年7月第1次印刷
印　数	0001—1500册
定　价	**49.00**元

前　言

世界经济的现代化，得益于化石能源，特别是石油、天然气、煤炭等广泛地投入应用，但化石能源总储量在地球上有限，近年来意识到化石能源局限性的各国政府无不大力扶持太阳能、风能、水能、热能等新能源的发展，新能源开发利用进入快车道。新能源中热电转换技术是一种直接将热能转换为电能的有效方法，因其清洁、无毒害物质排放等优点而受到瞩目，尤其在太阳能热、余热、废热方面的利用受到重视，热电转换技术与应用研究正在如火如荼地进行。热电转换技术通过大面积固态热电组件（热电转换组件）来有效地将热能转化成电能，应用领域非常广泛，并迅速由早期满足航空航天、野外和海洋作业等特殊领域的需求延伸到太阳能、地热能、工业余/废热等低品位热源应用领域，极大拓展热电转换技术的应用领域空间。

随着热电转换技术的发展壮大，热电转换技术及热电转换元件等越来越成熟，太阳能光热成为一种分布式能源加入电能大家庭。在加入电能大家庭之前，首先需要通过物联网将发电元件连接起来，形成一定的规模来增强电压和电流与电网同步；接着，通过物联网加上智能化处理得到的智能物联网云端计算及大数据分析来指导运行，以实现高效、高质的发电目的。因此物联网、智能物联网系统结构、基础要素、系统设计等知识也是十分重要。通过热电转换的能源期望更加顺畅地加入能源大家庭，好的智能物联网（智能电网）可以为其提供技术支撑，并可以协助热电能源构建网内运行策略及适应运营效益的要求，从而促进热电转换能源与其他能源的和谐相处。利用热电转换技术开发其他产品也很令人鼓舞，例如余热能量收集器，余热能量收集器可直接给物联网传感节点提供电能，不需要额外供电设备及频繁更换电池，这对物联网传感节点及计算节点的大规模应用带来助推作用，非常值得期待。

本书由新能源热电转换技术和智能物联两篇组成，第一篇主要讲述太阳能利用形式与特征、热电转换设备；第二篇讲述智能物联网基础要素、物联网系统结构及设计、物联网智能应用方案、物联网标准等，书中案例由理论至应用，由生活至专业，有助于了解智能物联网是怎样改变了我们的生活，对社会及产业会产生怎样的影响，我们应该如何去应对。本书表现了理论—技术—应用的特性。书中内容由浅入深、图文并茂、通俗易懂，如能为读者提供技术参考与帮助，笔者将十分荣幸。

随着新能源开发的飞跃发展，新能源开发新技术与应用越来越受到关注和重视，而这种多学科应用衔接型书籍学科建设需要它，产业需要它，市场也需要它。如何展示和讲解本领域的发明发现、最新技术和基本原理，如何把多学科应用思维融会贯通，是一个有意义但不容易的过程，本书希望通过严谨而实际的叙述，将这些知识和成果展示给读者，以供参考。本书如果能作为理论与实际应用的桥梁，而引起读者对新能源之奥秘更进一步的探索兴趣，是笔者最大的期望。让我们迈出坚实的一步！

本书共7章。第1章由林涛、韦国锐共同编写；第2～第6章由林涛编写；第4～第7章由韦国锐编写。

本书可作为高等院校、大专院校、高职院校新能源、能源动力及发电相关专业学生的教学用书，或供研究生、工作在本领域的人员及新能源爱好者参考。笔者试着下工夫，无论读者具有自然科学基础知识的程度如何，书中均能找到与自己能够共鸣及有用的部分。

本书衷心感谢为新能源发展努力奋斗的人，感谢审稿专家、感谢团队成员，感谢给予我们支持与帮助的人……同时本书还参考了大量的著作及文献，无法全部列出，谨向有关作者致谢。

由于热电转换技术与智能物联都是新概念，加之书中章节与页数有限不能详尽讲述，难免存在不足与疏漏之处，恳请读者予以指正，以便改进。

作者

2021年5月

目　录

第二篇 智能物联

第一篇

新能源热电转换技术

第1章 绪论

在我国，随着工业化、城镇化发展和全球经济一体化不断深入，能源资源不足、供应压力增加、环境保护矛盾突出，应对气候变化能力不足和农村能源亟待发展改善等问题日益严峻和凸显。从长远来看，积极发展清洁能源技术，不断优化能源结构，开发各种可利用的新能源，提高新能源及清洁能源的消费比重，最终实现能源多样化和可持续发展，是解决上述问题的重要途径。面对能源危机，人们正在努力地寻找新的能源，热电转换技术是一种直接将热能转换为电能的有效方法，并具有清洁、无毒害物质排放等优点。近年来利用废热、余热来进行发电越来越受到人们的重视，对热电转换原理、影响热电转换的因素、热电转换装置、大规模热电转换系统设计、热电转换系统智能化控制及管理等的研究正在如火如荼地进行。热电转换技术基于塞贝克效应，通过固态热电组件（热电转换组件）来有效地将热能直接转化成电能，早期广泛应用于航空航天、野外和海洋作业等特殊领域。随着技术的突破与发展的需要，热电转化技术迅速延伸到太阳能、地热能、工业余/废热等低品位热源应用领域，极大拓展热电转换技术的应用空间。

近年来，新能源、泛在能源物联网、物联网、数字化及智能控制的开发备受瞩目。随着5G技术与物联网智能化的发展，“第四次产业革命”的浪潮正在向我们涌来，面对第四次产业革命对个人与社会的冲击，怎样在物联网社会中生存下去非常重要。物联网对人类生活方式的改变及生活质量的改善，我们已经体验到了，但物联网是怎样改变我们生活的呢？原理和系统是怎样的呢？大数据及智能控制是怎样实现的呢？还有，物联网对产业会产生怎样的影响呢？新能源发电，能量利用及收集、能源综合利用系统，智能电网、汽车、农业等，与物联网及物联网智能化结合会产生什么新的场景与新的业态呢？

能源需求在不断增加，新能源开发，尤其是光伏发电、风电近年来得到了快速发展，分布式电源快速投入切出，发电效率及效益也得到了充分发挥及最大化利用。基于此，研究人员近年来提出了一种新的分布式能源组织方式和结构——微电网，或简称微网。新能源热电转换如要加入能源微网大家庭，首先得实现自己的物联网，组成具有一定规模的分布式电源。热电转换元件和光伏发电元件同样，在加入电能大家庭之前，需要先通过物联网使发电元件连接起来，形成一定的规模来增强电压和电流与电网同步；接着通过智能电网物联网云端计算及大数据分析来指导运行，以实现高效高质的发电；由智能控制来实现动作回馈，运行策略与运营效益要求合理的物联网系统结构设计，好的系统设计还可以促进热电转换与其他能源的和谐相处。利用热电转换技术开发其他产品也很令人鼓舞，如余热能量收集器，余热能量收集器可直接给物联网传感节点提供电源，不需要额外供电设备及更换电池，这对物联网传感节点及计算节点的大规模应用带来助推作用，非常值得期待。因此，物联网、智能物联网原理，基础、要素、结构、简要设计、系统及运行管理知识亦是十分重要。

本书通过介绍热能回收利用、热电转换技术、热电转换设备开发及案例和物联网、智能物联网基础要素知识、结构及其设备、系统平台设计及应用案例等，使读者了解智能物联的重要性，了解智能物联网系统中智能处理形式及实现过程，了解其是怎样改变了我们的生活，对社会及产业产生怎样的影响，有助于帮助我们去应对技术进步带来的挑战。

1.1　热电转换技术

热电转换技术主要研究热能和电能的相互转换，分为发电和致冷两大分支，具有独特优点。近年来，利用废热、余热来进行热电转换越来越受到人们的重视。热电转换技术基于塞贝克（Seebeck）效应，是直接将热能转化为电能的一种发电手段，只要存在温度差就能使其产生电能。热电转换组件是一种没有转动部件的固态器件，体积小、寿命长，工作时无噪声，而且无需维护。目前，市面上成熟的大多数热电转换系统的运用，多用于航天、航空领域的热回收、工业锅炉余热、或者高温烟气回收系统上。

按工作温度来分类，热电转换器可分为高温热电转换器、中温的热电转换器和低温热电转换器三大类。高温热电转换器，其热面工作温度一般在 700℃以上，使用的典型热电材料是硅锗合金（SiGe）；中温热电转换器，其热面工作温度一般为 400～700℃，使用的典型热电材料是碲化铅（PbTe）；低温热电转换器，其热面工作温度一般在 400℃以下，使用的典型热电材料是碲化铋（Bi_2Te_3）。在低品位热能利用方面热电转换器也很有前途，包括工业废热、垃圾燃烧热、汽车排气管的余热、太阳热、地热、海洋热等，热源温度范围宽广。采用热电转换技术大规模利用低品位热能，可以开发出结构简单、维护少，而且是无公害的能源设备，热电转换器利用这些热能可直接产生电能被使用。

热电转换技术是一种直接将热能转换为电能的有效方法，热电转换组件及热电组件如图 1.1 所示。一个简单的热电转换组件可以一对或多对热电单元连接而成。可以根据具体的应用环境进行设计。

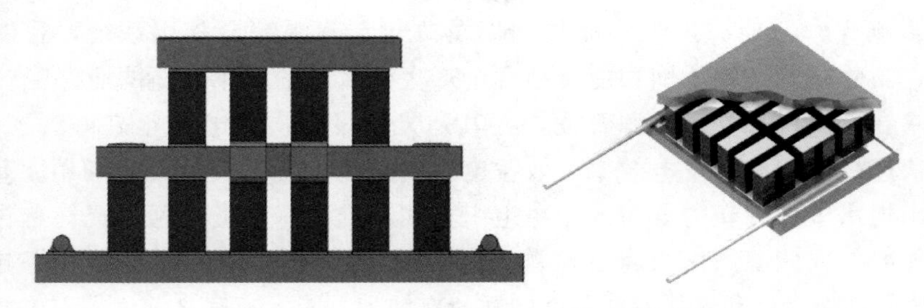

图 1.1　热电转换组件及热电组件

经过数十年的研究开发，热电转换技术由早期满足航空航天、野外作业等特殊领域的需要延伸到太阳能、地热能、工业余/废热等低品位热源应用领域，极大地拓展了热电转换技术的应用空间。由此，通过大面积固态热电转换组件，有效地将热能转换成电能的目标也正在逐步被实现。

通常光伏电池存在着因吸收的太阳辐射热量不能及时转换成电能而引起背板温度上升，

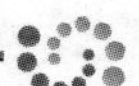

以致影响转换效率或热失效的问题，热电转换系统可以协助解决这个问题，热电耦合发电系统是一个对太阳光能与热能同时利用的发电系统。Hashim 等对热电复合系统提高输出功率与系统成本增加方面展开讨论，探索如何平衡获取最大功率的同时耗费最低的热电组件成本。

热电转换效率及热物性：热电转换效率主要依靠优值系数 Z，而热电材料的优值系数 Z 主要跟热电材料的热物性（Seebeck 系数、电导率、热导率）参数有着密切联系。无量纲的优值系数 ZT 通常被用来作为热电材料性能的评价指标。随着技术的进展，提高热电材料的优值系数已成为近期亟待解决的问题之一。20 世纪 50 年代以后，室温工况下热电材料的优值系数从 0.75 提高到 1，近年来也在相关领域取得重要进展。如基于高质量的二维量子超晶格纳米级电子结构的 $P-Bi_2Te_3/Sb_2Te_3$ 材料在室温下优值系数 $ZT=2.4$，基于量子纳米结构的 PbSeTe 材料在室温下优值系数 $ZT=2.0$。根据热电材料的特性可知，要想得到高优值系数的材料，必须提高材料的塞贝克系数和电导率，降低材料的热导率。

研制新型电负性差异较小的化合物热电材料。材料的电负性差异越小，其迁移率与有效质量的积值一般也越大，热电优值系数也越高。开发高对称性复杂晶体结构材料，提高声子的散射能力和简并度。通过不同材料间形成固溶体或掺杂的办法使材料的晶体结构更复杂，可以在获得最佳载流子浓度的同时增加点缺陷来对声子散射，进一步降低热导率。随着技术的发展，晶格掺杂，降低材料维数（量子纳米结构）以及高性能热电材料（方钴矿）的研发将逐步被解决，热电材料的性能以及热电转换系统的能量转换效率将得到提高，以满足不同应用环境的需要。

如图 1.1 所示，以常见的热电组件结构为例。通常采用提高热电组件两端的有效温度梯度来提高热电组件的转换效率，由于热胀冷缩效应的影响从而造成热端、冷端的连接片以及基板的膨胀和收缩，特别是在非稳态热源工作的情况下，焊接接口容易产生裂缝，增加接口的电阻和热阻以及基板的机械性断裂，最终可能导致热电组件的损坏，从而降低热电系统的使用寿命。因热胀冷缩而产生的应力是不可完全避免的，但可以通过改善焊料、焊接工艺以及基板的材料加以考虑。

热电发电技术是一种将低品位热能直接转换成为高品质电能的有效手段，具有无噪声、寿命长、绿色环保等特点，因此热电发电系统在低品位能源回收利用方面具有重要意义。但由于现阶段热电发电系统的转换效率还较低，可靠性也有待提高，还不具备作为煤、天然气及核能等热电系统的余热回收系统。但是随着高性能热电材料、焊料及先进焊接工艺的开发，热电转换系统的可靠性将得到保障，热电转换系统在中低温余热回收方面更具优势。

结合国内外热电转换系统的研究现状，以下 3 个方面工作的开展需要重视。

(1) 热电转换系统首要解决热电组件的有效温差的提高。采用高效导热基板、高性能焊料以及先进的焊接工艺，在提高热电组件有效温差的同时确保可靠性。

(2) 通过实验研究并结合数值仿真模拟的方法，对热电转换系统的冷端、热端及负载压力等主要参数进行优化设计，使热电转换系统在最匹配的外场条件下运行。

(3) 作为热电转换系统的重要组成部分，控制设备和逆变设备的转换效率、稳定性和可靠性不容忽视，这些对于热电系统融入分布式智能电网家族有重要的意义。

根据 2021 年 5 月中国产业信息网发布的《2021—2025 年中国汽车后市场深度调研及投资前景预测报告》显示，中国汽车的保有量达 2.81 亿辆，通常情况下汽车内燃机中的能源利用率为 20%～30%，其 70%的尾气热量可以通过热电转换组件进行直接回收，直接作为汽车电能再利用。白洁玮和 Jang 等针对汽车尾气热源的特点，结合热电转换技术的特性，开发供车载用电设备使用的热电转换系统，并进行了可靠性验证。同时，采用有限元分析软件，进行热电转换系统的优化，提高系统的输出功率。此外，生物质炉热电转换系统、烟囱热电转换系统以及同位素热电转换系统相继被开发应用；从而促进热电转换技术为微机电系统、医药设备、可穿戴电子设备以及传感器等提供电能，实现输出功率从微瓦级、毫瓦级再到千瓦级的跨越。不同数量级的热电材料在各种能量转换中的应用如图 1.2 所示。具体如下：

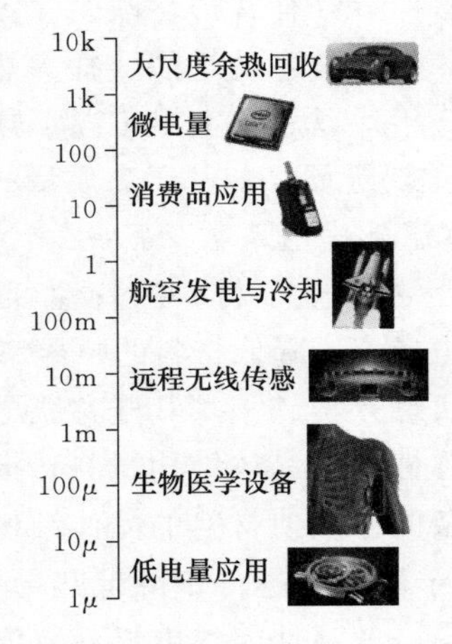

图 1.2　不同数量级的热电材料在各种能量转换中的应用

(1) 半导体致冷。半导体致冷技术的机理完全不同于蒸汽压缩式制冷、吸收式制冷，它是以热电现象为基础的制冷方法。1834 年法国物理学家帕尔帖在铜丝的两头各接一根铋丝，在分别将两根金属丝连接到直流电源的正负极上，通电后，发现一个接头变热，另一个接头变冷。这说明两种不同材料组成的电回路在有直流电通过时，两个接头处分别发生了吸放热现象。这就是半导体致冷的依据。用两种不同的金属丝相互连接在一起，形成一个闭合电路，把两个连接点分别放在温度不同的两处，就会在两个连接点之间产生一个电势差，即接触电动势，同时闭合电路中有电流通过。反过来，将两种不同的金属线相互连接形成的闭合线路通以直流电，会产生两个不同温度的连接点，即只要通以直流电，就会使其中一个连接点变热，另一个连接点变冷，这就是帕尔帖效应，也称热电现象，冷端就是我们需要的制冷。如果电流方向反向，那么结点处的冷热作用互易。半导体致冷器的产制冷量一般很小，所以不宜大规模和大制冷量使用。但由于它的灵活性强，简单方便冷热切换容易，非常适宜于微型制冷领域或有特殊要求的用冷场所。

(2) 半导体致冷片。它是一种半导体热泵，如图 1.3 所示。它的优点是没有滑动部件，应用在一些空间受到限制，可靠性要求高，无制冷剂污染的场合。利用半导体材料的 Peltier 效应，当直流电通过两种不同半导体材料串联成的电偶时，在电偶的两端即可分别吸收热量和放出热量，可以实现制冷的目的。它是一种产生负热阻的制冷技术，其特点是无运动部件，可靠性也比较高。

图 1.3　半导体致冷片

半导体致冷片是一个热传递的工具。当一块 N 型半导体材料和一块 P 型半导体材料连结成的热电偶对中有电流通过时，两端之间就会产生热量转移，热量就会从一端转移到另一端，从而产生温差形成冷热端。但是半导体自身存在电阻当电流经过半导体时就会产生热量，从而会影响热传递。而且两个

基板之间的热量也会通过空气和半导体材料自身进行逆向热传递。当冷热两端达到一定温差，当两端的热传递量相等时，就会达到一个平衡点，正逆向热传递相互抵消。此时冷热端的温度就不会继续发生变化。为了达到更低的温度，可以采取散热等方式降低热端的温度来实现。

当一块N型半导体材料和一块P型半导体材料联结成电偶对时，在这个电路中接通直流电流后，就能发生能量的转移。吸热量和放热量的大小是通过电流的大小以及半导体材料N、P的元件对数来决定。通过在热电致冷器的两端加载一个较低的直流电压，热量就会从组件的一端转移到另一端。此时，致冷器的一端温度就会降低，而另一端的温度就会同时上升。如果改变热电致冷器输入电流的方向，既可改变热流的方向，从而实现冷热切换。因此，在一个热电致冷组件上就可以同时实现制冷与加热两种模式，并可以做到温度的精确控制。大部分半导体致冷器的高度在2.5～50mm（0.1～2.0英寸）之间，根据形状、基板材料、金属化图案和安装连接材料的不同可以分为很多种类。

半导体热电致冷器的制冷量（半导体致冷器中实际传送的热量）正比于加载的直流电流大小和半导体致冷器两端的热流量。可以通过在0到最大值之间调整加载电流大小，来调整和控制热流和温度。半导体致冷器有很多优点。它是一种没有转动部件的固态器件，体积小、寿命长，工作时无噪声，又不会释放有害物质（如氟氯烃）；只要改变电流的方向，同一个致冷器可用于致冷，也可以制热；调节电压或电流就可以精确控制温度。由于它具有这一系列优点，在工业、农业、科学研究和国防等各领域都得到了广泛的应用。

单级半导体热电致冷器的有效温差为68℃，根据应用环境的需要，可以进行多级的设计。图1.4为单级半导体热电致冷组件，图1.5为多级半导体热电致冷组件。其中，一个热面和一个冷面的单层热电组件称为单级半导体热电致冷组件。为了获得更大温差或者更大性能系数，将上一级半导体致冷组件的热端与下一级半导体致冷组件的冷端热耦合，如此叠加形成的多层次的组件被称为多级半导体致冷组件。

图1.4 单级半导体热电致冷组件

图1.5 多级半导体热电致冷组件

半导体热电致冷组件在应用过程中与热交换器构成一个完整的系统，通常称为半导体致冷器，该致冷器也可用于加热。常见设备图如图1.6、图1.7所示。按热交换器形式进行分类，半导体致冷器可分为空冷式半导体致冷器和水冷式半导体致冷器等。半导体致冷的应用非常广泛，在光电子领域，有光电子器件使用的热电制冷器、电子工业中的电子器件冷却如计算机芯片的冷却，工业和科学仪器的冷却，在家用电器中有饮水机、小型空调机、半导体致冷除湿系统等非常广泛的应用。利用半导体致冷片原理，本研究团队开发了开关柜半导体致冷除湿系统，使得电气设备开关柜体中的空气实时除湿、调节及管理成为可能。智能化环境调节系统可以实现致冷、制热、除湿功能一体化；彻底解决电气设备系统由于空气湿度、温度变化而引起的安全问题以及系统的配电问题，极大提高了高压电气设备的运行安全性。半导体致冷除湿系统可使用商业用电，也可使用太阳能光伏能源作为供电能源，环保经济。基于热电除湿技术开发的一种新能源智能化空气调节系统，系统采用半导体致冷技术，结合新能源发电及供电系统，通过中控调度和集中控制平台，对机柜及环境的空气质量进行监控、调节及远程调度，有效解决了维护、用电等难题，实现除湿、加热功能一体化，如图1.8所示。

图1.6　光电子器件使用的半导体致冷器

图1.7　饮水机与小型空调

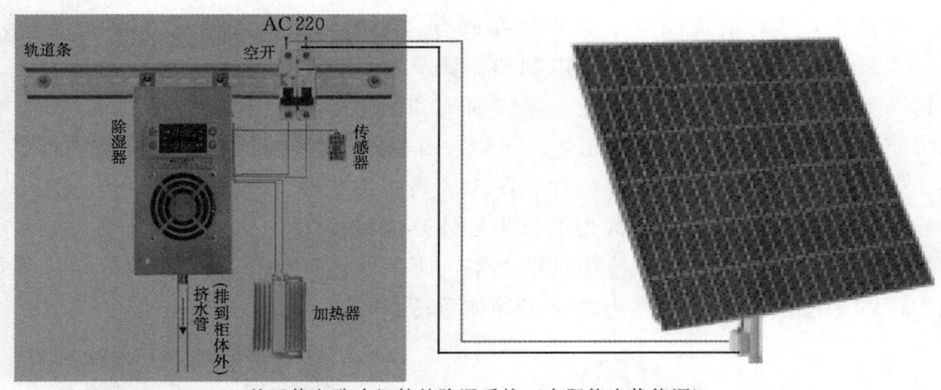

基于热电致冷组件的除湿系统（太阳能光伏能源）

图1.8　半导体致冷应用示例

1.2　碳达峰、碳中和的目标与举措

2020年我国提出了“碳达峰、碳中和”的基本目标和重要举措，承诺将提高国家资助贡献力度，采取更加有力的政策和措施，做到二氧化碳排放力争2030年前达到峰值，努力争取2060年前实现碳中和，碳达峰与碳中和目标彰显了我国走绿色低碳发展道路的坚定决心。碳达峰及碳中和目标提出以清洁替代加快能源生产减碳、以电能替代加快能源使用减碳，目标及举措中重视构建以新能源为主体的新型电力系统以支持碳达峰国家战略的实现，强调了重视新技术等的发展思想。目标举措立足我国国情、遵循能源发展规律，明确提出碳达峰与碳中和的根本出路是以能源生产清洁化、能源消费电气化为方向，着力优化能源结构、提高能源效率、严控化石能源总量、构建清洁主导、电力中心的现代能源体系。碳达峰与碳中和之目标对于社会群体与产业界均是一个新的重大挑战。

碳达峰与碳中和总体思路中提出坚持清洁低碳可持续发展方向，阐述了中国能源互联网基础平台的重要性。能源互联网是一种能源产业发展新形态，相关技术、模式、举措等均处于探索发展阶段。目标举措中明确指出，互联网应该在建立清洁高效的现代能源体系、绿色低碳循环发展的现代化经济体系中起到重要作用，这会为碳达峰目标的实现奠定坚实的基础。图 1.9 所示为能源互联网大家庭中能源、发电企业、电网企业、用能企业、金融企业、政府、监管机构之间的电碳关系。能源互联网的典型场景如图 1.10 所示。

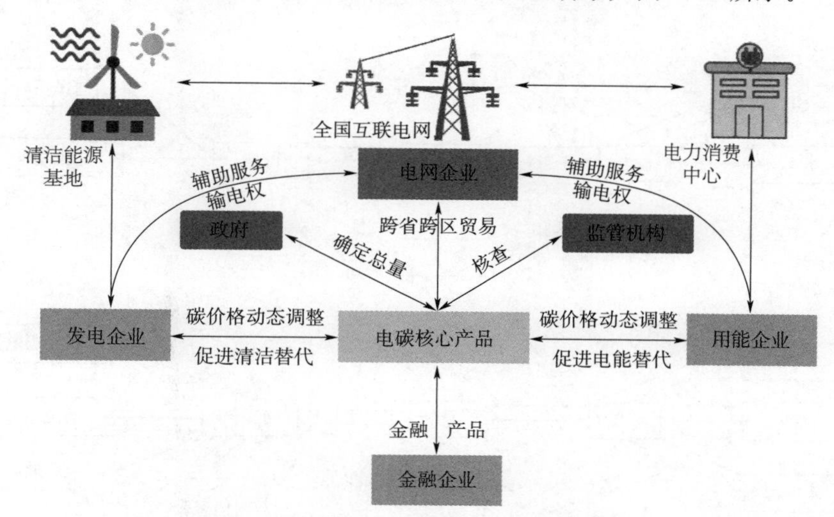

图 1.9　能源互联网大家庭中的电碳关系

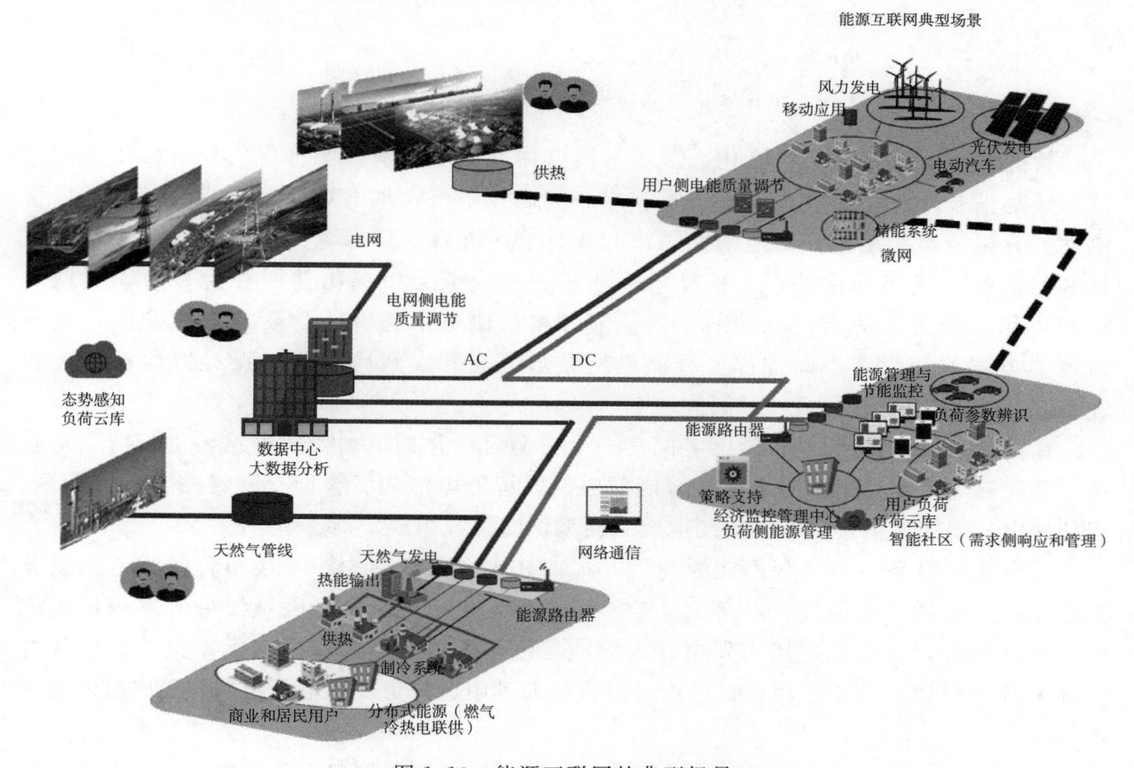

图 1.10　能源互联网的典型场景

电碳关系中智能电网与智能微电网会成为重要的基础平台，智能电网与智能微电网的研究正在如火如荼地进行，我们非常有必要了解能源、分布式能源系统的内涵及特点，理解发展智能电网、智能微电网的重要性。图1.11为传统电网与智能电网的区别。图1.12为智能电网的组成示意图。传统电网总体上是一个刚性系统，智能化程度不高，信息之间缺乏共享，无法构成一个实时的有机统一整体，对于大量新能源电力接入电网的要求显得力不从心。

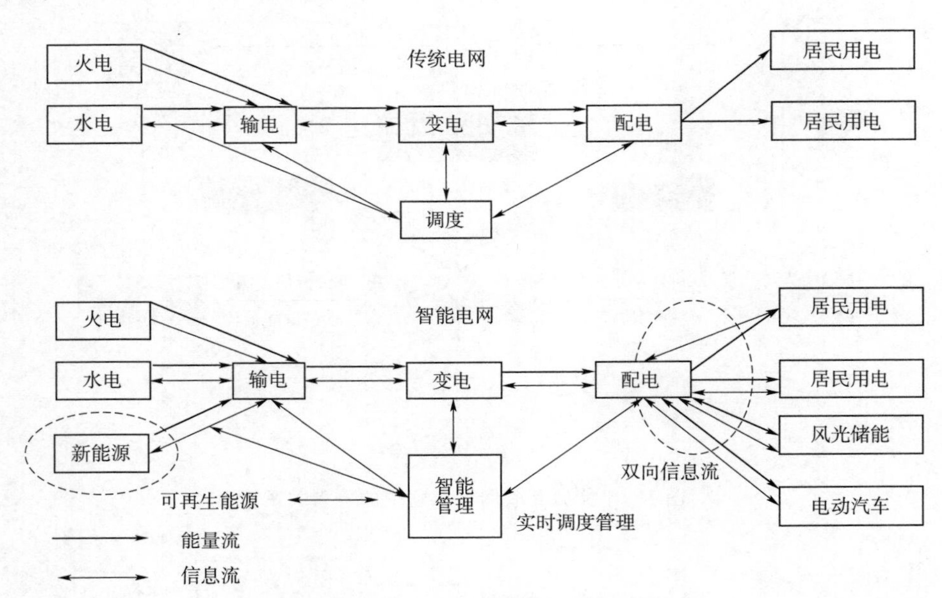

图1.11 传统电网与智能电网的区别

智能电网就即电网的智能化。智能电网以物理电网为基础，将现代先进的传感测量技术、通信技术、信息技术、计算机技术和控制技术与物理电网高度集成而形成的新型电网。它以充分满足用户对电力的需求和优化资源配置、确保电力供应的安全性、可靠性和经济性、满足环保约束、保证电能质量、适应电力市场化发展等为目的，实现对用户可靠、经济、清洁、互动的电力供应和增值服务。随着社会及技术的发展，业界对智能电网的理解在不断加深，智能电网技术研究和实践应用也在强有力地被推进和完善。

由图1.12中可以看到，智能电网是一个完全自动化的电力传输网络，由智能发电系统、智能输电系统、智能变电站、智能配电网、智能电能表、智能交互终端、智能调度、智能家电、智能用电楼宇等城市用电网和新型储能系统组成。

分布式发电是一种新兴的能源利用方式，其定义可概括为：直接布置的配电网或分布在负荷附近的发电设施，经济、高效、可靠地发电。分布式发电系统中的发电设施称为分布式电源，主要包括风力发电、太阳能发电、燃料电池、微型燃气轮机等。这些电源通常发电规模小且靠近用户，一般可以直接向其附近的负荷供电或根据需要向电网输出电能。

微电网是一种新型电力网络结构，是一组微电源、负荷、储能系统和控制装置构成的系统单元。微电网是一个能够实现自我控制、保护和管理的自治系统，既可以与外部电网并网运行，也可以孤立运行。微电网是相对传统大电网的一个概念，是指多个分布式电源及其相关负载按照一定的拓扑结构组成的网络，并通过静态开关关联至常规电网。

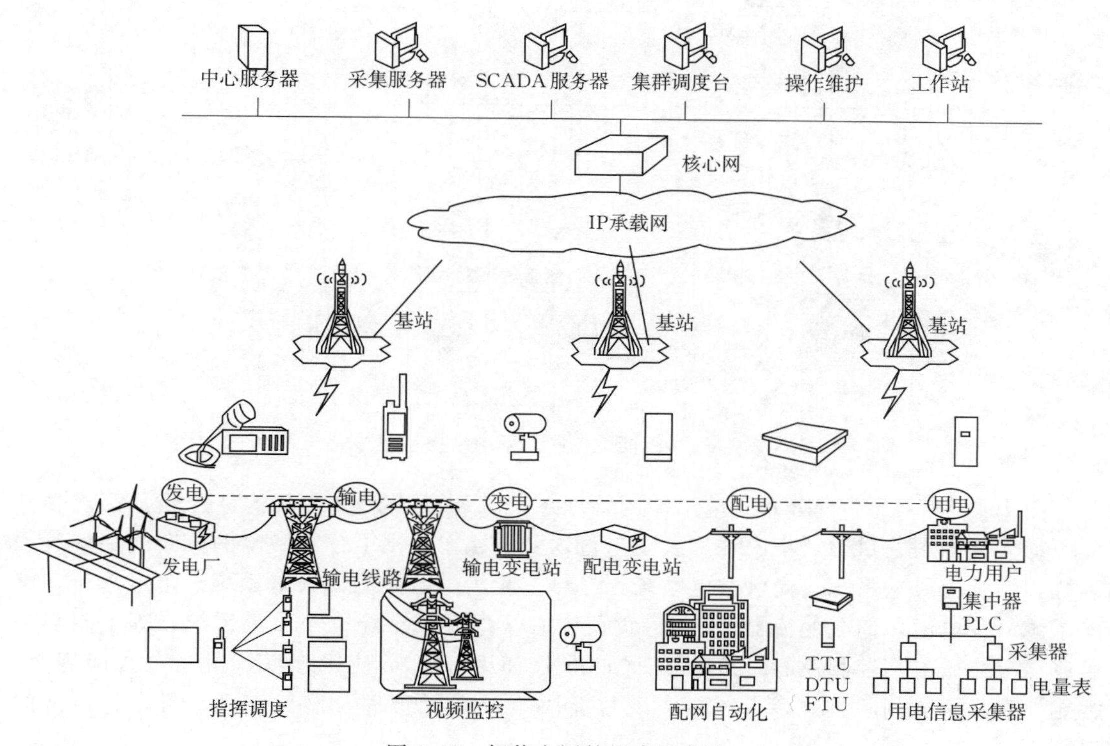

图 1.12　智能电网的组成示意图

智能微电网就是微电网的智能化，它的原理、特点与智能电网相似。它是将可再生清洁能源发电技术，如风力发电、光伏发电、生物质能、燃气轮机、热电转换、燃料电池等能源管理系统（EMS）和输配电设施高度集成的新型电网。智能微电网可以看作是一个小型的电力系统，它具备完整地发电、输电、配电功能，可以实现局部的功率平衡与能量的优化，在大电网系统中微电网又可以看成为一个电源或负荷。作为小型完整的电力系统，智能微电网依靠自身的控制及管理功能实现功率平衡控制、系统运行优化、故障检测与保护、电能质量治理等方面的功能。它除了高可靠性供电，还具备高效率能量管理功能，可以显著提高能源利用率，并具备在线电能质量监测与优化功能，可通过计算机云服务与手机客户终端实现数据监测与管理，可对多种能源发电进行实时监控及调度运行。图 1.13 表示一例智能微电网的系统结构示意图。

由图 1.13 可知智能微电网由分布式电源、储能装置、能量转换装置、监控及保护装置汇集而成的小型发配电系统。通过能量管理控制可以进行多种分布式新能源发电，可以实现发电调峰及负荷不间断优质供电、系统智能化保护与运行、发电及用电效益最大化，智能微电网是智能电网的重要组成部分，在工商业区域、城市片区及偏远地区有广泛的应用前景，智能微电网将进入快速发展区。

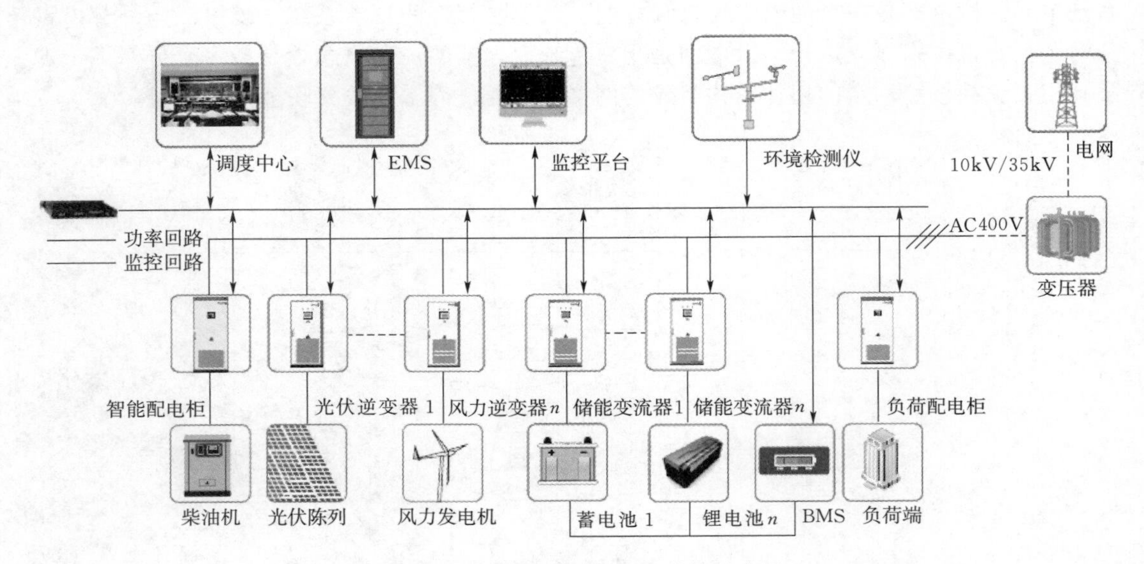

图 1.13　智能微电网的系统结构示意图

图 1.14 表示了多种分布式电站能源管理系统（EMS）的整体架构，目标是实现多种能源最大化利用的目的。华南理工大学与科远公司合作开发了智能微电网分布式能源管理系统，系统由风电系统、光伏发电系统、光热—光伏发电系统、火电系统、水电系统、储能系统（蓄电池，储能变流器 PCS）、负荷中心管理系统、配电开关柜系统、等主要部分组成。智能微电网控制及能量管理画面如图 1.15 所示，负荷管理系统具备“智能感知、智能处理、智能判断”的特点，能实现智能决策及运行管理及确保安全、可靠、经济的运行。

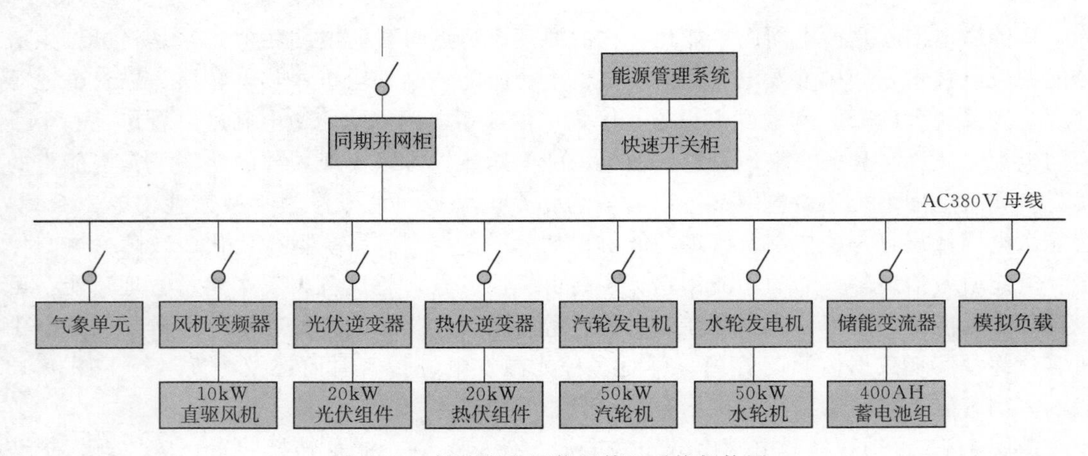

图 1.14　智能微电网能源管理系统架构图

智能微电网能量优化管理系统 EMS 中的能源种类较多，每一种能源均具有自己的能量转换特性，智能微电网智能控制平台能进行多能种能源发电匹配，通过优化控制策略的实现，去帮助多种分布式能源实现利用及效率的最大化。

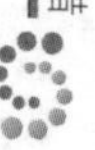

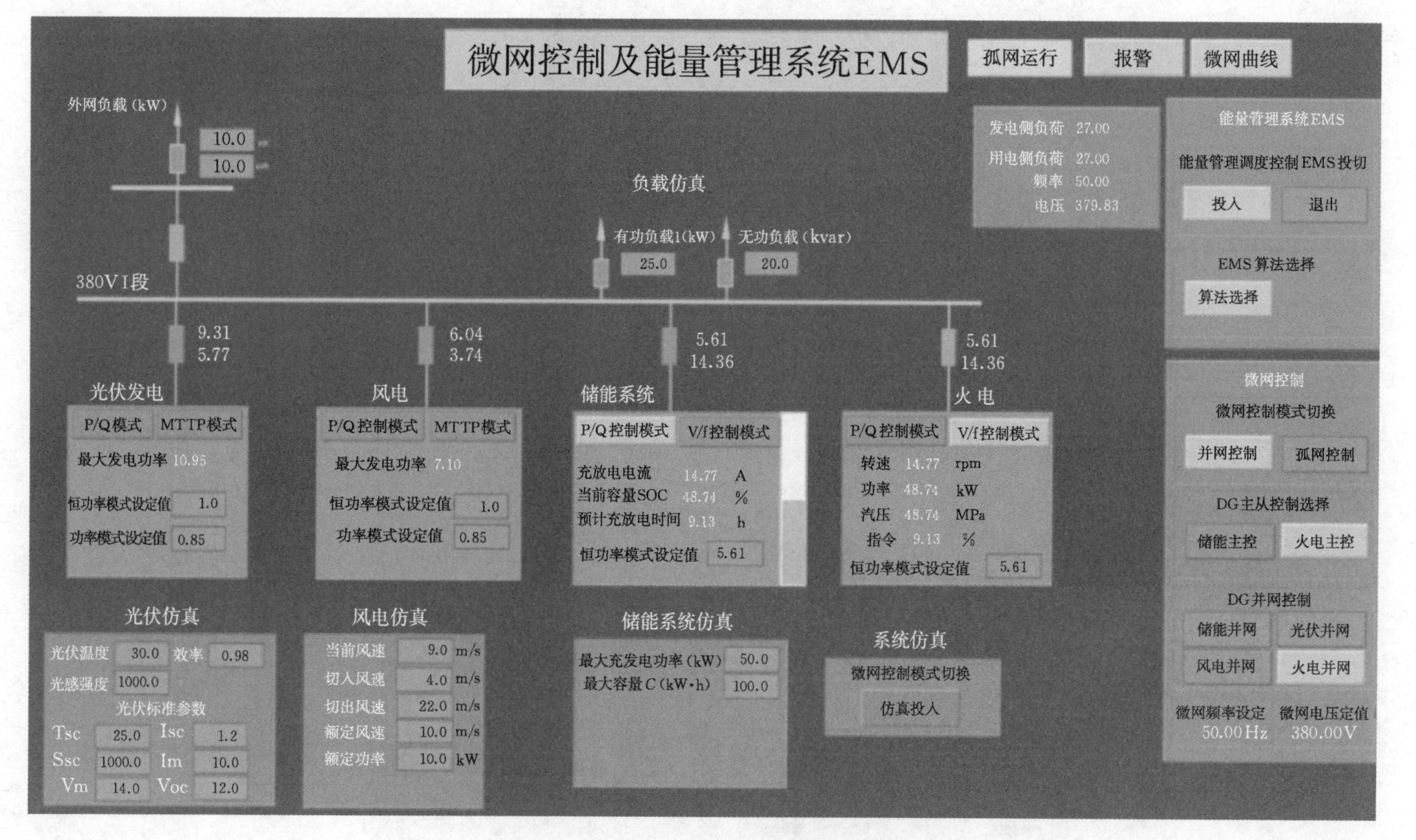

图1.15 智能微网控制及能量管理系统界面

图 1.16 表示了能源综合管理系统的监测控制总画面，除了实现能源最佳调度发电出力效率外，系统还能够实时监测及计算二氧化碳的排放量及相对减少使用标准煤炭的用量，这表示对社会作出了贡献的结果。图 1.17 表示了光伏发电能量控制管理画面，图 1.18 表示了风力发电能量控制管理画面，图中 MPPT 模式表示最大功率点跟踪控制模式，V/f 为输出电压与频率成正比控制模式，P/Q 表示恒定功率控制模式。

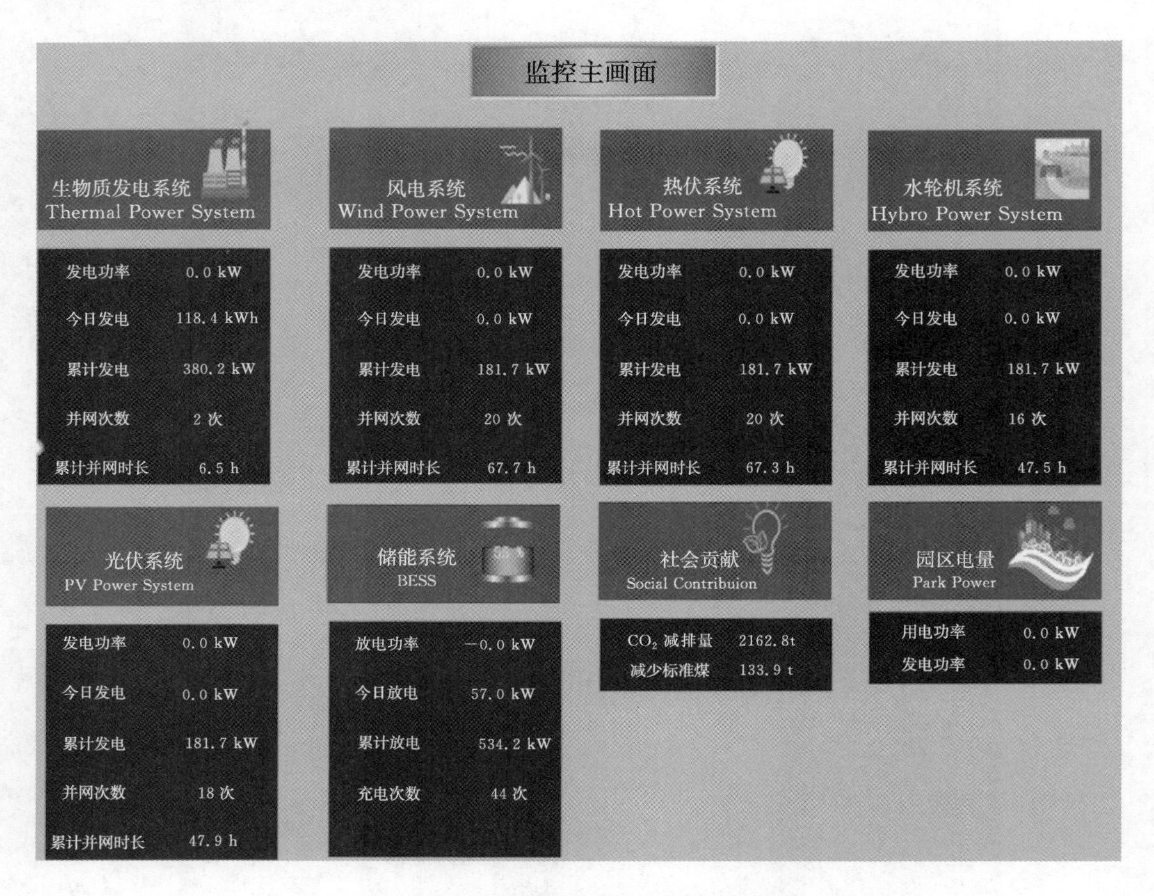

图 1.16　综合能源能量管理监控总画面

智能微电网把分布式电源、负荷、储能设备及控制系统结合起来，构成了小型电力系统。智能微电网核心功能是大量接入风能、太阳能等分布式能源发电方式，提高了分布式能源发电方式的渗透率及并给微电网加上了智能化处理的功能。智能微电网支持并网运行与孤岛运行两种模式：在并网工作模式下，与中压、低压配电网并网运行，互为支撑，实现能量的双向交换。当外部电网故障或调度条件发生变化时可转换成孤岛运行模式，继续为本地区内的重要负荷提供电能。管理平台通过采取先进的控制策略和控制手段，可以保证微电网内的高质量电能供电特性，另外对应并网、孤岛两种运行模式的无缝切换也能够快捷实现。

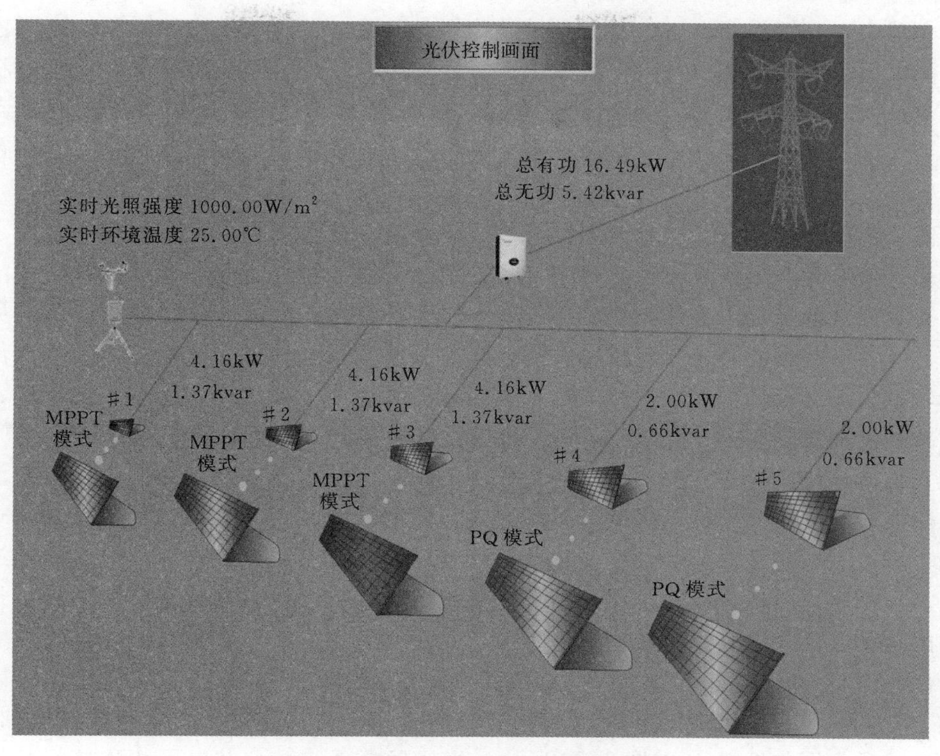

图 1.17　光伏发电能量控制管理画面

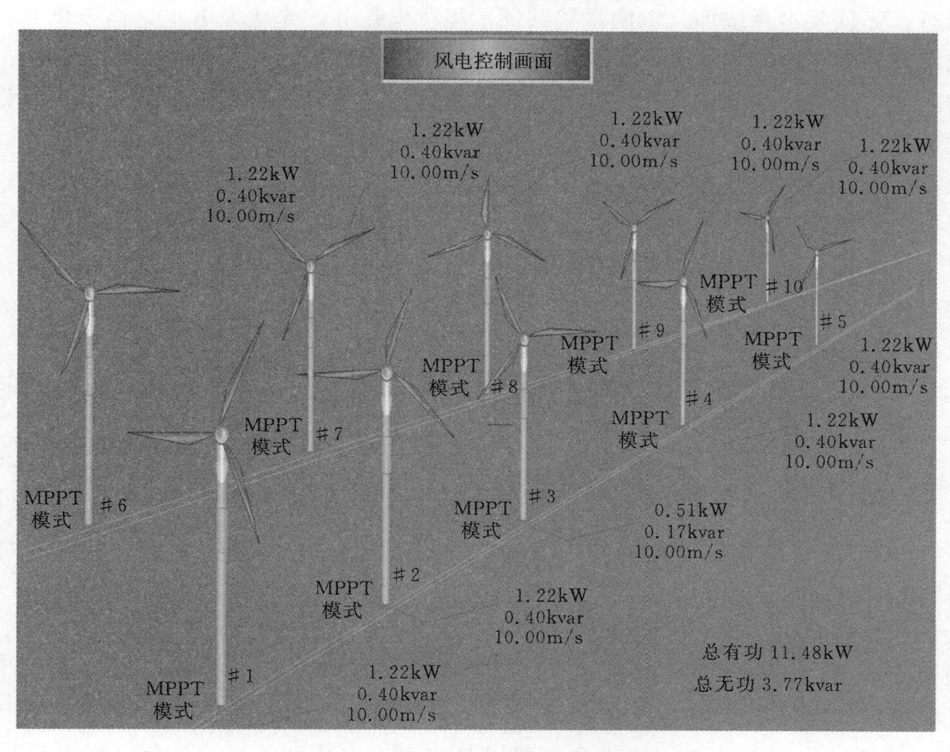

图 1.18　风力发电能量控制管理画面

从全球来看，智能微电网主要处于试验和示范阶段，市场规模稳步增长。当下世界范围的能源电力需求及新能源发电使用量增大，智能微电网技术应用前景看好。随着新能源分布式电站及电网智能技术的不断快速发展，各种分布式电站如雨后春笋出现，光伏发电、风力发电、光热转换发电等分布式电站的智能、经济运行更加被期待，各国都在抓紧研究，仍需大踏步前进。

实际上依能源的能量转换原理不同，其发电设备构造也不同。我们的任务是，了解能源的能量转换原理、条件及特点，寻求能量地更加和谐的转换过程，让新能源、清洁能源发电设备更好地融入电力系统，以更好的姿态服务于社会。致力于新能源与能源利用工作的人们，应具有超前意识，顺势发力，积极构建新能源系统和数字化电力系统，为促进绿色低碳转型、促进能源生产消费革命、推动能源发展质量、增强能源供给的稳定性、安全性及可持续性而更加努力。

在实现碳达峰、碳中和的举措中，太阳能的利用十分重要。不同的太阳能转换设备可以将太阳能转化为不同的能量形式并进行利用。太阳能的利用方式可以分为直接方式和间接方式，直接方式包括太阳能热水器、太阳能光伏发电等；间接方式有通过水循环进行水力发电，风循环进行风力发电、帆船行驶等，除此之外，还有利用受惠于太阳光生长的植物进行的生物质能发电、生物酒精制造等。

光伏电池是一种对光有反应并能将光能转换成电能的器件，这种发电称之为太阳能光伏发电。光伏电池是以电能的方式输出太阳能，这种方式比直接利用太阳能热更加方便，光伏发电的示意图如图1.19、图1.20所示。光伏发电系统与公共电网相连接运行被称为并网运行，光伏发电系统加入电网系统共同承担供电任务。光伏发电也是当今世界太阳能发电技术发展的主流趋势，进入大规模商业化发展阶段，成为电力系统组成部分的一个重要方向，这个重要方向受到重视并会发展得越来越快。并网运行光伏发电系统具有许多独特的优越性：可以对电网调峰；所发电能回馈电网以电网为储能装置，省掉蓄电池，节省发电成本；光伏电池与建筑完美结合，即可发电又可作为建筑材料，资源充分利用；出入电网灵活，容易实现电力系统的负荷平衡。当然，太阳能光伏发电系统也可以进行离网运行，对于地处偏远，无法使用其他各种能源的地区来说，太阳能用于光伏发电，是一种非常好的替代能源，这些光伏电池不需要与电网连接，它们被安装在住宅屋顶或偏远农场的屋顶发电离网运行。

光伏电池是以电能的形式输出太阳能，或是说，可以直接将来自太阳的光能转变为电流。在具有强烈的日照条件下，一块1m^2的光伏电池最多能产生100～150W（鉴于目前的效率在10%～15%之间）。光伏电池是将太阳能转化成电能的一个装置，而要使太阳能转化而来的电能真正被实际使用，少不了许多“配套”的技术来帮忙。光伏发电系统就是将光伏电池的作用发扬光大的装置，光伏发电系统的组织构造如图1.21所示。

太阳能光热发电是热电转换技术的一种形式，也是太阳能高效利用的有效途径。当太阳光被聚集起来，温度就会变得更高，热量就会更有效地转化为机械能。“定日镜”将反射的光线射向一个接收器内黑色柱表面，这个表面就会有效地吸收光线并将之转化为热量，然后将热量传递给一种流体媒介，可以是空气、水或油。以水为例，随着温度的升

图 1.19 光伏发电示意图

图 1.20 屋顶光伏电站

高，它将化为蒸汽，蒸汽在汽轮机里膨胀提供了机械能，机械能转化为电能是由一个交流发电机来实现的。按集热方式不同，太阳能光热发电站可分为三大类。

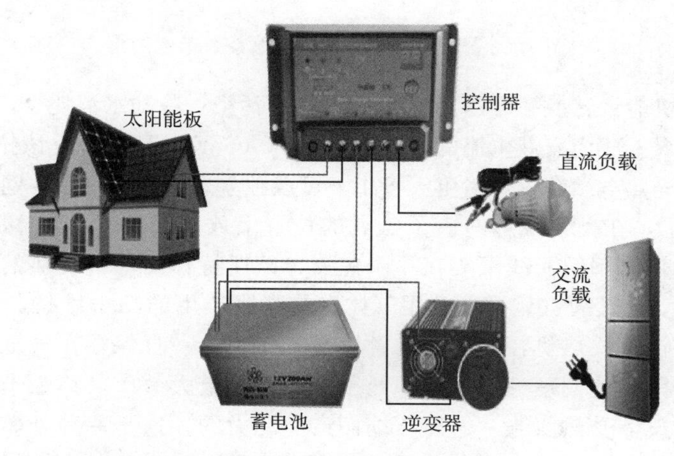

注：交流负载直接把插头插入到逆变器另一头的插孔中

图 1.21 家用独立光伏发电系统

（1）塔式太阳能光热发电。图 1.22 为塔式太阳能光热发电原理图。塔式太阳能光热电站里安装了一系列定日镜，全天跟踪太阳。这些定日镜把光线反射在一个焦点，即一个敞开的舱体称为吸收器或集热器，里边有一组黑色管子收集光线。这些管子将热量传递给循环于其中的流体，温度可以达到将近 1000℃。高温度的流体见图 1.22 中虚线箭头实线供给蒸汽发生器能量，使蒸汽轮机转动带动发电机转子切割磁力线发电，经输电线路送往客户端。继而余热流体能量由黑色箭头方向返回吸收器，参与太阳能热能量的吸收。

（2）碟式太阳能光热发电。碟式太阳能斯特林发电如图 1.23 所示。碟式太阳光热发电技术是利用抛物面碟式聚光器将太阳光汇聚，通过吸热器将汇聚的太阳能吸收并传输给热机，热机将太阳光热转化为机械能，再经过发电机将机械能转化为电能。热机采用斯特林发

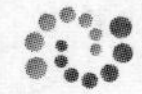

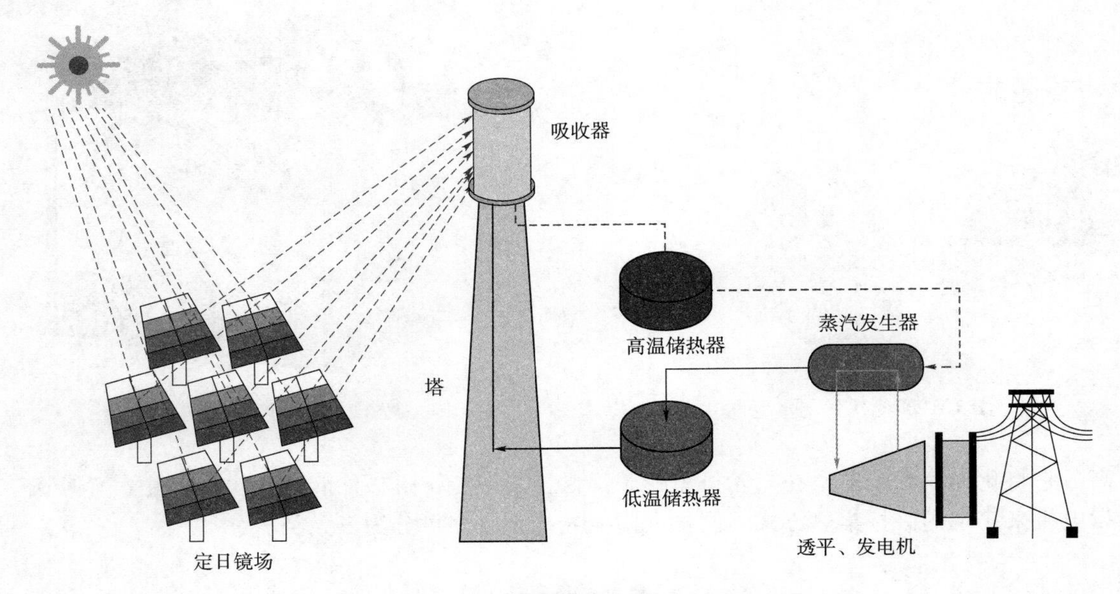

图1.22　塔式太阳能光热发电系统示意图

动机，斯特林发动机能量转换率可达到42%，无噪声污染，冷却水消耗少，对周围环境无任何影响。目前，世界上成为发展主流的是碟式斯特林（Stirling）系统。该技术以低成本、高效率为主要特征，光热电站装机容量可大可小，可以独立运行，也可以并网运行。

如图1.23所示，在抛物线形的镜子焦点的位置上放置了一个斯特林发动机。这个抛物线形状可以使来自太阳的光线聚集在一个焦点，即斯特林发动机发热的那个部位，其温度可达500～1000℃，发动机靠循环利用气体受热膨胀产生的功来维持其运转。斯特林发动机是一种闭循环活塞式热机，闭循环的意思是工作燃气一直保存在气缸内。斯特林发动机是独特的热机，因为他们理论上的效率几乎等于理论最大效率，称为卡诺循环效率。斯特林发动机是通过气体受热膨胀、遇冷压缩而产生动力的。这是一种外燃发动机，使燃料连续地燃烧，蒸发的膨胀氢气（或氦）作为动力气体使活塞运动，膨胀气体在冷气室冷却，反复地进行这样的循环过程。同学们将在本课程实验课中体验斯特林发电机系统的发电过程。

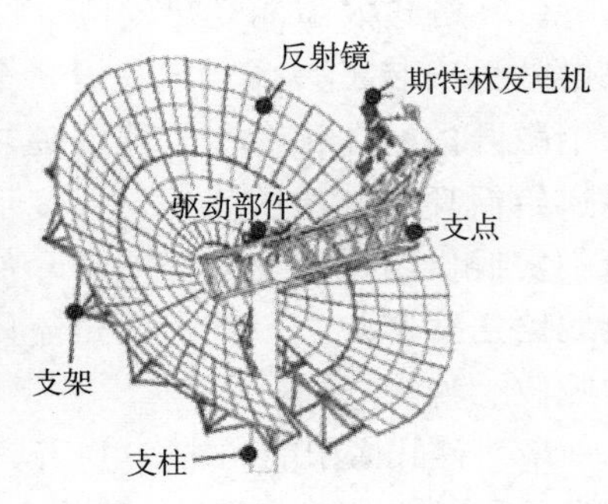

图1.23　碟式太阳能斯特林发电系统

(3) 抛物面槽式太阳能光热发电。抛物面槽式太阳能光热发电如图 1.24 所示。其聚光集热的实现靠一排横截面为抛物线的槽型镜子来实现。光线被聚集在一条线上。这样，太阳能就被安置在这些镜子焦点上的一条管道所吸收。这些镜子全天候跟踪太阳，所达温度在 200～400℃。

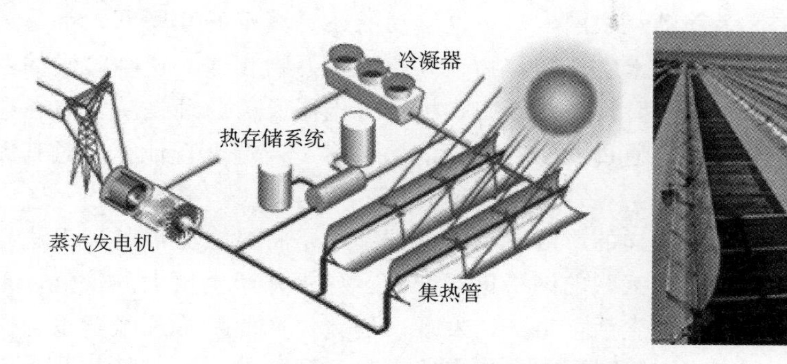

图 1.24 抛物面槽式太阳能光热发电

在所有太阳能发电技术中，碟式太阳能光热发电系统具有最高的太阳能—电能转换效率，因此有潜力成为最便宜的可再生能源之一。与光伏发电相比，光热发电没有生产光伏电池带来的高能耗、高污染等问题，设备生产过程更清洁，发电的规模效益也更好。此外，由于光热发电采用储热装置，能够提供稳定的电力输出，与光伏发电相比，更容易解决并网问题。现在技术较成熟的槽式光热发电，需要消耗大量的水，因此在沙漠中的应用是个问题，光热发电所需的建设面积较大，不如光伏发电灵活。另外，光热发电对日照条件要求较高，并且需要通过建设大规模电站来降低成本，需要大片的土地、巨额的投资，如果希望提高转换效率，更需要大量的水资源。

1.3 物联网与智能化影响

物联网是全球研究的热点问题，国内外都把它的发展提到了国家级的战略高度，称为继计算机、互联网之后世界信息产业的第三次浪潮。物联网主要指的是物物相连，物联网加上智能化处理称为智能物联网，智能物联网所涉及的技术众多，是一个新兴交叉学科，包括传感设备、电子通信及设备、物流、计算机、供应链等诸多学科内容。随着技术的高度集成化、智能化，智能电网、能源互联网以及泛在能源物联网和产业数字化、数字产业化的快速发展，第四次产业革命的浪潮正在发生影响，如何拥抱第四次产业革命的变革与冲击，如何在万物互联的社会中生活与发展显得尤为重要。下面我们先放下智能物联网智能化处理的话题，先讨论物联网与互联网的区别与关系，然后再去探究智能物联网的应用与落地。

什么是智能物联网？智能物联网是超越互联网、超越智能化，建立在互联网基础上的全新生态属性事物。物联网定义为通过各种信息传感设备，如传感器、射频识别（RFID）技术、全球定位系统、红外感应器、激光扫描器、气体感应器等各种装置与技术，实时采集任何需要监控、连接、互动的物体或过程，采集其声、光、热、电、力学、化学、生物、位置等各种需要的信息，与互联网结合并形成一个巨大网络。其目的是实现物与物、物与人及所有的物品与网络的连接，进行识别、管理和控制。这有两层意思：第一，物联网的核心和基础仍然是互联网，是在互联网基础上的延伸和扩展的网络；第二，其用户端延伸和扩展到了任何物体与物体之间，进行信息交换和通信。第一代互联网，离开了连接线不可能进入网络。第二代为移动互联网，但不论移动的还是固定的互联网，都是人和人相连。第三代互联网是通过新的技术实现物与物、人与物、万物相连，这个时候的互联网叫作物联网。物联网中物品对物品，设备对设备，机器对机器通信原理是从安装在这些物品和设备上的传感器处收集信息，通过互联网进行信息通信，云端进行计算，对其大数据加以分析并灵活运用于反馈动作中实现智能控制的。

物联网将对人们的生活产生怎样的影响？物联网的影响是将过去分散的、无法自我表达的一切事物注入灵魂，放到一个互联的网络进行交流、分析并产生更大的价值，最终落脚点是让人们享受更加舒适便捷的生活，生产、发现、创新、产业及管理经营也都会因智能物联的需求发生改变，在未来，物联网将会带来巨大的科研、技术、市场，让人们的生活方式发生根本的变革。

物联网与互联网的区别在于：互联网指向虚拟，物联网朝向实体。物联网与互联网的联系在于将物联网与互联网的软硬件设计、研发、销售合为一体。如汽车的无人驾驶、智慧停车、智慧家居、感应式路灯等。物联网还可以进行更智能的能源管理，在城市和拥挤地区，巨大的能源成本是一种很大的困扰，通过物联网则可以轻松优化和降低能源使用量，可以提高设备的效率。智能电网的分析可以即时完成，可以在能量即将耗尽时发送警报等，助力安全稳定运行。物联网时代，我们和世界万物紧密互联，物联网智能技术能让我们的一切想象成为现实，同时我们需要立即进入这个全新的环节，自然而努力地投入力量以迎接这个全新的、有魅力的、跨学科的、有困难的挑战。

随着科技的发展，无线传感器网络技术已经渗透到人类生产和生活的方方面面。无线通信网已经逐步发展到能为任何人和物件之间随时、随地的通信，网络的规模快速扩大。通过人工智能及数字化技术的力量，人们可以在物联网云端复制某个现实世界，例如热电转换技术世界。物联网中热电转换的每个发电单元均成为传感节点，通过互联网与云端通信，云端服务器借助数字化技术的力量在虚拟空间形成发电智能控制及管理指令，反馈给热电转换系统的现实世界，可以实现热电转换系统发电能力、发电质量最佳，安全稳定性最好的状态。

为了满足人类生活的需要，越来越多的传感器需要被安放在人迹罕至或者环境恶劣的地区，这些地区因环境决定了人们无法使用化学电池为无线传感器节点供电，在这些地区更换化学电池往往是一件非常困难的事情，笔者团队采用可再生能源（动态能源）为无线通信节点供能来解决这些问题，开发了能量收集器并将其应用于物联网传感器等设备上，完成传感器的自供电的功能，以解决物联网超大量传感器等设备自供电源的问题，如图 1.25 所示，表示在智慧停车传感器节点中使用的能量收集器场景，右上为余热能量收集器。

更多关联内容会在后续章节中讲述，并结合或近或远的案例进行说明。

为了顺利进入需要的环节，本书后半部分着眼物联网基础要素知识，讲述物联网原理

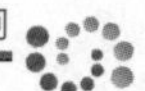

图 1.25 智慧停车无线传感网络节点结构及能量收集器

及设备结构、物联网系统开发设计、物联网应用案例及物联网的标准。物联网加上智能化处理成为了智能物联网，本书从智能物联网基础的内容入手，结合大量的案例对智能物联网及其系统进行详细的解说。

第2章 太阳能利用形式与特征

太阳能的利用有光热转换和光电转换两种方式，广义上的太阳能也包括由它引起产生的风能、化学能、水能等。太阳能发电是一种新兴的可再生能源发电形式，本章主要介绍太阳能光热发电及热电转换技术与特征。

2.1 太阳能光热发电技术与特征

太阳能光热发电技术又称太阳能聚光发电技术是热电间接转换技术的一种形式，指利用大规模阵列抛物或碟形镜面收集太阳热能，通过换热装置提供蒸汽，结合传统汽轮发电机的工艺，从而达到发电的目的。主要有热气流发电系统、线性菲涅尔系统、塔式系统、槽式系统、碟式系统等五种应用形式。采用太阳能光热发电技术，可以有效避免昂贵的硅晶光电转换工艺，可以降低太阳能发电的成本。而且，太阳能光热发电技术可以通过与储能系统的结合，延长系统汽轮发电时间，具有独特的优势。

2.1.1 太阳能热风发电

太阳能是储量最大的可再生能源，每15min到达地球表面的太阳辐射技能满足全世界一年的电力需求，而地球每年接收到的太阳能总量达到1.3×10^{6}亿t标准煤。目前，太阳能利用的主要方式包括太阳能发电、太阳能热利用、太阳能动力利用、太阳能光化利用、太阳能生物利用以及太阳能光/光利用。其中，太阳能发电又包括直接光发电，如光伏发电；间接光发电，如塔式、槽式、碟式的太阳能光热发电系统。

太阳能热风发电是太阳能间接发电的一种，主要利用温室效应、烟囱效应以及涡轮机技术将太阳能转化为电能。温室效应即“花房效应”是由于大气对辐射的选择性造成的：不同温度物体发出的热辐射波长是不同的，且不同物体也会根据辐射波的波长等对投向自身的辐射波有不同的吸收率、反射率及穿透率。太阳自身温度较高，发出的是短波辐射，而接受太阳辐射而升温的物体因自身温度较低发出的是长波辐射。这两种不同波长的辐射在穿过玻璃一类透明介质时将因玻璃对波长的选择性而表现出短波辐射能够穿透玻璃而长波辐射不能穿透玻璃的结果。烟囱效应利用热空气的浮升力，从上部出风口排出热气流，外界空气从入口被卷入。从空气流动本质的角度可表述为：当烟囱内外气流的密度不同时，烟囱内外同一水平位置压强虽然相同，但密度差导致内外气流间受力不平衡，从而引起气流的流动。在生活实际中，常常利用该效应来促进火炉燃烧，如农村家庭中的火炉烟囱等，并且在过去较长的时间里，人们利将温室效应及烟囱效应用在促进植物生长、室内

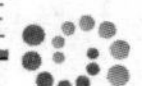

环境通风及谷物干燥等方面。涡轮机是利用流体冲击叶轮转动而输出动力的发动机。涡轮机主要分为汽轮机、水轮机、燃气轮机以及风力涡轮。目前，这些设备都大规模的用在生产生活中。可以看出，在太阳能热风发电系统中并未用到开创性的新技术，而是已被广泛运用的技术，关键在于各技术的优化组合。

从经济角度讲，太阳能辐射强度大于 1950kW·h/m^2 都是适合建设太阳能热风发电系统的；达到 2200kW·h/m^2 时，是非常理想的。我国幅员辽阔，太阳能资源十分丰富，全国超过 2/3 国土面积具有开展太阳能发电的资源条件。据估算，我国每年接收太阳辐射总量均值在 586kJ/cm^2。根据辐射量的大小，大致可以将全国分为五类地区。

(1) 第一类地区。全年日照 (3.2～3.3)×10^{3}h，辐射量在 (6.70～8.37)×10^{6}kJ/cm^2。相当于 225～285kg 标煤燃烧产生的热量。主要包括甘肃北部、青藏高原、宁夏北部和新疆南部等地。它们是我国太阳能资源最丰富的地区，与巴基斯坦北部和印度的太阳能资源相当。特别是西藏，海拔高，太阳光透明度好，最高太阳辐射总量达到 921kJ/cm^2，仅次于撒哈拉大沙漠，位居世界第二位。

(2) 第二类地区。全年日照 (3～3.2)×10^{3}h，辐射量 (5.86～6.70)×10^{6}kJ/cm^2，相当于 200～225kg 标煤燃烧产生的热量。主要包括山西北部、河北西北部、内蒙古南部、宁夏南部、青海东部、甘肃中部、西藏东南部和新疆南部等地。此区为我国太阳能资源较丰富区。

(3) 第三类地区。全年日照 (2.2～3)×10^{3}h，辐射量 (5.02～5.86)×10^{6}kJ/cm^2，相当于 170～200kg 标煤燃烧产生的热量。主要包括山东、河南、河北东南部、山西南部、新疆北部、辽宁、吉林、云南、甘肃东南部、陕西北部、广东南部、江苏北部、福建南部和安徽北部等地。

(4) 第四类地区。全年日照 (1.4～2.2)×10^{3}h，辐射量 (4.19～5.02) ×10^{6}kJ/cm^2。相当于 140～170kg 标煤燃烧产生的热量。主要是长江中下游、福建、浙江和广东的一部分地区，春夏多阴雨，秋冬季太阳能资源还可以。

(5) 第五类地区。全年日照 (1～1.4)×10^{3}h，辐射量 (3.35～4.19) ×10^{6}kJ/cm^2。相当于 115～140kg 标煤燃烧产生的热量。主要包括四川、贵州两省。此区是我国太阳能资源最少的地区。

据自然资源部发布的第四次全国荒漠化、沙化土地监测结果显示，在我国 960 多万 km^2 的陆地面积中，荒漠化土地面积达到 262.2 万 km^2，占国土面积的 27.4%，沙化土地面积达到 173.11 万 km^2，占国土面积的 18.03%，并且有 31 万 km^2 的土地有明显沙化的趋势。这些荒芜之地正是利用能量密度不高、需要占用大量土地面积太阳能的理想场所，而且它们主要处于前三类地区，拥有丰富的太阳能资源。据保守估算，单位平方千米的荒漠面积就可供装机 1 万 kW 的太阳能热风装置，因此，在我国具有利用太阳能资源得天独厚的条件。

我国利用太阳能的主要方式包括光热发电、光伏发电、太阳能低温利用（太阳能热水器）、太阳能温室、太阳能干燥、太阳能制冷；其中光伏发电和光热发电是主要方式。太阳能光热发电在中国仍处于起步阶段。2010 年 12 月 28 日，我国首座兆瓦级光热发电试验示范项目——大唐天威（甘肃矿区）10MW 项目在甘肃开工；首个光热发电特许权项目——

内蒙古鄂尔多斯50MW项目2013年5月开标，以及计划2018年年内将建成的中广核德令哈50MW槽式光热电站、首航节能敦煌100MW塔式光热电站、中控德令哈50MW塔式光热电站等示范项目，总装机容量约200MW。目前，国内太阳能发电项目还包括：国内首座兆瓦级（1MW）碟式斯特林太阳能发电示范电站（电站由50台20kW级的碟式斯特林太阳能发电装置组成），也是目前世界上光电装换效率最高的太阳能发电系统，北京工业大学组织的10kW槽式太阳能光热发电示范电站；广东省2008重大科技专项1MW槽式太阳能光热发电示范电站；内蒙古乌海金沙湾200kW太阳能热风发电站。根据中国电力企业联合会《中国新能源发电发展规划》，2018年全球光热发电建成装机容量新增936MW，我国太阳能光热发电的装机容量已经达到244MW，2020年光热发电装机容量预计达到5000MW。显然，我国太阳能利用率较低，利用的太阳能占中国总能源消费量的份额也较小，有必要加大太阳能开发利用。

自从1903年Cabanyes提出太阳能热风热气流发电的构想、并将其称为“太阳能引擎”，到1978年德国科学家再一次将这一能量获取方式提出来并对其做详细的阐述，再到太阳能热风发电系统实验电站在各个国家的运行，太阳能热风发电系统取得了长足的进步。目前，人们已对其也做了相当多的研究，并将这些研究成果运用在实际电站，对促进系统稳定高效的运行起到积极的作用，这些研究主要可以分为理论研究、实验研究及数值研究。

1983年，Haaf等基于能量平衡对热风发电系统的基本原理做了分析，通过对比物理模型原理析、尺度及建设费用的分析确定了建设400MW电站的可行性。并对曼扎纳电厂的一些设计特点进行了基础性介绍。

1986年新力等提出了一种风能、太阳能联合发电系统，并对系统原理、参数设计、热风透平与风力机的匹配等问题做了基本的阐述，给出了具体的公式。

1992年严铭卿等对系统烟囱内涉及的流动进行了理论分析，导出了可工程使用的气流速度、流率、功率输出和系统的热力—流体效率。虽然太阳能热风发电系统的烟囱结构简单、技术上与火力发电厂的烟囱也较相近，但是对于建设高达1000米的烟囱来说还是有相当难度的，因此，研究者在前人的基础上不断地提出新型结构的热风发电系统，主要有：Papageorgiou提出的浮动烟囱热风发电系统，Zhou等提出的利用中空的山体作为烟囱的发电系统、依山建立的热风发电系统，以及加装旋涡塔利用环境风能量的热风发电系统。Xinping Zhou等以100MW浮动烟囱热风发电系统为对象对其整个生命周期进行了经济性分析，研究因素包括投资额、保养费、运营费、生命周期、贷款时间、利率、所得税等。结果表明在贷款利率为2%、免所得税的财政刺激政策下，最小诱人投资收益率为8%，且电价为0.83元/(kW·h)。Al-Dabbas等也对系统进行了经济技术分析，考虑系统尺寸、蓄热体的规模等因素50MW电站的投资额在（100～250）百万欧元，电价在0.15欧元/(kW·h)。

1998年N. PASUMARTHI等建立了太阳能热风发电系统的数学模型，该模型主要用来预测系统的性能、验证模拟结果的可靠性，值得注意的是，作者还提出了在集热棚的上部透明盖板与底部蓄热层之间安装帆布吸收体的观点，作者认为这样有利于增大换热面积。Schlaich对太阳能热风发电系统的具体结构做了阐述，包括集热棚的安装、涡轮机的

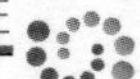

布置、烟囱的定型等。作者提出在沙漠地区混凝土结构的烟囱具有最佳的性价比；热风发电的成本主要取决于利率，传统的煤电主要取决于燃料价格，建设期为4年、利率11%的热风发电站的成本仅比传统的煤电成本高20%。

1999年Lodhi MAK引入了“太阳—空气—重力”的概念对热风发电系统做了阐述，对热风发电系统中能量的转化过程、传热机制、烟囱效应以及系统的出力做了详细分析，并给出了系统出力、烟囱效应考虑与不考虑情况下流体速度的确定关系式。推算出在合理的条件下系统的功率在50MW/km^2，效率能够达到5%；对于系统的成本问题作者认为由于该发电方式的运用处于初始阶段还无法确定成本但是随着发展成本会逐渐降低的。作者认为系统对降低城市环境污染的作用主要体现在：一方面系统发电过程是一个无污染的过程、减少了化石燃料的消耗；另一方面，污染物主要在逆温层下而城市的污染源又主要在一定的范围，即污染源在一定的范围内，若将该范围内空气收集净化就能达到保护环境的目的，而太阳能热风发电系统中的烟囱就可以起到该作用，即在烟囱顶部喷洒水就能使空气自上向下流动从而收集到污染的空气。

2000年Theodor W. von Backstrom等对烟囱内的一维可压缩流动做了理论分析，作者认为烟囱中气流的马赫数虽然较低，但是在烟囱中空气的密度随高度变化而变化，因此，烟囱内的流动应当是可压缩流动，作者正是在此基础上进行的理论分析。主要对烟囱入口处空气的马赫数对烟囱内马赫数、压力、流动阻力、系统抽力、烟囱过流面积及能量损失对马赫数的影响情况。分析表明烟囱壁面的摩擦损失相对来说较小可忽略不计、渐扩形的烟囱结构对于降低系统的出口损失具有积极意义。为了防止烟囱的变形，在烟囱中会间隙的安装紧固环，但是相应的增加了烟囱的阻力。

2003年M. A. dos S. Bernardes等用热网络图的方法对系统的热量进行了分析，推导了相应的计算公式，并根据理论分析、利用数值计算的方法研究了烟囱高度、集热棚直径及其光学特性、透平压力损失系数等对系统性能的影响。代彦军等早在2003年研究在我国宁夏地区运用太阳能热风发电技术的可行性，通过对宁夏地区的气候条件分析，认为在宁夏的部分地区使用太阳能热风发电技术能使月均发电量接近200kW满足当地的用电需求。葛新石等对热风发电系统进行了固有热力学不完善性分析，作者分别对集热棚、透平及烟囱从能量角度进行了分析，得出由于受到集热棚的温度限制系统的总效率很难达到1%的结论。

热风发电系统的可用压降主要用于涡轮处做功和产生空气的动能，它们之间的分配比值对系统功率产生较大影响。为确定合适的涡轮压降比f_{opt}，Theodor W. von Backstrom等提出幂次理论：系统的可用压降能是体积流量的幂函数，且幂次n在$-1\sim0$；系统的损失压降能也是体积流量的幂函数，幂次m在局部损失占主导和延程损失占主导的情况下分别是2和1.75。通过理论分析表明，最佳涡轮压降比与可用压降能幂次存在函数关系$f_{opt}=(2-m)/3$，并且该值远大于已有研究结果。

2007年张楚华利用热力学的方法进行了大型太阳能热风发电站中能量转化过程的理论分析并利用龙格—库塔法计算了相应的解。最终给出了温升变化过程及轴功率的预测曲线，以此为指导给出了100MW电站透平的性能预测曲线。对于不同结构尺寸的热风发电系统，在分析过程中需要研究的变量较多，若能借助相似准则数的概念抽取出无量纲参数将大幅的简化分析过程。Koonsrisuk A 等通过量纲分析将系统中的8个参数无量纲化为一个与理查森数相关的参数，并通过对三个不同模型的数值计算证明了所得参数的可靠性，在热流量相等的情况下，不同结构但相似准则数相同的集热棚对空气的温升相同。黄惠兰等也利用量纲分析方法，将多个主要影响因素转化成2个无量纲参数，分析模型间的动力相似性能，并用有限体积法数值验证3个模型的无量纲参数的相同规律，结果证明了太阳能热风发电系统模型间具有动力相似性。系统的可用压力能是由烟囱内外空气的密度差产生的。虽然系统可用压力能随烟囱高度增大而增大，但是系统的效率与烟囱高度并不成正相关，因此，Xinping Zhou 等对系统效率与烟囱高度之间的关系进行了理论分析，并将理论结果用于曼扎纳原型电站。结果表明，曼扎纳电站 102.2kW 的最高功率对应的烟囱高度为 615m，而最大烟囱高度下相应的功率反而仅有 92.3kW；且对烟囱内空气温度的减小速率及集热棚的半径进行敏感性分析。

Tingzhen Ming 等对热风系统的热力过程理论进行了简化分析，并且建立了系统理想与实际循环效率的数学模型。结果表明理想循环效率与实际的布雷顿循环效率对中等尺寸的热风系统分别为 1.33%及 0.3%；对大尺寸的热风系统相应值分别为 3.33%及 0.9%。周洲等对太阳能热风发电系统热力学性能进行了分析，建立了系统的热力学循环，并分析了系统的实际循环与理想循环之间的差异及效率，对各种规模的太阳能热风系统热力学特性进行了计算比较。结果表明，热风系统理想循环效率达到 10%～25%，而实际效率仅在 0.9%～2%。

Roozbeh Sangi 等从能量守恒的角度建立了预测系统性能的简化数学模型，分析了在伊朗运行的太阳能热风发电系统的性能，具体是环境温度、太阳辐射强度、集热棚半径、烟囱高度对功率的影响。结果表明在当地的气候条件，一个集热棚的直径 1000m、烟囱高度 350m 的热风发电系统一年的发电量在 1～2MW。

Najmi Mohsen 等对科曼省一个集热棚面积为 40m×40m、烟囱高 60m 内径 3m 的热风发电站进行了理论分析，并通过数值模拟的方法对理论正确性进行了验证。通过分析，给出不同形式热风发电系统的成本，提出相应的对策优化热风发电系统，主要包括：使用双层玻璃；地面铺设沥青；集热棚的高度设置为 1.3m 等。

Li Jingyin 等建立了考虑涡轮机性能的热风系统模型，并进行了理论分析。认为对于几何结构一定、太阳辐射强度给定的热风发电系统存在最大的功率输出点，该点与系统的流量、温升以及涡轮处的压降相关且这三个因数之间相互影响；等值的非最大功率存在于最大功率的两端，作者给出了选择左侧功率作为涡轮操作点的技术原因；集热棚半径、烟囱高度与系统性能不再是正相关，而是存在最大值。

Atit Koonsrisuk 等通过对热风系统的结构理论分析寻求最佳的几何结构，从而使单位面积的电站功率最大，在占地面积及系统体积决定了系统的高度/半径比、最大质量流量以及最大功率，并且证明了系统功率与尺寸成正比。作者的另一研究建立热风系统各部件的理论模型，通过与实验值的对比证明了理论模型的正确性。结果还表明系统的尺寸、涡轮压降、太阳辐射强度等对系统性能的提高具有重要影响；集热棚半径 200m，烟囱高度 400m 的热风系统尺寸比较符合运行在泰国地区。Xinping Zhou 等对烟囱出口在环境风影响下的系统性能进行了研究，结果表明水平吹向烟囱出口处的环境风对系统内的空气流动具有加速效应—环境风速度越大系统内流速越快，并且加速效应与烟囱高度成正比与集热棚内温升成反比。

太阳能烟囱式热力发电是20世纪80年代首先由斯图加特大学的乔根·施莱奇教授及其合作者提出并进行了长期的实验研究，其基本原理是利用太阳能集热棚加热空气以及烟囱产生上曳气流效应，驱动空气涡轮机带动发电机发电。这种发电方式无需常规能源，其动力的供给完全来自集热棚下面因太阳辐射所产生的热空气。基于这一原理构建的太阳能烟囱式热力发电系统由太阳能集热棚、太阳能烟囱和空气涡轮发电机组组成，属于现有三项成熟技术的创新型组合应用。热风发电技术的结构与原理如图2.1所示。由面盖和支架组成的集热棚以太阳能烟囱中心，呈圆周状分布，并与地面有一定间隙，以引入周围的空气；太阳能烟囱离地面有一定距离，周边与集热棚密封相连，其底部装有空气涡轮机。工作过程与原理是太阳光照射集热棚，加热棚下面的土地（或蓄热器）和棚内空气，空气温度升高，密度下降，在太阳能烟囱的抽吸作用下形成一股强大的上升气流，驱动安装在烟囱底部中央的单台空气涡轮发电机或呈环形排列的多台小型空气涡轮发电机发电。同时，集热棚周围的冷空气进入棚内，形成持续不断的空气循环流动。空气循环流动时所产生的能量转换过程为：太阳热能（棚外）⟶空气内能（棚内）⟶空气动能（棚内+烟囱内）⟶电能（涡轮发电机）。太阳能热风发电系统核心要素可以分为三个部分，即外部结构，内部结构和控制部分。

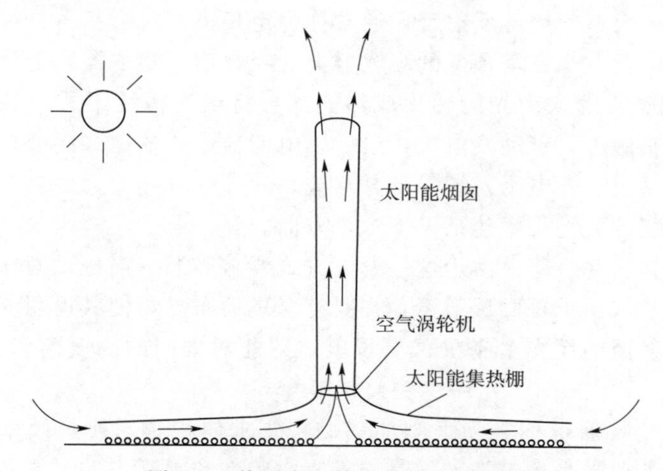

图2.1 热风发电技术的结构与原理

太阳能热气流发电系统的运行过程：白天正常运行时，太阳辐射能透过集热棚顶部的透明层加热蓄热层上表面的区域，然后集热棚内蓄热层上表面与其周围的空气进行热交换，使其被加热的空气产生密度变化，进入的气流上升汇聚到集热棚的中心区域，在塔囱内部的烟囱效应作用下，塔囱入口处的强大的上升热气流推动涡轮机组运转发电。最后塔囱的热气流从塔囱出口处排出，在系统外的环境下恢复到初始状态。从太阳能热气流发电系统的运行过程出发，将此系统分为集热棚区域、塔囱内部的涡轮机组区域、塔囱区域以及外界环境区域等四大区域。

目前对热风发电系统的热力学分析主要是从热力过程、能量转化关系、量纲分析等几个方面入手，这些分析为热风发电技术的运用提供了理论基础，但是还有以下不完善的地方：

（1）存在对于各部分效率定义混乱的问题。集热棚的是吸收太阳能辐射的装置也是整个系统能量的源头，因此可以认为集热棚的效率应当定义为集热棚吸收的太阳辐射的分数，该热量包括向在其内流动空气的散热。在热风发电系统中烟囱的作用在于“定形”，即使热气流维持一定的形状，故这里认为烟囱效率的定义欠妥，相应地引入蓄热层效率概念。存在太阳辐射时，蓄热层一方面吸收热量另一方面向空气散热，因此其效率定义为向空气放出的热量占蓄热层内能增量与向空气放热量总和的分数，当蓄热层温度不变时其效率为 1，此时集热棚吸收的太阳辐射全部传递给空气；在无太阳辐射时，蓄热层内能减小量完全用于加热空气，定义此时的蓄热层效率为 1；相应地，此时集热棚的集热效率也为 1。

（2）涡轮机类型判断错误导致运用错误的理论进行能量分析。在热风发电系统中由于涡轮机安装在有限的空间内且涡轮的横截面积与空间的横截面积几乎相等，与大空间中风力机会使风产生偏转不同的是在该系统中由于流通面积的限制风力机不会使风产生偏转。因此，在热风发电系统中的风力涡轮机并不受到贝兹极限的限制。

2.1.2 塔式太阳能光热发电

塔式太阳能光热发电应用的是塔式系统，塔式系统又称集中式系统。它是在很大面积的场地上装有许多台大型太阳能反射镜，通常称为定日镜，每台都各自配有跟踪机构准确地将太阳光反射集中到一个高塔顶部的吸收器上。吸收器（集热器）上的聚光倍率可超过 1000 倍。在这里把吸收的太阳光能转化成热能，再将热能传给工质，经过蓄热环节，再输入热动力机，膨胀做工，带动发电机，最后以电能的形式输出。主要由聚光子系统、集热子系统、蓄热子系统、发电子系统等部分组成。

塔式热发电系统的关键技术包括以下 3 个方面。

（1）反射镜及其自动跟踪。由于这一发电方式要求高温、高压，对于太阳光的聚焦必须有较大的聚光比，需用千百面反射镜，并要有合理的布局，使其反射光都能集中到较小的吸收器窗口。反射镜的反光率应在 90%以上，并能对太阳的高度角和方位角进行跟踪，与太阳同步。

（2）吸收器。吸收器也称之为太阳能锅炉，要求体积小，换热效率高。有垂直空腔型、水平空腔型和外部受光型等类型。对于垂直空腔型和水平空腔型来说，由于定日镜反射光可以照射到空腔内部，因而可以将内部的热损失控制到最低限度，但其最佳空腔尺寸与场地的布局有关。外部受光型吸收器的热损失要比上述的两种类型大些，但适合于大容量系统。

（3）蓄热装置。蓄热装置应选用传热和蓄热性能好的材料作为蓄热工质。选用水汽系统有很多优点，因为工业界和使用者都很熟悉，有大量的工业设计和运行经验，附属设备也已商品化。但腐蚀问题有不足之处。对于高温的大容量系统来说，可选用纳做传输工质，它具有优良的导热性能，可在 3000kW 的热流密度下工作。

塔式太阳能吸热器是利用双轴跟踪的定日镜场将太阳光线汇聚到塔顶部的吸收器中。塔式吸热器的概念首先由苏联科学家在 20 世纪 50 年代提出。1965 年，意大利科学 Gio-

vanni家设计制造了第一台塔式太阳能集热器，120面圆形的镜子组成镜场，将光线聚集到塔顶的蒸汽机中产生温度为500℃压力为10MPa的过热蒸汽。1981年在意大利西西里岛建造了额定功率为1MW的世界首座并网运行的塔式太阳能光热电站。1982年，美国建成了$10MW_e$大规模塔式太阳能光热电站Solar One。从1994年开始，欧洲框架Ⅳ、Ⅴ、Ⅵ计划连续支持了塔式聚光技术的研究，如：Solgas计划，Colon Solar计划等。

目前世界上已经建成的塔式太阳能光热电站主要有：美国的Solar One、Solar Two、MSEE，法国的Themis，西班牙的PS10、PS20、CESA-1、Soalr Tres，日本的Sunshine，俄罗斯的SES-5等。由于可实现高聚光比，吸热器能够在500～1000℃温度范围内运行，对提高发电效率有很大的潜力随着技术的不断进步，塔式系统从光到电的年平均效率由1995年Solar Two的7.6%提高到2005年Soalr Tres的13.7%，系统建造费用由4510欧元/kW_e降低到2270欧元/kW_e。

常见塔式点聚焦太阳能吸收器系统的吸收器有两种形式，即：外部吸收器，腔体吸收器。其中，外部吸收器通常是由竖直的管束组成的圆柱状换热器，其接收角为360°，因此在布置定日镜时，镜场可以完全包围塔外部吸收器的吸热面积取决于管壁能承受的最高温度和工质的传热性能。位于美国加州Barstow地区的Solar One塔式太阳能光热发电系统以及外部吸收器腔体如图2.2所示。吸收器能够减少吸收器的总热损失在采用腔体吸收器的塔式聚焦系统中，太阳能吸收面在一个有保温结构的腔体中，能够有效减少对流传热损失，一般在腔体吸收器的开口处会安装一个CPC二次反射镜，将定日镜的反射的光再次反射至腔体中，吸收器的接收角有一定的限制，一般在60°～120°。由于接收角的限制，使得定日镜镜场布置的位置也受到了限制，在实际中，往往在塔顶安装多个腔体吸收器，使得场地得到充分利用。德国Solar Tower Julich塔式太阳能光热发电系统采用腔体吸收器，塔高为60m，吸收器温度能达到900℃，如图2.3所示。

图2.2 Solar One塔式太阳能光热发电系统吸收器示意图

图2.3 Solar Tower Julich塔式太阳能光热发电站

由于塔式系统塔高一般很高，吸收器安装在塔顶处，安装和维护十分复杂，而且需要用泵将工质运输到塔顶，对循环泵提出较高的要求，并且增加了管路损失。因此早在 1976 年 Rabl 就提出了用反射镜将聚在塔顶的光再次反射到底部的吸收器，并在地面吸收器上加装 CPC 反射对光线进行进一步汇聚。东京理工大学相关科研人员提出了二次反射塔式系统如图 2.4 所示，该系统在阿布扎比进行了 100kW 小规模电厂示范。该系统的主要特点是对太阳光进行了两次反射，整个定日镜场比较紧凑，单个定日镜的反射面积较之常规塔式系统小很多（通常小于 25m^2），塔的高度也较低（通常小于 50m），并且太阳能接收器放在地面上，虽然该系统的光学效率要略低于常规塔式系统，但是整个定日镜场的抗风性能大幅增强，同时太阳能吸收器易于安装和维护，这大大降低了系统的初投资。

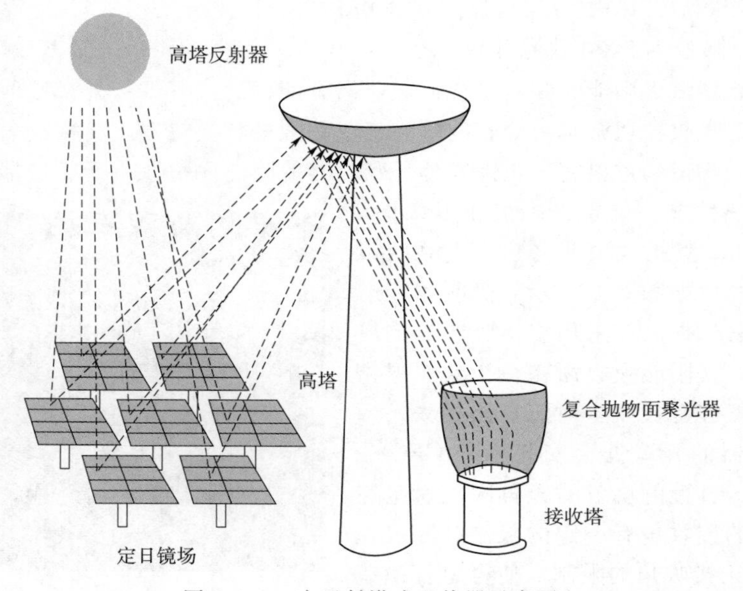

图 2.4　二次反射塔式吸热器示意图

下面探讨一下塔式太阳能光热发电系统及其存在的问题。20 世纪 80 年代国内外典型塔式太阳能光热电站见表 2.1，它们基本上都是试验电站，目的是为设计建设更大型的商用电站提供技术和经济上的依据。从表 2.1 可知，这些电站的建设费用都是相当昂贵的，经济上无法与常规的火电相比较。在这些电站中，日本的仁尾电站和法国的 THEMIS 电站，由于当地的日照条件较差，系统利用率低，经济效益差，在运行两三年取得一定的试验数据后即停运。西班牙的 CASE－1 电站、欧盟的 EURELICS 电站及国际能源机构（IEA）的 SSPS－CRS 电站均进行了长期的研究试验工作。其中西班牙还与德国合作，利用 CASE－1 电站的吸热器进行试验，研究气体冷却塔式聚光型系统。美国的 Solar One 是性能发挥得最好的电站，自电站建成后，经过两年的初试和评估期后并入南州电网进行发电。1994 年 10 月，美国完成了 Solar Two 电站的设计，并于 1996 年 4 月投入并网发电。Solar Two 电站去掉了 Solar One 电站全部水蒸气热传输系统（包括吸热器、管路和热交换器）和砂石、导热油的蓄热系统，安装了新的熔融硝酸盐系统（包括吸热器、2 个箱式储热系统与蒸汽发生器系统），增添部分定日镜，并改进主控系统。Solar Two 系统的成功

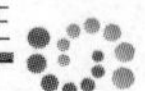

实施，提高了吸热器出口的蒸汽品位，验证了高温熔融硝酸盐作为热传输介质的可行性，使塔式太阳能热发电系统的发电效率有了进一步的提高。

表 2.1　　国内外典型塔式太阳能光热电站

项　目	容量/MW	开发商	定日镜面积/m^2	热介质/蓄热介质	吸热器
Solar One	10	Boeing/Nexant	39.9	水/油及岩石	外表受光型
Solar Two	10	Boeing/Nexant	39.9/95	熔盐/熔盐	外表受光型
PS10	11	Abengoa	120	饱和蒸汽/饱和水	空腔型
PS20	20	Abengoa	120	熔盐/熔盐	空腔型
Khi Solar One	50	Abengoa	140	水蒸气/饱和蒸汽	空腔型
Gemasolar	20	Sener	120	熔盐/熔盐	外表受光型
Crescent Dunes	110	Solar Reseve	62.4	熔盐/熔盐	外表受光型
Ivanpah	392	Bright source	14	水蒸气/水蒸气	外表受光型
Sierra Sun Tower	5	eSolar	1.136	水蒸气/无	空腔型
德令哈	10	浙大中控	20	水蒸气/熔盐	外表受光型
八达岭	1.5	中科院电工所	100	水蒸气/导热油及蒸汽	空腔型

塔式太阳能光热发电系统与其他太阳能光热发电系统相比，其集热温度更高，易生产高参数蒸汽，因此热动装置的效率相应提高。目前，塔式太阳能光热发电系统的主要障碍是，当定日镜场的集热功率增大时，即单塔的太阳能光热发电系统大型化后，定日镜场的集热效率随之降低。目前，Solar One 是较为成功的塔式太阳能光热发电系统，电厂发电量为 10MW，定日镜场的年均集热效率为 58.1%。国外学者提出多塔的定日镜场形式，以及中国的金红光研究员提出的槽与塔结合的双级蓄热太阳能光热发电系统，均为塔式太阳能光热发电技术的发展开拓新的方向。塔式 DSG 技术也有很广阔的发展前景，主要是因为在普通锅炉的水冷壁管道中，水汽两相共存，锅炉能够保证长期稳定运行，并且在超临界锅炉的水冷壁管道内，水质工况更为恶劣，超临界锅炉也能够长期稳定运行，既然超临界锅炉中应用水工质没有问题，那么塔式电站应用水工质也没有太大的问题，美国 Ivanpah 电站采用的就是塔式水工质技术。然而，塔式水工质技术的缺点就在于无储热系统，在未来一段时间内，随着技术的发展，配备储热系统塔式 DSG 电站能稳定调控管道内的蒸汽状况，那样塔式 DSG 光热电站就会有较大的发展。

2.1.3　太阳能菲涅尔发电

随着能源危机的日益严峻，人类在节约能源提高传统化石能源利用效率的同时，也必须大力开发可再生能源，新能源太阳能作为可再生能源的一种，在节约常规能源保护自然环境减缓气候变化中有极大的意义。我国正处于经济飞速发展的阶段，对能源供应提出了更高的要求，加快开发利用可再生能源已成为我国应对日益严峻的能源环境问题的必由之路。我国近年来积极倡导和鼓励太阳能等可再生能源的开发利用，以减轻对传统化石燃料的依赖。2011 年 12 月 5 日，国家能源局发布了《国家能源科技“十二五”规划》（国能科技〔2011〕395号），确定了大力发展高效大规模太阳能光热发电技术等能源应用技术和工程重大示范，这是国家能源局成立以来发布的第一部规划，也是我国第一部能源科技规划。2012年8月8日，国家能源局发布了《可再生能源发展“十二五”规划》，明确将太阳能热发电作为一个发展的重点，目标在太阳能日照条件好，可利用土地广且具备水资源条件地区，开展热发电项目的示范，该规划中还提出了进行太阳能海水淡化以及太阳能采暖制冷试点示范，为利用可再生能源解决沿海城市缺水问题和大规模中高温工业应用摸索经验相关鼓励政策的出台，将有力促进太阳能光热技术在中国的研究与应用。《国家能源科技“十三五”规划》（发改能源〔2016〕2744号）则进一步将目标具体化，到2020年太阳能光热发电利用规模达到500万kW，年产量达到200亿kW·h，太阳能热水系统累计安装面积达到4.5亿m^2，太阳能热利用集热面积达到8亿m^2。同时，加快太阳能供暖、制冷系统在建筑领域的应用，扩大太阳能热利用技术在工农业生产领域的应用规模。2021年，我国将扎实做好碳达峰、碳中和的各项工作，制定了2030年前碳排放达峰行动方案。太阳能热利用根据温度范围不同大致可以分为低温、中温、高温利用，低温利用主要指温度小于80℃的范围主要包括太阳能采暖太阳能热水和太阳能除湿空调等；中温的利用温度区为80～250℃，主要的应用形式包括太阳能制冷太阳能锅炉和太阳能海水淡化，高温利用主要指250℃以上温区的太阳能利用，主要包括太阳能热发电，目前主要的太阳能热利用方式与分类如图2.5所示。

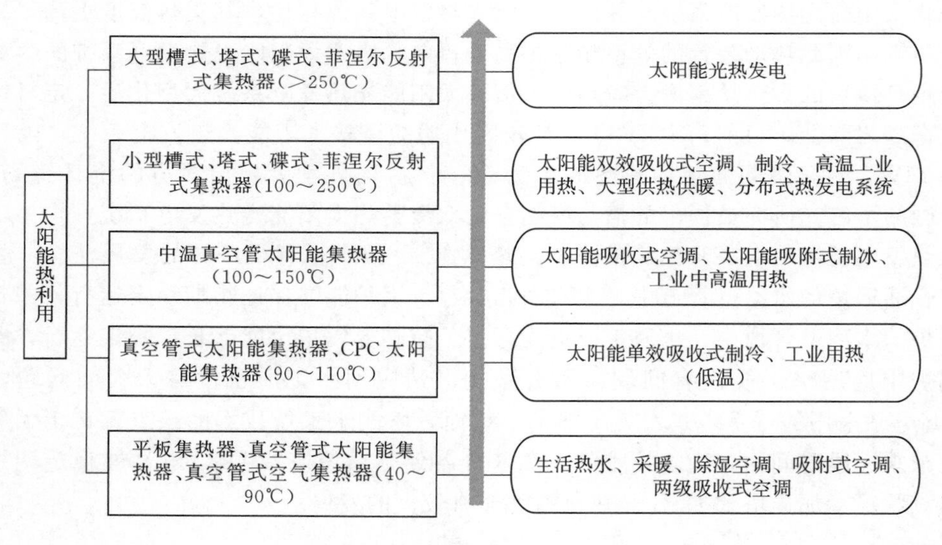

图2.5 太阳能热利用分类

太阳能具有取之不尽，用之不竭清洁等优势，可是由于太阳能能流密度较低（大气层外围1353W/m^2，在地面一般小于1000W/m^2）能量品位不高，并存在间歇性变化的特点，应用起来会受到一些阻碍。聚光型太阳能集热器聚热能力强，可以获得较高品质的热能，因此，利用聚光技术可以提高太阳能光热转换温度，能够实现太阳能在中高温领域的应用。在太阳能中高温利用中，目前的主要研究方向是中温太阳能工业加热、太阳能制冷与空调和太阳能高温热发电技术。常见的聚焦形式有槽式、塔式、碟式、菲涅尔反射式四种如图2.6所示，其中槽式太阳能光热发电技术已经实现了商业化运行；塔式太阳能光热电站也通过了商业化运行测试并在短期内能实现商业化运行；对于碟式太阳能光热发电系统，由于斯特林发动机成本高并且具有很高的技术难度，一直处于示范阶段。由于系统设计能力、集成技术、聚光器的加工和蓄热技术的不足，国内热发电电站一直处于示范阶段。

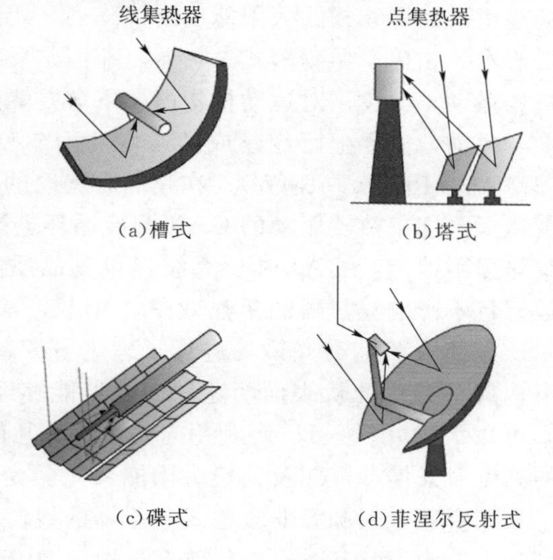

图2.6　典型太阳能聚光技术

太阳能的中温的利用在国内还处于相对的空白，据统计，工业部门所消耗的总能量占全国总能耗的70%，其中50%～70%被用于工业加工加热。在工业用热的很多工艺环节中，热负荷的分配很不一样，但用热温度在80～250℃，压力在9个大气压以下。太阳能的中温的利用技术在工业中的应用主要集中在食品加工、塑料加工、玻璃加工、化学工业造纸、工业木材加工、纺织工业等行业，有比较广泛的应用前景。利用中温太阳能集热器能满足这些用热需求，因此开发实用高效的中温太阳能集热技术对缓解能源危机及太阳能技术的普及有深远的意义。

在中温太阳能热利用技术中，基于菲涅尔反射技术的太阳能集热器具有如下优点：

(1) 菲涅尔反射式吸收器镜面为平面，吸热镜的成本低，跟踪系统简单。

(2) 吸收器固定，对系统的连接要求变低。

(3) 基于腔体吸收器，无真空部件避免了真空管吸收器对玻璃和金属封接的技术要求，吸收器可以一体成型，无需安装热膨胀节。

(4) 由于镜面为平面（或带轻微的弧度），其风载性能好。

总之菲涅尔反射式聚光技术在太阳能的中温的利用中发挥着重要的作用，具有广阔的应用前景。

线性菲涅尔反射式集热发电系统，如图2.7所示，主要由线性反射镜阵列吸收器和发电系统组成线性反射镜阵列，将太阳光汇聚到位于焦点吸收器，在吸收器中太阳光转化成热能被吸收器中流动的工质将热量带走，供用热端使用，从而实现太阳能光热转换，其镜

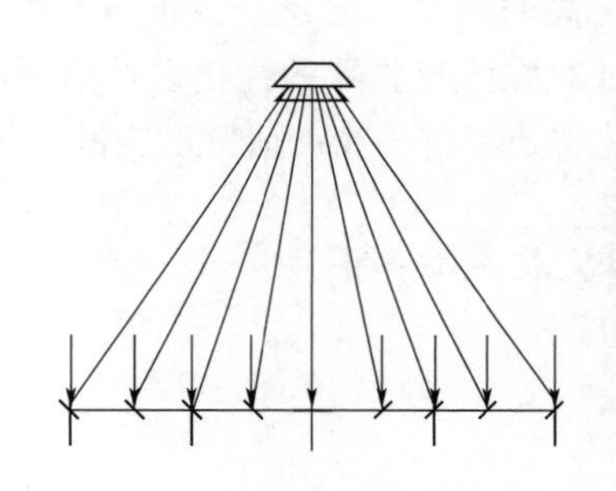

图2.7　菲涅尔吸热器示意图和腔体吸收器结构

场是离散的抛物槽式太阳能反射镜阵列，用线性平面镜代替抛物镜面能降低加工难度，减低成本。相比于抛物槽式集热器，菲涅尔反射镜太阳能集热器的吸收器可以固定不随跟踪机构运动，减少了对运动机构的要求，并降低了驱动机构的耗电量。

目前，世界上已经建成的线性菲涅尔反射镜太阳能电站主要有：美国的 Kimberlina（5MW）、PE1（1.4MW）；在建的有美国的 PE2（30MW）。Velazquez 等对线性菲涅尔反射镜太阳能集热器驱动的 GAX 制冷循环进行了理论分析；研究表明菲涅尔反射式太阳能集热器不但能给 GAX 制冷系统提供高品质热源，而且可以保证 GAX 循环在最佳工况下运行且不影响集热器的集热效率。Abbas 等对采用圆弧形和抛物面形反射镜的线性菲涅尔反射镜太阳能聚光镜场进行了理论研究，并提出一种新型吸收器，该吸收器由两排管束构成，理论分析表面明这种吸收器能够经受太阳辐射的改变并全天稳定工作，同时成本可以大为降低；He 等利用光线追踪和几何光学分析，通过改变反射镜面宽度和吸收器的高度对线性菲涅尔反射镜太阳能聚光器光学性能的影响进行了理论分析。Singh 等研究了采用直通金属圆管非真空式吸收器的线性菲涅尔反射镜太阳能集热器，当反射镜数量分别为 10、15 和 20 时，集热效率分别为 20.5%，17.6%和 16.8%。随后 Singh 等又研究了基于梯形结构腔体吸收器的线性菲涅尔反射镜太阳能集热器，其吸热面采用了方管和圆管束两种形式，实验结果表明，采用圆管束吸热面腔体吸收器的集热效率要高于采用方管作为吸热面的腔体吸收器，由于集热温度不高，仅适用于太阳能热水系统。Facao 等对采用梯形结构腔体吸收器的线性菲涅尔反射镜太阳能集热器的光学性能和散热性能进行了理论研究。Larsen 等则对其热损失进行了实验研究，研究结果表明，热损失中约 91%通过腔体吸收器透明盖板散失。当吸热器温度由 110℃上升到 285℃时，热损失系数由 3.39W/(m^2·K) 增加到 6.35W/(m^2·K)。

综上，菲涅尔反射式太阳能集热器具有技术难度要求低、成本低廉、抗风性能良好等特点，能够输出 80～250℃的稳定热源，成为市场关注的一个焦点，并在工业加热太阳能空调制冷和太阳能光热发电等领域有比较广阔的应用前景。传统的塔式太阳能集热器，一般用于大型太阳能热发电中，塔式集热器的特点有：聚光倍率高，聚光比一般可以达到 200～1000，投射到塔顶吸收器的平均热流密度可以达到 300～1000kW/m^2，工作温度高达 1000℃以上，电站规模可以达到小型分布式塔式太阳能集热器，特别是二次反射式（beam down）塔式系统在中温的利用中也有良好的前景，而在定日镜小型化中对的镜场优化和定日镜优化设计的研究还比较局限。非真空吸收器有结构简单、可靠性高、成本较低等优势，在聚焦型太阳能集热系统中有广泛的应用相比于真空管集热器，非真空腔体吸收器能够克服金属和玻璃连接的技术难题，在高聚光比的场合中，能耐更高的温度。但是，在相同工作温度下，腔体吸收器的热损失要大于真空管集热器，可以通过对腔体吸收器的优化设计来提高腔体吸收器的散热性能。腔体吸收器的传热机理和性能优化也还有进一步的研究的空间。

2.2　热电转换技术与特征

2.2.1　热电转换技术概述

能源是人类社会生活、生产和经济发展的基础。随着近年来工业技术及经济水平的快

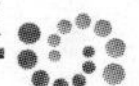

速发展，人均能源需求量不断上升。煤炭、石油、天然气为主的化石能源的大量使用引起全球气候的恶化和环境生态系统的失衡，而且化石能源终结时代也正在悄然开启。一方面，能源在生产和生活过程中的过度排放；另一方面，能源的利用率低造成极大的能源浪费。世界各国为促进能源安全和社会的可持续发展，正在探索一条能源发展新路径，并将目光转向可再生能源的开发和相关技术的研究。2015 年颁布的《能源发展战略行动计划（2014—2020 年）》（国办发〔2014〕31 号）以绿色低碳等四大战略计划，指明我国能源发展战略方向。然而，据权威机构数据评估结果显示，全球余/废热的总量巨大，所消耗一次能源的 72%将会扩散或转换到环境中。更准确地说，将有 63%能量以低于 100℃的余/废热而排放掉，且其主要份额来自火力发电厂、陶瓷烧制厂，炼钢厂、汽车尾气等化石燃料动力装备。因此，发展可再生能源不管是对国际节能减排能源指标的承诺、人类社会生产和经济实现可持续发展的需要、还是提高能源有效利用的有效路径，探究余/废热利用系统及相关技术，都具有深远的社会意义。

热电转换技术利用功能材料的热电特性，能够将热能与电能进行直接互换，是一种绿色、环保的节能技术。随着 Seebeck 效应、Peltier 效应以及 Thomson 效应的相继发现，以及半导体热电转换模块其结构紧凑、无运动部件、长寿命，无液体泄漏等优点，越来越受到各界的关注和研究。起初，人们对热电材料的研究主要集中于金属导体，然而由于多数金属的优值系数（ZT）极低，由金属导体装配的发电模块工作效率仅为 1%左右。直到 20 世纪 30 年代，一些具有较高优值系数（ZT）的半导体热电材料相继被发现，热电转换技术的研究再度获得重视。到 20 世纪五六十年代，空间技术对电源的需求极大地推动热电转换组件的开发和研制，一批应用于空间技术、地面和海洋等应用领域的热电转换系统相继被研制出来。俄罗斯采用锶- 90 作为燃料而研制的“Beta - M”放射性热电转换系统，被部署在无人灯塔，沿海信号灯和远程天气环境监测站，额定的输出功率在 230W。通用汽车 1999 年塞拉利昂皮卡配备 330W 汽车余热热电转换系统对电力管理系统 12V 和 42V 电池充电；可以用于轻型卡车和乘用车如图 2.8 所示。美国早期开发的 RTG - SNAP - 27 用于月球表面的科学研究，工作寿命为 4～8 年，转换效率在 6.6%左右；此后应用于伽利略和卡西尼飞船上的“航行者号”和通用放射性（GPHS - RTG）热源而研发的百瓦级电源，其效率为 6.6%～7%，如图 2.9 所示。

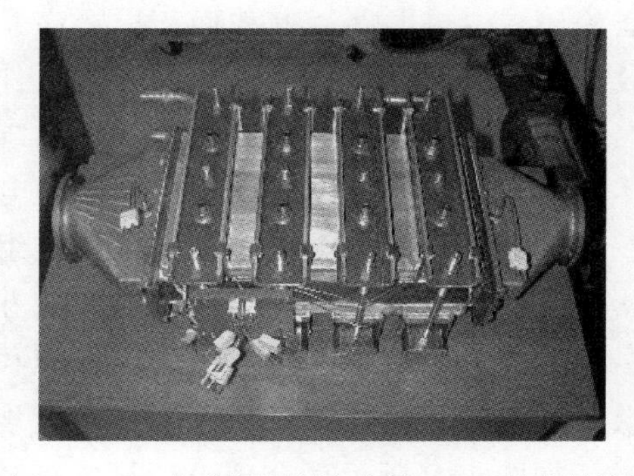

图 2.8　1999 年美国通用卡车的 330W 热电转换器

图 2.9　卡尼西放射性热电转换器飞行检查图

然而，经过数十年的探索，热电转换组件的能量转换效率基本停留在 10%左右；与理论预测相差甚远。究其原因，主要是通过材料电子、量子结构体现出来的热物性参数（导热系数、导电系数、塞贝克系数等）之间存在相互关联与耦合。针对该现状，若要提高热电材料的优值系数，应通过平衡或降低参数之间的耦合，改善材料中电子本征结构，从而改变材料固有的电子性能，或是构建对纳米单元和界面进行化学调控，从而减少热电材料的维度，如超晶格结构的热电材料以及纳米复合材料。Xiao Chong 等采用相变技术来削弱电场与磁场之间的协同与耦合，并在塞贝克系数、电导率不变的前提下降低导热系数，提高系统输出性能。

学者们也就组件上的接触热阻、结构尺寸对组件的热电性能的影响开展一系列的研究。探究不同结构的热电单元组成的热电转换组件，在相同温度场的环境下，热应力、输出功率以及稳定性都存在很大的差异。组件的输出特性（功率、电压、电流）是反映该组件性能的关键参数，探究如何发挥热电组件的最大热电性能有着重要的意义；因此改善热电转换组件，提高热电转换组件热—电效率成为实际应用的关键手段。A. Rezania 等对热电转换组件的几何结构参数（如 P 与 N 截面积之比，细长比）进行设计、测试与优化，并寻求热电转换组件最大输出功率；结果表明针状热电偶臂可有效降低热电组件的热导率，从而提高热—电转换效率。Haider Ali 等发现越来越多的无量纲几何参数可以提高热电转换组件的热利用效率，并逐一加以验证。A. S. Al - Merbati 等则对热电转换组件其工作过程中的热压应力进行数值模拟并优化其结构。然而，由于热电转换组件最大转换效率与最大输出功率并不匹配，从而造成一定的能源浪费。因此，根据热电转换系统实际使用条件而进行设计并匹配合适的冷热源温度，确保设备输出功率最大化显得很重要。学者们如 Ahmad K. I. 等就微型热、电联产系统在多孔金属燃烧设备中的应用而开展研究。学者 Miguel Fisac 等则采用光伏技术开发光伏—光热—热电复合发电系统，如图 2.10 所示，通过分级利用光谱，将光能在光伏系统的能量转换效率从原来的 18% 提高至 25%。Chen W. H. 等建立太阳能—热电发电系统的物理模型并进行数值模拟，该模型考虑间隙热阻与热扩散对组件的影响，通过增加基板面积和减少热电偶臂的截面积以提高系统能效。Jang J. Y. 等通过优化多热电组件之间的距离、基板厚度来提高废热发电系统的总体性能。Zhou M. F. 等基于经典热电模型，针对瞬态与稳态不同热源设计热电组件传热模型并对综合性能进行数值模拟，并通过实验加以验证。对于热电转换组件的转换效率低，热电材料的性能在短期内难以有重大突破；且现阶段的热电材料还不具备大规模应用。不同量级的能量转换代表其不同的应用领域，如图 1.2 所示，合理设计热电复合发电系统，有利于提高系统热能的多级利用效率；优化热电转换模块的外场匹配，有助于改善热电系统的稳定性以及扩大相关应用。

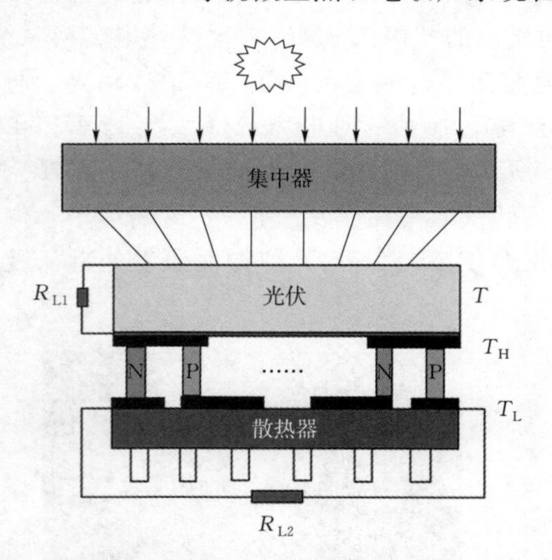

图 2.10　太阳能光伏—光热—热电复合发电系统

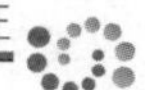

新型热电材料和热电转换组件的成功研制，有力促进热电转换技术的发展。由此可见，通过大面积固态热电组件（热电转换组件）来有效地将热能转化成电能是长久以来的目标。立足于中低温余/废热的回收利用而开展高性能半导体热电转换系统的关键技术以及系统性能分析，将为提升半导体热电转换技术的实际应用提供理论和应用的基础，尤其在“十四五”规划中所提倡的碳中和、碳达峰，降低工业尾气排放以及提高能源利用效率的背景下，发展节能减排相关技术更加具有实际意义。

2.2.2 热电转换技术原理

热电转换技术的基本原理为两种不同的金属，当两端存在温度差时其闭合回路有电流产生，因此称为温度差发电。在热电转换单元中，热能可以直接转化为电能。

热电组件可以分为热电转换组件和半导体致冷组件，其中热电转换组件基于塞贝克效应，将温度差转换为电势差，而半导体致冷组件则刚好与之相反，基于帕尔贴效应将电势梯度转换为温度梯度。塞贝克效应、帕尔贴效应和汤姆逊效应，是热电转换技术中的主要效应，且具有可逆性。一个简单的热电转换组件可由两种不同的热电材料（P 型和 N 型），通过优良导体 Cu 连接起来；另一端则分别用 Cu 导体连接，构成一个 PN 结，也称为 PN 热电单元，如图 2.11 所示。当热电单元两端形成稳定的温度梯度时，热电单元内部的空穴和电子形成定向移动，并在电偶臂两端形成电势差，闭合回路中产生电流。

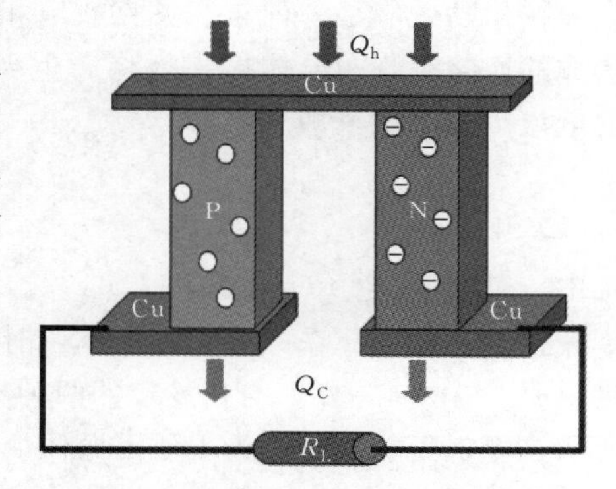

图 2.11　热电转换组件原理示意图

由于一个热电偶单元可产生的电动势较小。因此，可将多个 PN 电偶臂通过串联连接起来，形成具有多个 PN 结的热电组件以增加输出功率。目前，主要商用半导体热电转换组件采用如图 2.12 所示的夹层结构。

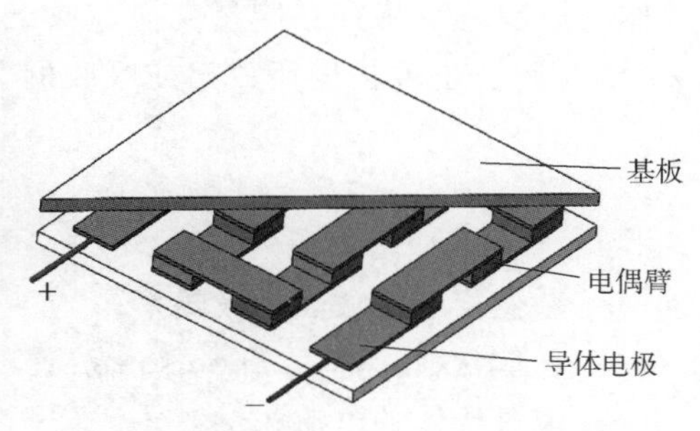

图 2.12　热电转换组件示意图

1. 塞贝克效应（Seebeck）

1821 年，德国科学家 Seebeck 发现在两种不同金属材料构成的回路中存在电动势，这一现象称为 Seebeck 效应或热电效应，这一电动势称为 Seebeck 电动势或者热电动势。

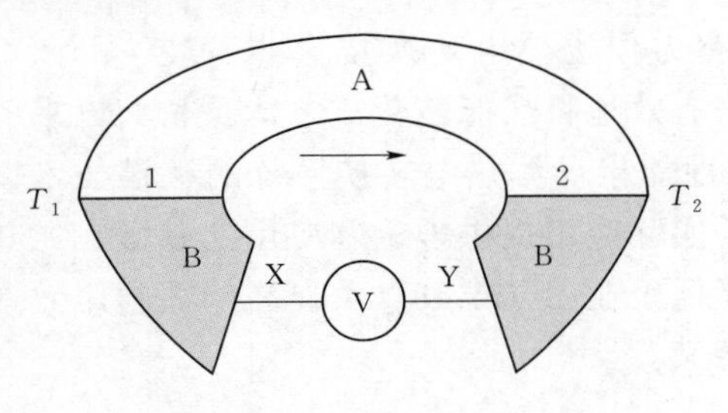

图 2.13　塞贝克效应示意图

如图 2.13 所示，对于由热电单元由导体 A 和 B 组成的回路中，如果使接头处 1 和 2 分别维持在温度 T_H 和 T_C（$T_H > T_C$），其开路电压值为

$$\varepsilon = U_{XY} = \alpha_{AB}(T_H - T_C) \tag{2-1}$$

其中

$$\alpha_{AB} = |\alpha_A - \alpha_B|$$

式中　α_{AB}——A 和 B 两种导体的相对塞贝克系数，V/K。

当接头处温差 $\Delta T = T_H - T_C$ 较小时，α_{AB} 可视为常数。而当 ΔT 较大时，有

$$\alpha_{AB} = \lim_{\Delta T \to 0} \frac{\Delta U}{\Delta T} = \frac{dU}{dT} \tag{2-2}$$

2. *帕尔贴效应*（Peltier）

帕尔贴效应是一种与塞贝克效应相反的现象，即当直流电通过两种不同导体 A 和 B 构成的回路时，两导体接头处将产生吸热或放热现象。这一热量称为 Peltier 热，与通过的电流 I 成正比，即

$$Q = \pi_{AB} I \tag{2-3}$$

其中

$$\pi_{AB} = Q/I$$

式中　π_{AB}——Peltier 系数，V。

显然，Peltier 系数表示的是单位时间内单位电流强度在接头处所放出（或吸收）的热量。π_{AB} 与 α_{AB} 一样，与相连接的两种导体材料的性质有关，且存在正负之分。如图 2.13 所示，规定当电流在接头 1 处由导体 A 流入导体 B 时，接头 1 从外界吸热，Peltier 系数为正；反之，Peltier 系数为负。

3. *汤姆逊效应*（Thomson）

1855 年，英国科学家 Thomson 通过热力学理论将 Seebeck 效应和 Peliter 效应建立了联系，并预言第三种热电现象—汤姆逊效应的存在，即若电流流过存在温度梯度的导体，则导体与周围环境将存在能量交换，放出或吸收一定的热量，这一热量称为 Thomson 热。单位时间、单位长度所放出或吸收的 Thomson 热与电流和温度梯度的乘积成正比，即

$$Q_T = \tau I \frac{dT}{dx} \tag{2-4}$$

式中　Q_T——单位长度的放热或吸热率；

τ——比例常数，称为 Thomson 系数，V/K；

I——流过导体的电流；

dT/dx——温度梯度。

与 Seebeck 效应和 Peltier 效应类似，Thomson 效应也是一种可逆效应。若通过导体的电流方向与温度梯度的方向一致，则导体从环境吸收热量，则 Thomson 系数为正值。因为 Thomson 系数只涉及一种材料的性质，而一种材料的 Thomson 系数不需要相对别的材料来定义。如果 dT/dx 的值越大，则 Thomson 现象越明显。一般地，Thomson 效应

为二级效应，它在热电转换器件设计中通常被忽略。

由 Thomson 导出的 Seebeck 系数、Peltier 系数、Thomson 系数三者之间的关系为

$$\alpha_{AB}=\frac{\pi_{AB}}{T} \tag{2-5}$$

$$\frac{d\alpha_{AB}}{dT}=\frac{\tau_A-\tau_B}{T} \tag{2-6}$$

式中 α_{AB}——A 和 B 两种导体的相对塞贝克系数；

π_{AB}——A 和 B 两种导体的帕尔贴系数；

τ——汤姆 逊系数，比例常数；

T——有效温度。

4. 傅里叶效应

傅里叶效应表征导体内传递的热量，是指单位时间内经过均匀介质沿某一方向传导的热量与垂直这个方向的面积和该方向上的温度梯度的乘积成正比，即

$$Q_F=\frac{kA}{l}(T_H-T_C)=K\Delta T \tag{2-7}$$

式中 k、K——导体的导热系数和总热导；

l——导体的长度；

T_H——热端的绝对温度；

T_C——冷端的绝对温度。

5. 焦耳效应

焦耳效应是伴随热电效应产生的一种不可逆热效应，其产生的热，称为焦耳热，与电流有关且不论电流的方向如何，总是从导体中放出。单位时间内产生的焦耳热等于导体电阻和电流平方的乘积，即

$$Q_J=I^2R=I^2\frac{l\rho}{S} \tag{2-8}$$

式中 Q_J——焦耳热；

I、R、ρ、l、S——导体的电流、电阻、电阻率、长度和截面积。

如图 2.13，在热电单元之间接入负载电阻为 R_L。如果忽略电极以及接触点的电阻、热源与换热器之间的热阻、组件与环境之间的换热，且热电材料的热物性参数 α、ρ（电阻率 Ω·m）、κ [热导率，单位为 W/(m·K)] 与温度无关。当我们研究热电单元的工作状态。利用欧姆定律，即

$$I=\frac{\varepsilon-U}{r_i} \tag{2-9}$$

式中 ε——电动势，由自身决定；

r_i——热电单元单体对的内阻，在特定的冷、热工作工况下，保持不变。

图 2.14 所示为热电单元的伏安特性曲线。然而，当负载从零增加到无穷大时（短路至断路过程的转换），回路电流可以表达为

$$I=\frac{\varepsilon}{r_i+R_L} \tag{2-10}$$

当电流强度 I 从最大的 $I_{max}=\varepsilon/r_i$ 变到 0，而电压 $U=Ir_L$ 从 0 变到 ε。利用式（2-1）后电流可以表达为

$$I=\frac{\alpha_{pn}(T_H-T_C)}{r_i(1+x)}=\frac{\alpha_{pn}\Delta T}{r_i(1+x)} \tag{2-11}$$

式中　x——负载电阻与内阻的比值。

由此，负载上的电压为

$$U=Ir_L=\frac{\alpha_{pn}\Delta Tx}{1+x} \tag{2-12}$$

则，负载上的输出功率为

$$P=I^2r_L=\frac{(\alpha_{pn}\Delta T)^2x}{r_i(x+1)^2} \tag{2-13}$$

因此，热电转换系统的热电转换效率 η 为

$$\eta=\frac{P}{Q_h} \tag{2-14}$$

式中　Q_h——系统的输入热量。

在实际过程中，热电材料的导热系数、塞贝克系数以及电阻受温度影响较大，因此在建立数值仿真模型时，热电材料的物性将按下述与温度非线性关系进行修正。

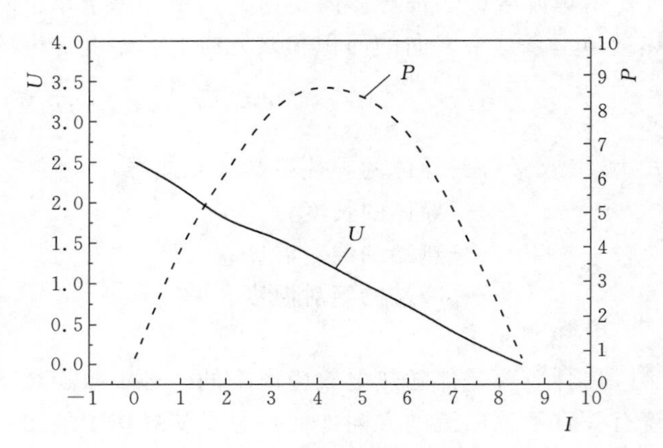

图 2.14　热电单元的伏安特性

2.2.3　热电转换技术应用

1. 太阳能利用

目前，世界正面临能源需求日益增长和能量资源不足的关键问题。转移对传统能源的依赖和需求，丰富太阳能等清洁可再生的能源的利用是研究工作者提出的有效解决未来能源问题的方案。地面上不同的接收组件将太阳能转换成为不同的能量。如热利用系统将吸收太阳光的热谱，光伏系统则吸收太阳能的可见光谱。光伏发电系统由于其独特的优势，已成为智能电网的重要组成部分。而据相关报道，光伏电池出现温度过高的现象，主要由于光伏电池吸收的太阳辐射热量没有及时转换成电能，从而导致光伏电池温度的不断上升并影响光伏电池的转换效率。而热电转换组件（TEG）与光伏电池板的结合，可以有效回收和利用光伏电池板的多余热量，并使之转换成电能。因此，如何建立高效的光伏—热电复合系统（PV-TEG）引起了研究人员的关注。

Verma 等通过热电转换系统来提高光伏发电系统的性能而展开研究，探究光伏发电系统热与热电转换系统在结构上的组合以及复合发电系统输出功率扰动性的控制，其结果表明 PV/TEG 复合发电系统较于单一系统的功率密度有很大的提高。Makki 等通过热管将光伏电池板背面的热量转移到热电组件热端并直接转换为电能，结构如图 2.15 所示，在实现光伏电池热管理的同时，提高复合系统的发电能效。Hashim 等则对 PV/TE 复合系

统就提高输出功率与系统成本增加方面展开讨论。探索如何平衡获取最大功率的同时耗费最低的热电组件成本。

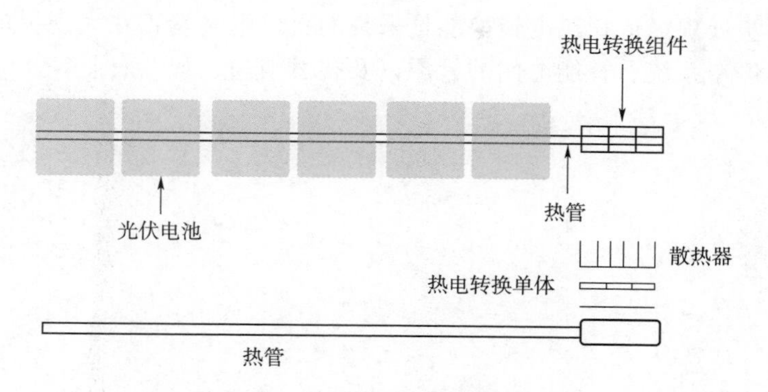

图 2.15 基于热管的光伏热电复合系统

2. 余/废热回收

目前，中低温热源主要应用于热力发电系统或在吸附制冷系统中作为脱附热源。基于塞贝克效应的热电转换技术开辟余热回收利用的手段和途径，其特有的无噪声、寿命长、结构简单等优点吸引着研究者的广泛关注。爱尔兰都柏林的 S. M. O. S 学者及其研究团队在生物质炉热电转换器方面做了大量的研究工作，并于 2015 年开发出一种适用于生物质火炉热电转换系统，结构及实物如图 2.16 所示，其冷端采用热沉进行自然对流散热，热端通过热管置于炉膛之中，单个组件可稳定输出功率达 4.5W，对于给定的热沉和热源，可以通过增加组件的数量，可获得较大的输出电压或电流。使用者可以通过火炉热电转换模块进行移动设备充电，LED 照明以及为小型通信设备供电。Ismail A. K. 等应用多孔介质燃烧器研制的微型热电联产系统，总电压输出可以达到 9.3V，当充电时下降到 7V。

图 2.16 安装热电转换模块散热器和电路盒的炉墙

3. 其他应用

热电转换技术作为绿色的能源转换技术，在碳达峰与碳中和的应用中备受关注。逐步由原来的军用、航天、航空领域扩展至民用、商用领域，且发展潜力巨大。尤其是随着

5G 与智能物联网技术的发展，热电转换技术已经成为移动终端能量来源不可或缺的选择。如微机电系统大量应用于生物医学、可穿戴消费电子、人体芯片等；其高可靠性、结构多样化等优势正逐步展现。依托热电转换能量采集的自供电终端正在大规模的应用推广、主要包括智慧城市停车系统、智能电网的检测以及智慧消防、智慧农业等。

第3章 热电转换设备

热电转换设备，是一种将热能直接转换成电能的固态能量模块，又称热电转换器；热能作为一种低品质能量，根据熵增原理，只能部分热能可以转换为电能。目前，热电偶的转换效率普遍为5%～8%。实际应用中，为获得更多的电能，往往由多个单体组成热电转换组件并通过串联或并联连接装配成尺寸较大的热电转换模块。这些模块由于尺寸的放大，普遍存在温度场不均匀、热量损失大以及各部件之间的接触热阻增大等问题，因而其实际的发电效仅为3%～5%，远低于火力发电的45.5%和光伏发电的20%。

有效提高热电材料性能是目前工业应用的瓶颈和热电材料研究领域亟待解决的难点。为进一步提高热电转换技术与太阳能等新能源发电方式的竞争力，促进热电转换技术的发展。Callen、Bejan以及Bell等均指出除研制高效的热电材料，提高热电材料的优值系数（ZT）外，还应从热电发电系统总体出发。在拓展其应用利用领域，同时考虑不同的外部条件（环境温度、负载压力大小、散热方式等），分析各种效应、各种不可逆性对系统性能的影响，从而优化设计系统的结构。学者们运用经典热力学原理以及有限元分析方法对热电转换单体内部热电单元之间热量的传递过程做热力学分析，建立并发展一些热电转换设备系统的物理模型，其中主要考虑系统冷、热两端温度及温差、模块的热阻，负载电阻，几何尺寸等参数对输出特性和转换效率的影响，并结合具体实验研究对相关模型进行验证，为设备内部热能的有效利用及其性能的优化提供理论和实验依据。

学者们通过建立不同几何图形的热电单元，探究圆柱形热电单元对热电组件温度分布、输出功率和能量转换效率的影响，通过确定不同形状的热电臂对热电组件热应力大小及分布的关系，提供优化热电臂形状的依据。针对热电转换系统转换率低的现状，从实验测试和仿真模型分析两个方面对热电转换组件传热特性进行系统研究，提出考虑热电单元之间空隙率及空隙中空气的传热的热电模型，同时运用有限元分析方法研究几何尺寸、结构参数和基板导热系数对热电转换组件输出功率的影响，进而得出热电单元尺寸和基板的最优值。

3.1 热电转换设备的结构

通常，有实用价值的热电转换单体需要由几对或几十对PN热电偶通过串联或并联组合而成。一个或多个热电转换单体通过串联或并联组合成为热电转换组件，组件再根据热电转换设备性能参数的需求，进行合理的设计和匹配。在整个热电转换设备中要确保热电转换单体、热源、外壳三者间相互电绝缘，并且在由热源、热电转换单体、冷端及附件——散热器组成的热路上有最小的热阻。

热电转换组件采用两种结构。一种是以热源为中心，热电转换单体辐射状排列的结构；另一种是将热电转换单体与热源一侧紧密配合的夹层结构。前者配合一定结构的冷端构件以后，具有极高的抗冲击振动能力，成本也较高，但转换效率较高。后者结构简单，安装方便，成本较低，但热量利用率较低。

在这两种结构的热电转换组件中热电转换单体都可为独立单体或组合体的形式。所谓组合体就是将若干热电单体对紧凑地排列成一个阵列，热电转换单体之间电绝缘，并按一定工艺和方式焊上电极，成为一个整体。采用这种组合件后热电转换组件结构紧凑，装配容易，也提高了单体抗冲击振动的能力和转换效率。如果要保证每对单体都有较小的接触电阻，需要较高的焊接和装配工艺。

3.1.1 热电转换单元基本结构

热电转换模块将低品位的热能转换成电能，特别是在废热回收的情况下，无须考虑输入热能的成本，还可以达到节能减排的效果，所以低效率的问题已不再是我们必须考虑的首要问题。热电转换单体是由多对P型和N型热电单元组合而成，P型和N型热电单元相互交替，确保载流子运输方向一致；大多数的热电转换模块特性研究中，性能数据分析均使用传统的非平衡热力学。近年来，许多国内外学者就改善热电材料的优值系数、电导率、热导率等方面做了大量的工作，并在电子输运方式和结构模型取得一定进展，因此，优化热电单元的结构也是提高热电转换单体输出功率的有效途径。相关学者在光伏—热伏耦合发电系统上验证了热电转换系统的效率、探究最佳输出效率并在空间核动力热电转换系统中应用。刘磊等则建立平板集热太阳热电单体模型，探究集热比、热电单元截面积与长度变化等因素对器件性能参数的影响，发现集热比、热电单元长度的变化对器件性能影响显著，热电单元截面积的变化对器件转化效率影响相对较弱。通过实验方法获取有效的塞贝克系数和热电模块电阻的 $I-U$ 曲线，可以看出内部温度差与负载电流的热电转换模块几乎呈线性下降，通过Spice、ANSYS软件仿真结果表明，该建模分析方法能够有效研究热电转换设备的相关性能，主要包括：热电转换单体最佳热电单元参数的求解、热电转换模块散热外场优化、热电转换系统的优化等。不同对数和不同规格的热电转换单体模型的温度场、电压场以及热电转换单体模型中空隙率对热电转换单体的性能均有着重要影响。

热电效应包括五种基本效应，其中塞贝克效应、珀尔帖效应和汤姆孙效应是热电理论的基础，而焦耳热效应和傅里叶效应为不可逆效应。热电转换设备是塞贝克效应的应用，利用热电材料为载体，将热能单向转换为电能。热电单元内部结构如图3.1所示，在热电单元开路端接入电阻为R的外负载，如果热电单元的热面流入热流，在热电单元热端和冷端之间建立温差，则将会有电流流经电路，负载上将得到电功率，因而得到将热能直接转换为电能的发电单体。当发电单体工作时，为保持热端和冷端之间有一定的温度差，应不断地对热端供热，而从冷端不断散热，最终冷热两端达到动态热平衡。热端所供给的部分热量作为珀尔帖热被吸收，另一部分则通过热传导传向冷端，冷端散热器排出的热量应为冷端放出的珀尔帖热与从热端传导来的热量、汤姆逊热和被导体释放的焦耳热之和。由于电极材料的电导率比半导体单体要大2～3个数量级。同时，采取适当的金属—半导体接触工艺后，可以降低热电单元和电极之间的接触电阻。因此，热电转换单体的内阻主要由热电转换单元电阻的大小决定。

热电单元材料分别采用了P型和N型碲化铋。这种布局方式下，电流在P型和N型热电单元臂里上下流动的过程中，热流方向能始终保持不变。通过掺杂使N型材料中产生过量的电子（多于组成完整晶格结构需要的电子数），而使P型材料中产生空穴（少于组成完整晶格结构需要的电子数）。这些N型材料中的多余电子和P型材料中的空穴就是热电材料中负责输运电能和热能的载流子。大多数热电转换单体是由相同数量的N型和P型电单元所组成的，一个P型和一个N型电偶组成一对热电偶对。图3.1模型里面有两对P型和N型电偶，即有两对热电偶对。

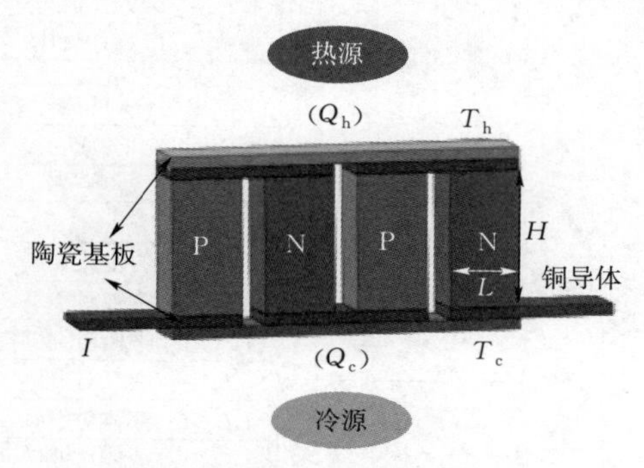

图3.1 热电单元内部结构

基于塞贝克效应，当热电转换单体两端温差为$\Delta T=T_h-T_c$时（T_h为热端温度，T_c为冷端温度），在回路中产生的热电动势$U=\alpha_m\Delta T$（$\alpha_m=\alpha_p-\alpha_n$，$\alpha_p$、$\alpha_n$分别为P型和N型半导体材料的塞贝克系数，$\alpha_m$为热电单元的塞贝克系数，V/K），此电动势一部分施加到热电转换单体自身的内阻R_m，而另一部分则施加在外部负载电阻R上，因此加在负载电阻上的电压即为热电转换单体的输出电压U_0和回路电流I_0。

3.1.2 热电转换组件与选型

热电转换设备根据应用场景的需求，如输出功率、输出电压、电流等参数的需求，进行热电转换模块的设计与选择，而热电转换芯片的选型是影响热电转换模块性能的关键因素之一。热电转换芯片名牌上的命名规则虽然企业之间为避免产品型号同质化，但其核心方面存在着一定的共性，以H TEG1-99-02-14×13 S-W58为例，主要命名规则如下：

（1）H项代表产品系列，字母H表示耐高温系列产品，字母HP表示高性能系列产品。

（2）TE项代表热电组件，是英文Themoelectric的缩写。

（3）G项代表产品的类型，字母G表示为热电转换组件，字母C表示标准半导体致冷片，字母S表示微型半导体致冷片。

（4）1项代表产品的级数，数字1表示一级热电转换芯片，2表示两级热电转换芯片，6表示六级热电转换芯片。

（5）99项代表产品的热电偶总对数。

（6）02项代表产品的最大工作电流。

（7）14×13项代表产品的几何尺寸，单位mm。

（8）S项代表产品的封装方式。字母S代表RTV硅胶密封，字母E代表环氧树脂密封，空白则代表不封胶。

(9) W58项代表导线的长度。字母W表示导线，WS表示特殊导线，58为导线的长度，单位mm。

热电组件命名规则和单体名牌的定义如图3.2所示。

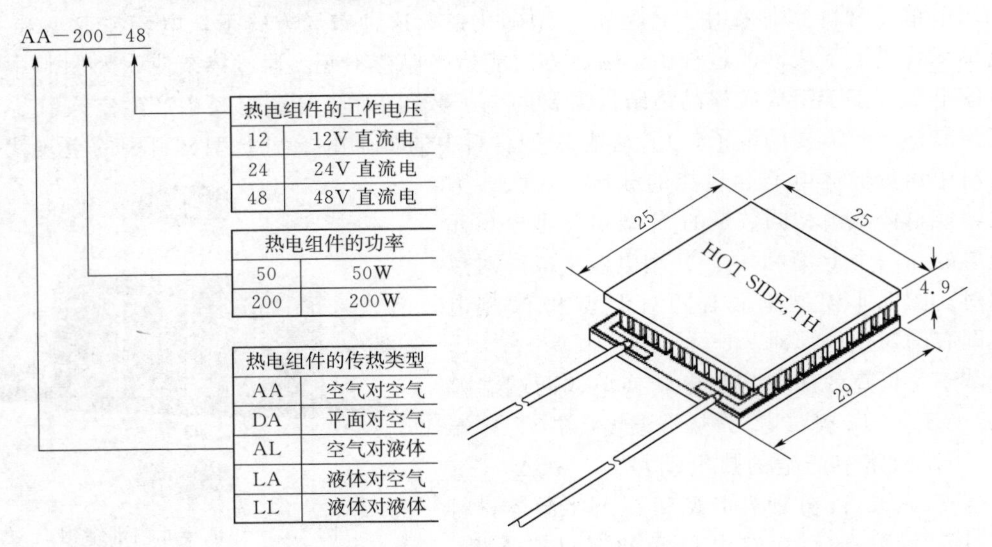

图3.2　热电组件的命名规则（单位：mm）

基于塞贝克效应理论，热电转换技术适用于探测器仪表、各种难以获得或不适合用电的环境、余热或废热回收领域。市面常见的热电转换单体型号及性能参数见表3.1～表3.3。

表3.1　某公司常用热电转换单体型号及性能参数

单体型号	$T_c=30℃$，$T_h=200℃$						几何尺寸/mm			
	开路电压/V	负载电压/V	负载电流/A	内阻/Ω	负载电阻/Ω	负载功率/W	A	B	C	D
TEG-031023	2.08	1.04	2.32	0.4	0.4	2.4	25	25	29	4.9
TEG-127020	8.54	4.27	2	2.1	2.1	8.5	40	40	44	3.3
TEG-071020	4.78	2.39	2	1.2	1.2	4.8	30	30	34	3.3
TEG-127014	8.54	4.27	1.42	3	3	6	40	40	44	3.6
TEG-071014	4.78	2.39	1.42	1.7	1.7	3.4	30	30	34	3.6
TEG-127008	8.54	4.27	0.89	4.8	4.8	3.8	40	40	44	3.9
TEG-071008	4.78	2.39	0.89	2.7	2.7	2.1	30	30	34	3.9
TEG-127009	8.54	4.27	0.92	4.6	4.6	3.9	30	30	34	3.2
TEG-127006	8.54	4.27	0.67	6.4	6.4	2.8	30	30	34	3.6
TEG-127005	8.54	4.27	0.54	7.9	7.9	2.3	30	30	34	3.6

根据性能参数可以分为：微型单级热电转换器件。热电转换模块可以通过合理的技术设计与制造工艺，将热源直接转换为电能。热电转换模块基于Bi-Te材料，可以在高达

330℃的高温下连续工作，也可以间断地达到400℃的高温下工作。只要存在温度差，热电转换模块就将产生直流电，且模块之间温差越大，产生的功率就越大，将热能转化为电能的效率也会随之提高。随着高导热材料的发展，石墨烯、石墨片、纳米金属等制作而成的陶瓷板将有效降低接触热阻，从而促进热电转换组件之间的有效温差。

表 3.2　　某公司 200℃热电转换单体型号及性能参数

单体型号	T_h	T_c	开路电压/V	负载电阻/Ω	负载电压/V	负载电流/A	负载功率/W	热流量/W	热流密度/(W/cm^2)	交流电阻（测试条件 27℃，1000Hz)/Ω
TEHP1-1263-1.5	300	30	8.2	2.96	4.1	1.3	5.33	90	10	1.2～2.0
TEHP1-1264-0.8	300	30	8	1.59	4	2.4	9.8	166	10.4	0.8～1.0
TEHP1-1994-1.5	300	30	11.1	3.07	5.6	1.8	10	192	12	1.5～2.0
TEHP1-12635-1.2	300	30	8.3	2.2	4.2	1.86	7.8	132	10.8	1.1～1.4
TEHP1-12656-0.3	300	30	8.4	0.9	4.2	4.6	19.3	306	9.8	0.25～0.45
TEHP1-12656-0.55	300	30	8.6	1.12	4.3	3.84	16.5	246	7.8	0.5～0.7
TEHP1-24156-1.2	300	30	14.4	2.4	7.2	3.0	21.6	365	13.2	1.1～1.35
TELP1-12662-0.9	600	30	13.3	2.05	6.65	3.27	21.7	290	7.6	0.7～1.1
TELBP1-12656-0.45	350	30	9.2	0.97	4.6	4.7	21.7	247	7.9	0.42～0.52

表 3.3　　某公司耐高温 250～300℃热电转换单体型号及性能参数

单体型号	T_h	T_c	开路电压/V	负载电阻/Ω	负载电压/V	负载电流/A	输出功率/W	热流量/W	热流密度/(W/cm^2)	交流电阻（测试条件 27℃，1000Hz)/Ω
TEP1-24156-2.4	300	30	17.7	4.4	8.8	2.0	17.6	301	9.6	2.3～2.5
TEP1-12656-0.8	300	30	9.9	1.67	5	2.9	14.5	247	7.9	7.0～1.0
TEP1-12656-0.6	300	30	8.8	1.19	4.4	3.68	16.2	282	9.0	0.5～0.7
TEP1-12635-3.4	300	30	10.8	5.4	5.4	1.0	5.4	94.7	7.7	2.8～3.9
TEP1-1264-3.4	300	30	10.8	5.4	5.4	1.0	5.4	98.2	6.2	2.8～3.9
TEP1-1264-1.5	300	30	9.4	2.8	4.7	1.56	7.3	133	8.4	1.3～1.8
TEP1-1263-3.4	300	30	10.8	5.4	5.4	1.0	5.4	96	10.7	2.8～4.0

根据不同的应用场景，主要包括热源温度、热源的热流密度，热电转换模块的输出性能参数的要求；可以进行热电转换模块的设计与开发。表 3.4 整理了一些热电转换设备的型号及基本参数。

表 3.4　　某公司热电转换设备型号及基本参数

热电转换设备型号	输出功率/W	输出电压/V	尺寸/(mm×mm×mm)	重量/g	热电转换单体参数	备　注
TeaL-001	0.6～1.2	5	112×83×114	350	2pcs	

续表

热电转换设备型号	输出功率/W	输出电压/V	尺寸/(mm×mm×mm)	重量/g	热电转换单体参数	备注
TEG15-12V	15	12	220×145×102	2750	4 pcs TEHP1-1264-0.8	
TEG20-12V	20	12	220×220×104	5000	8 pcs TEHP1-1264-0.8	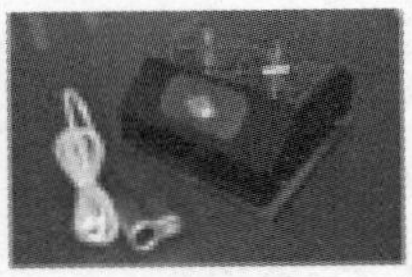
TEG30-12V	30	12	240×220×110	5500	4 pcs TEHP1-1256-0.3	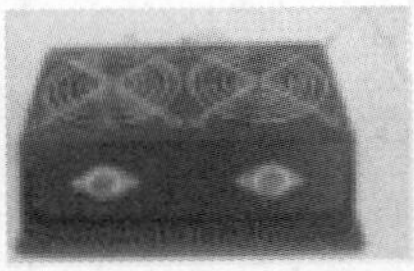
TEG45-12V	45	12/24	330×220×108	8000/8500	6 pcs TEHP1-1256-0.3	
TEG200 W-24V	48	24/48	120 × 120 × 620	16500	—	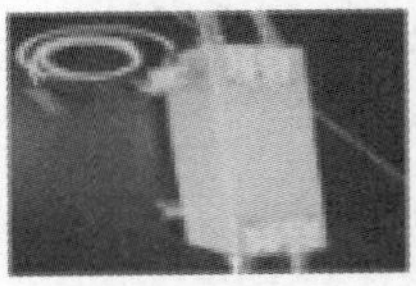
TEG 600 W-48V	48	48	460×400×965	75000	—	
TEG-BS-10W-5V-1	10	5	386× 386 × 325	5200	—	
TEG-ST5-5V-1	5	5	180×180×95	1300	2 Pcs TEHP1-12635-1.2	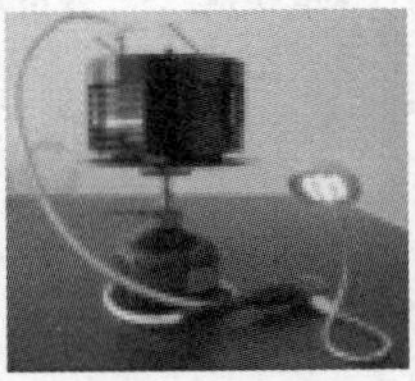

续表

热电转换设备型号	输出功率/W	输出电压/V	尺寸/(mm×mm×mm)	重量/g	热电转换单体参数	备 注
TEG-ST8-12V-1	8	12/5 USB	200×200×95	1500	4 Pcs TEHP1-1263-1.5	

3.1.2.1 传热过程

热能的传递过程包括三种基本方式：热传导、热对流和热辐射。

1. 热传导

物体各部分之间不发生相对位移时，依靠分子、原子及电子等微观粒子的热运动而产生的热能传递称为热传导，简称导热。例如，固体内部热量从温度较高的部分传递到温度较低的部分，以及温度较高的固体把热量传递给与之接触的温度较低的另一固体都是导热现象。

通过对大量实际导热问题的经验提炼，导热现象的规律已经总结为傅里叶定律。对于确定 x 方向上任意一个厚度为 dx 的微元层来说，根据傅里叶定律，单位时间内通过该层的导热热量与当地的温度变化率及平板面积 A 成正比，即

$$\Phi = -\lambda A \frac{dt}{dx} \tag{3-1}$$

式中 λ——比例系数，称为热导率，又称导热系数，负号表示热量传递的方向同温度升高的方向相反。

导热系数是表征材料导热性能优劣的参数，即是一种物性参数，其单位为 W/(m·K)。不同材料的导热系数数值不同，即使是同一材料，导热系数值还与温度等因素有关，通常情况下，金属材料的导热系数最高，良导电体，如银和铜，也是良导热体；液体次之；气体最小。

2. 热对流

对流是指由于流体的宏观运动，从而流体各部分之间发生相对位移，冷热流体相互掺混所引起的热量传递过程。对流传热仅能发生在流体中，而且由于流体中的分子同时在进行着不规则的热运动，因而对流必然伴随着导热现象。工程上特别感兴趣的是流体流过一个物体表面时的热量传递过程，并称之为，以区别于一般意义上的对流。本书中仅讨论对流换热。

就引起流动的原因而论，对流换热可分为自然对流与强制对流两大类。自然对流是由于流体冷、热两部分的密度不同而引起的，热得快表面附近受热空气及液体的向上流动就是例子。如果流体流动是由于水泵、风机或其他压差作用所造成的，则称为强制对流。水冷槽、冷凝器等管内冷却水的流动都是由水泵驱动，它们属于强制对流。另外，工程上还常遇到液体在热表面上沸腾及水蒸气在冷表面上凝结的对流换热问题，分别简称为沸腾换热及凝结换热，他们是伴随有相变的对流换热。

对流换热的基本计算方式是牛顿冷却公式，即

流体被加热时：
$$q = h(t_w - t_f) \tag{3-2}$$

流体被冷却时：
$$q = h(t_f - t_w) \tag{3-3}$$

式中　t_w、t_f——壁面温度和流体温度，℃。

如果把温差记为 Δt，并约定永远取正值，则牛顿冷却公式可表示为

$$q = h\Delta t \tag{3-4}$$

$$Q = hA\Delta t \tag{3-5}$$

式中　h——表面传热系数，$W/(m^2 \cdot K)$；

A——有效换热面积，m^2。

几种对流换热过程表面传热系数的数值的大致范围，见表3.5。在传热学的学习中，掌握典型条件下表面传热系数的数量级是很有必要的。就介质而言，水的对流换热比空气的强烈；就换热方式而言，有相变的优于无相变的，强制对流高于自然对流。例如，空气自然对流换热的 h 为1～10的量级，而水的强制对流传热系数的量级则是“成千上万”。

表3.5　　表面传热系数的数值范围

过　程	介　质	h/[$W/(m^2 \cdot K)$]
自然对流	空气	1～10
	水	200～1000
强制对流	气体	20～100
	高压水蒸气	500～3500
水的相变换热	水	1000～15000
	沸腾	2500～35000
	蒸汽凝结	5000～25000

3. 热辐射

物体通过电磁波来传递能量的方式称为辐射。物体会因各种原因发出辐射能，其中因热的原因而发出辐射能的现象称为热辐射。书中以后所提及的辐射皆指热辐射。

自然界中各个物体都在不停地向空间发出热辐射，同时又不断地吸收其他物体发出的热辐射。辐射与吸收过程的综合结果就造成了以辐射方式进行的物体之间的热量传递—热辐射换热。当物体与周围环境处于热平衡时，辐射换热量等于零，但这是动态平衡，辐射与吸收过程仍在不停地进行。

导热、对流这两种热量传递方式只在有物质存在的条件下才能实现，而热辐射可以在真空中传递，而且实际上在真空中辐射能的传递最有效。这是热辐射区别于传导换热、对流换热的基本特点。当两个物体被真空隔开时，例如地球与太阳之间，导热与对流都不会发生，只能进行辐射换热。辐射换热区别于传导换热、对流换热的另一个特点是，它不仅产生能量的转移，即发射时从热能转换为辐射能，而被吸收时又从辐射能转换为热能。

实验表明，物体的辐射能力于温度有关，同一温度下不同物体的辐射与吸收本领也大不一样。在探索热辐射规律的过程中，一种称作绝对黑体（简称黑体）的理想物体的概念具有重大意义。黑体的吸收本领和辐射本领在同温度的物体中是最大的。

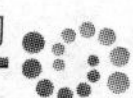

黑体在单位时间内发出的热辐射热量由斯忒藩-玻耳兹曼定律揭示，即

$$\Phi = A\sigma T^4 \tag{3-6}$$

式中 T——黑体的热力学温度，K；

σ——斯特凡-玻耳兹曼常量，即通常说的黑体辐射常熟，它是个自然常数，取值 $\sigma = 5.67 \times 10^8 \mathrm{W/(m^2 \cdot K^4)}$；

A——辐射表面积，$\mathrm{m^2}$。

一切实际物体的辐射能力都小于同温度下的黑体。实际物体辐射热流量的计算可以采用斯忒藩-玻耳兹曼定律的经验修正形式，即

$$\Phi = \varepsilon A\sigma T^4 \tag{3-7}$$

式中 ε——该物体的发射率（习惯上又称黑度），其值总是小于1，它与物体的种类及表面状态有关。

斯特凡-玻耳兹曼定律又称四次方定律，是辐射换热计算的基础。

几种典型的传热过程，如通过平壁、圆筒和肋壁的传热过程，通过分析得出它们的计算公式。由于换热器是热电转换系统工程上常用的热交换设备，其中的热交换过程都是一些典型的传热过程。因此，在这里我们对一些简单的换热器进行热平衡分析，介绍它们的热计算方法，以此作为应用传热学知识的一个较为完整的实例，为热电转换设备设计奠定基础。

在实际的工业过程和日常生活中存在着的大量的热量传递过程常常不是以单一的热量传递方式出现，而多是以复合的或综合的方式出现。在这些同时存在多种热量传递方式的热传递过程中，我们常常把传热过程和复合换热过程作为研究和讨论的重点。

对于前者，传热过程是定义为热流体通过固体壁面把热量传给冷流体的综合热量传递过程，大平壁面的传热过程，简单分析我们可以知道计算传热量的公式，即

$$Q = KA\Delta t \tag{3-8}$$

式中 Q——冷热流体之间的传热流量，W；

A——传热面积，$\mathrm{m^2}$；

Δt——热流体与冷流体之间的某个平均温差，℃；

K——传热系数，$\mathrm{W/(m^2 \cdot ℃)}$。

在数值上，传热系数等于冷、热流体间温差 $\Delta t = 1℃$、传热面积 $A = 1\mathrm{m^2}$ 时的热流量值，是一个表征传热过程强烈程度的物理量。接下来我们将通过对平壁的传热过程进行较为详细的讨论之外，还要讨论过圆筒壁的传热过程，通过肋壁的传热过程，以及在此基础上对一些简单的包含传热过程的换热器进行相应的热分析和热计算。

复合换热是定义在同一个换热表面上同时存在着两种以上的热量传递方式，如气体和固体壁面之间的热传递过程，就同时存在着固体壁面和气体之间的对流换热以及因固体为透明介质而发生的固体壁面和包围该固体壁面的物体之间的辐射换热，如果气体为有辐射性能的气体，那么还存在固体壁面和气体之间的辐射换热。这样，固体壁面和它所处的环境之间就存在着一个复合换热过程。

3.1.2.2 换热器

换热器是实现两种或多种不同温度流体之间热量交换的设备。高低温流体之间的热量

交换可以通过直接接触，也可以通过固体间壁之间。由于冷热流体之间的热量交换过程广泛存在于余热回收、动力、化工、炼油等领域的设备，是一种量大面广的通用设备。而作为热电转换设备重要组成部分，恒温热源和恒热流密度热源不同的热源特性，对换热器有不同的需求，设计合适的换热器有助提高系统的能量利用效率，节约成本。合适的换热器设计需要根据换热流体选择恰当的传热方式以及材料。其中翅片散热器的设计，水冷槽的设计以及相变材料的选择是关键。

1. 换热器的类型

换热器可以分为三大类，即：间壁式换热器—冷、热流体再进行热量交换过程中被固体壁面分开而不能互相混合的换热设备；混合式换热器—冷、热流体在互相混合中实现热量和质量交换的设备；蓄热式（回热式）换热器—冷、热流体交替通过蓄热介质达到热量交换的目的设备。几种换热器的典型实例如图 3.3 所示，从中对换热器有一定的认识。

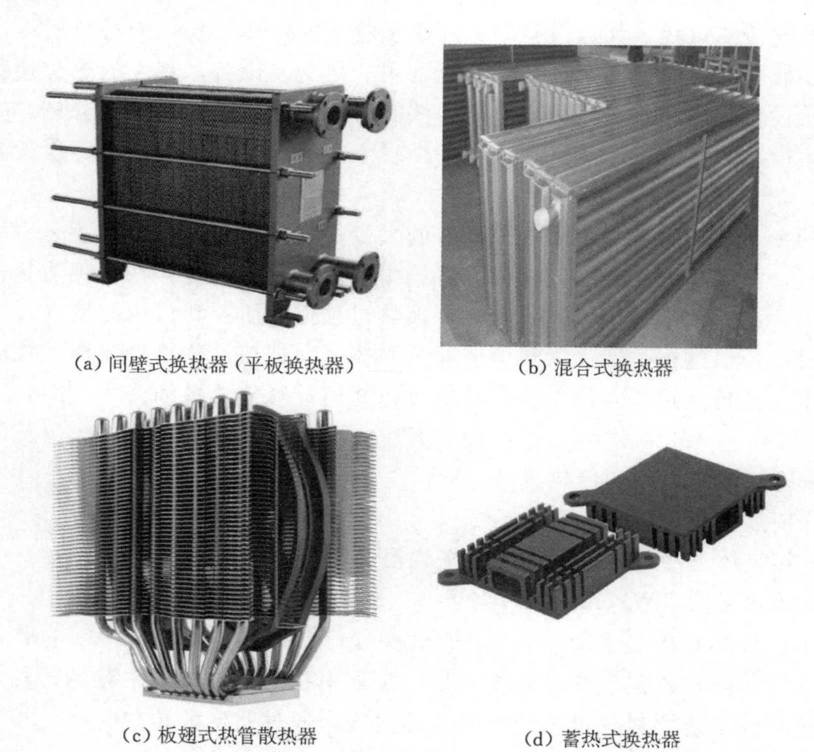

(a) 间壁式换热器（平板换热器）　(b) 混合式换热器

(c) 板翅式热管散热器　(d) 蓄热式换热器

图 3.3　几种换热器的典型实例

考虑热电转换设备的常用情况及传热学应用的目的，我们在这里主要讨论间壁式换热器，因为它实现热量交换的过程就是上述讨论的典型传热过程，也就是热流体通过固体壁面把热量传递给冷流体的过程。对于间壁式换热器按其流动特征可以分为顺流式、逆流式和岔流式换热器，而按其几何结构可分为板翅式换热器、板式换热器、套管式换热器、管壳式换热器及管翅式换热器等紧凑式换热器等。下面我们将以简单流型的顺流和逆流式换热器为对象分析其流动和传热性能，给出过程的计算方法。

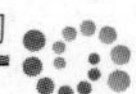

2. 换热器的对数平均温差

一个套管式换热器，是一个单流程的换热器，其流动和换热构成一个典型的传热过程。如果假定该换热器的热流体进、出口温度分别为 t_1'、t_1''；冷流体进、出口温度分别为 t_2'、t_2''；热流体的质量流量为 m_1 比热为 c_{p1} 而冷流体的质量流量为 m_2 比热容为 c_{p2}；传热系数为 k 而传热面积 A，那么按照其在顺流情况下和逆流情况下可以示意性画出冷热流体温度随换热面积的变化图，同时换热器的传热量的计算式为

$$Q=kA\Delta t_m \tag{3-9}$$

式中 Δt_m——冷热流体之间的一个对数平均温差，显见它与冷、热流体的进出口温度相关。

式（3-10）我们通常称为换热器的传热方程。

3. 换热器的效能

从上述可知，一个换热器只要给出冷热流体的进出口温度差，就可以求得其对数平均温差，从而利用传热方程在已知换热器传热量的情况，计算换热器传热面积，或者在已知传热面积和传热系数的情况，计算传热量。但是，在某些情况下只能指导换热器冷热流体的进口温度，即使指导了冷热流体的热容流率，以及传热面积和传热系数，还是不能直接得出冷热流体的出口温度。为了方便换热器的传热计算，这里定义换热器的效能为

$$\varepsilon=\frac{Q}{Q_{max}}=\frac{C_1(t_1'-t_1'')}{C_{max}(t_1'-t_2')}=\frac{C_2(t_2''-t_2')}{C_{max}(t_1'-t_2')} \tag{3-10}$$

式中，$Q_{max}=C_{max}(t_1'-t_2')$ 为换热器的最大可能的传热量，也就是热容流率最小的一个 C_{max} 乘以换热器两流体之中的最大温差（$t_1'-t_2'$）。之所以被称为最大可能的传热量是因为在极端的情况下换热器可能达到的传热量，如对于逆流式换热器当换热面积无限大时，热容流率小的流体的温度改变值就是换热器的最大温差；对于顺流式换热器当一侧流体的热容流率为无限大，且换热面积也为无限大时，另一侧流体的温度改变也能达到换热器的最大温差。当换热器的效能可以得到时，换热器的传热量为

$$Q=\varepsilon Q_{max} \tag{3-11}$$

4. 换热器的热计算

（1）设计计算与校核计算。常有两种情况需要进行换热器的热计算。一种是设计一个新的换热器，以确定换热器所需的换热面积；另一种是对已有的换热器进行校核，以确定换热器的流体出口温度和换热量。前者我们称为设计计算，而后者则称为校核计算。

由于换热器的传热过程是由冷热流体分别与换热器壁面之间的换热过程和通过换热器壁面的导热过程所组成，其热计算的基本方程应为

传热方程：$$Q=kA\Delta t_m$$

热平衡方程：$$Q=m_1c_{p1}(t_1'-t_1'')=m_2c_{p2}(t_2''-t_2')$$

Δt_m 由冷热流体的进出口温度确定。以上两个方程中有 8 个独立变量，它们是 k、A、m_1c_{p1}、m_2c_{p2}、t_1'、t_1''、t_2'、t_2''。因此，换热器的换热量计算应该是给出其中的 5 个变量来求得其余 3 个变量的计算过程。

对于设计计算，典型的情况是给出需设计换热器的热容流率 m_1c_{p1}、m_2c_{p2}，冷热流体

进出口温度中的三个温度 t_1'、t_1'' 和 t_2'，计算另一个温度 t_2''、换热量 Q 以及传热性能 kA，也就是传热系数和传热面积的乘积，最后达到设计换热器的目的。

对于校核计算，典型的情况是给出以有换热器的热容流率 m_1c_{p1}、m_2c_{p2}，传热性能 kA 以及冷热流体进出口温度 t_1'、t_2'，计算换热量和冷热流体的出口温度 t_1'' 和 t_2''，最后达到核实换热器性能的目的。

（2）平均温差法和传热单元法。为了实现上述换热器的两种计算，采用的两种基本方法是平均温差法和传热单元数法，它们都能完成换热器的换热计算。通常由于设计计算时，冷热流体的进出口温度差比较容易得到，对数平均温度能够方便求出，故常常采用平均温差法进行计算；而校核计算时，由于换热器冷热流体的热熔流率和传热性能是已知的，换热器的效能易于确定，故采用传热单元数法进行计算。

1）采用平均温差法进行换热器设计计算的具体步骤如下：①由已知条件，从换热器热平衡方程计算出换热器进出口温度中待求的那一个温度；②由冷热流体的四个进出口温度确定其对数平均温差 Δt_m，并按流动类型确定修正因子 ψ；③初步布置换热面，并计算相应的传热系数 k；④从传热方程求出所需的换热面积 A，并核算换热器冷热流体的流动阻力；⑤如果流动阻力过大，或者换热面积过大，造成设计不合理，则应改变设计方案重新计算。

2）平均温差法也能应用于校核计算，其主要步骤为：①首先假定一个流体的出口温度，按热平衡方程求出另一个出口温度；②由四个进出口温度计算出对数平均温差 Δt_m 以及相应的修正因子 ψ；③根据换热器的结构，计算相应工作条件下的传热系数 k 的数值；④从已知的 kA 和 Δt_m 由传热方程求出换热量 Q（假设出口温度下的计算值）；⑤再由换热器热平衡方程计算出冷热流体的出口温度值；⑥以新计算出的出口温度作为假设温度值，重复以上步骤②至⑤，直至前后两次计算值的误差小于给定数值为止，一般相对误差应控在1%以下。

3.1.3　热电转换设备的选材

1. 热电转换单体壳体材料

作为热电转换设备的结构材料，热源和热端电极之间电绝缘材料采用金云母、氧化铍或氮化硼。冷端构件（作冷端电绝缘、导热用）采用氧化铍或表面阳极氧化铝。在真空密封后内部充惰性气体的热电转换单体使用的绝热材料是微孔绝热材料，换能器内呈真空状态工作时使用多层箔绝热材料。换能器外壳材料可根据不同的使用环境条件采用不锈钢、镁铝合金、铍铜合金等。热电转换设备中壳体和很多构件均采用金属和合金材料。它们一般应满足以下要求：①一定的机械强度；②高的热导率；③在工作温度下饱和蒸气压足够低；④化学稳定性好，不易氧化和腐蚀；⑤温度稳定性好，在一定温度范围内能保持其真空度和机械强度；⑥比重小；⑦加工容易，价格便宜。

作为壳体材料，还应满足下面的要求：①气密性好，无裂缝、小孔及能造成漏气的其他缺陷；②较低的出气速率和渗透速率；③有较好的焊接性能。

热电转换模块壳体材料主要以铁、铜、铝为基础的金属及合金，如低碳钢、不锈钢、无氧铜、铝以及覆铝、铜、镍的钢或铁材。空间用热电转换器的外壳材料可以选用镁铝合金、铍铜合金等。其中不锈钢耐腐蚀、有低的出气速率，尽管其热导率较低，仍是常用的

 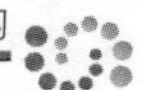

壳体材料。热电转换模块中的冷端构件、框架和其他部件也常采用金属和合金材料。如冷端构件，除可采用氧化铍外，也可采用阳极氧化铝或铜。

2. 热电转换单体基板材料

在实际应用中，通常是将半导体材料进行不同的掺杂，形成P型和N型半导体。采用导电、导热性均较好的材料作为导流片串联成一个单元。而一个热电转换单体一般是由一对或者多对热电单元排列连接而成，从电流通路上看，呈串联方式；从热流通路上看，呈并联方式。这些单元和导流片通常都被安装在两片（陶瓷）基板之间。基板将热电转换单元有效连接并与外界接触进行能量交换。大部分热电转换单体的高度在2.5～50mm（0.1～2.0英寸），根据形状、基板材料、金属化图案和安装连接材料的不同可以分为很多种类。

根据热电转换单体的应用环境，基板的材料需要具有很好的热传导性、绝缘性、防热、耐热冲击性。基板常用的材料主要包括：氮化铝陶瓷、氧化铝陶瓷、陶瓷覆铜、ALC（超导）、铜一陶瓷烧结等。

（1）氮化铝陶瓷基板。氮化铝陶瓷基板的热导率高［约320W/(m·K)］，接近BeO和SiC，是Al_2O_3的5倍以上；热膨胀系数（4.5×10^{-6}℃）与Si（$3.5\sim4\times10^{-6}$℃）和GaAs（6×10^{-6}℃）匹配；良好的各种电性能（介电常数、介质损耗、体电阻率、介电强度）；机械性能好，抗折强度高于Al_2O_3和BeO陶瓷，可以常压烧结；且光传输特性好，无毒，各种尺寸的基板如图3.4所示。

（2）氧化铝陶瓷基板。氧化铝陶瓷基板是以氧化铝（Al_2O_3）为主体的陶瓷材料，具有较好的传导性、机械强度和耐高温性。氧化铝陶瓷分为高纯型与普通型两种，高纯型的氧化铝陶瓷主要用于取代铂坩埚，普通型氧化铝陶瓷系按Al_2O_3含量不同分为99瓷、95瓷、90瓷、85瓷等品种；99氧化铝瓷材料用于制作高温坩埚、耐火炉管及特殊耐磨材料，如陶瓷轴承、陶瓷密封件及水阀片等；95氧化铝瓷主要用作耐腐蚀、耐磨部件；85瓷中由于常掺入部分滑石，提高了电性能与机械强度，可与金属封接，热电转换单体基板通常选用85瓷，常见规格如图3.5所示。

图3.4 氮化铝陶瓷基板

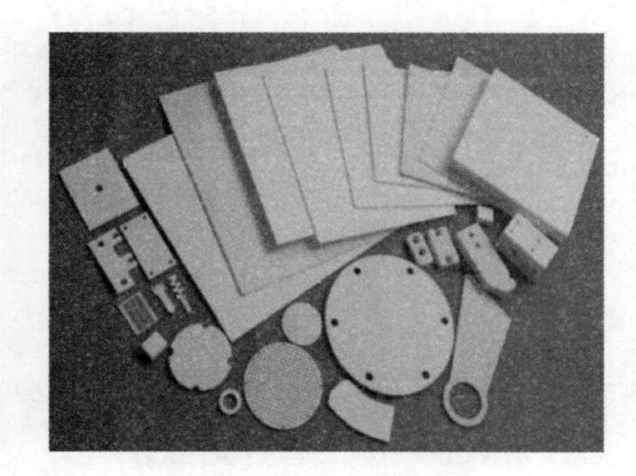

图3.5 氧化铝陶瓷基板

（3）陶瓷覆铜基板。陶瓷覆铜基板在陶瓷基材上以物理气相沉积（PVD）的薄膜制成、再辅以电镀铜增厚，直接镀铜在陶瓷表面，是各类性质最好的一种陶瓷覆铜方式。不同的陶瓷衬底材料有着不同的热物性。如氧化铝衬底陶瓷覆铜板的热传导率为20W/(m·K)，氮化铝衬底陶瓷覆铜板的热传导率为170W/(m·K)，制作工艺如图3.6所示。

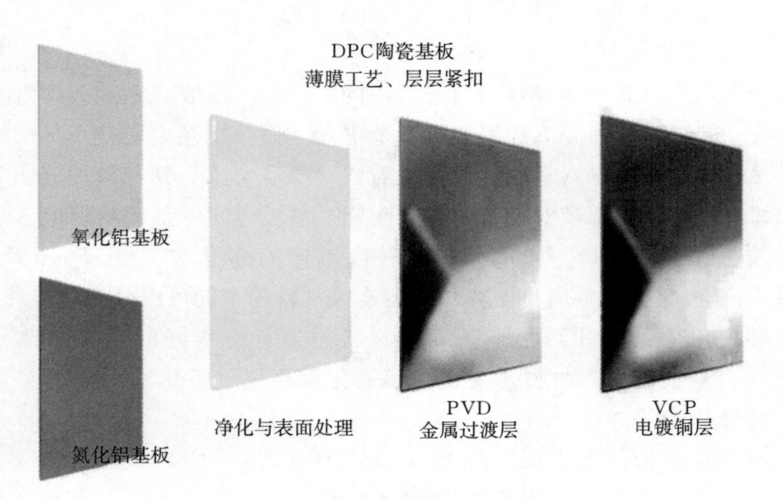

图3.6　陶瓷覆铜基板

（4）ALC基板（超导基板）。ALC基板（超导基板）采用无胶制成的绝缘层，见图3.7，替代一般铝基板低导热的树脂绝缘层，彻底解决大功率LED贴片、倒装芯片、与电子元器件的导热问题。产品具有以下优势：基板热传导率为122W/(m·K)（@55℃），且全板AC 1500V以上电压绝缘，全板无胶制程，可长期高温使用、不起化学反应，降低成本：低于氧化铝/氮化铝陶瓷板、热电分离铜基板。常见主要基板的热膨胀系数与热导率的关系如图3.8所示，不同基板的生产工艺见表3.6，根据热电转换设备的需求进行了工艺优化，见表3.7。

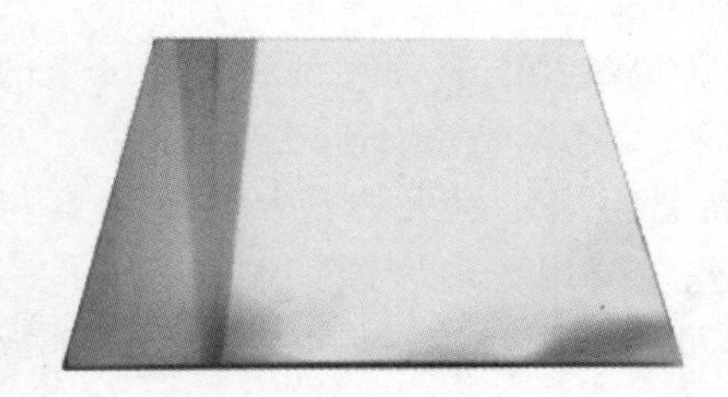

图3.7　ALC基板

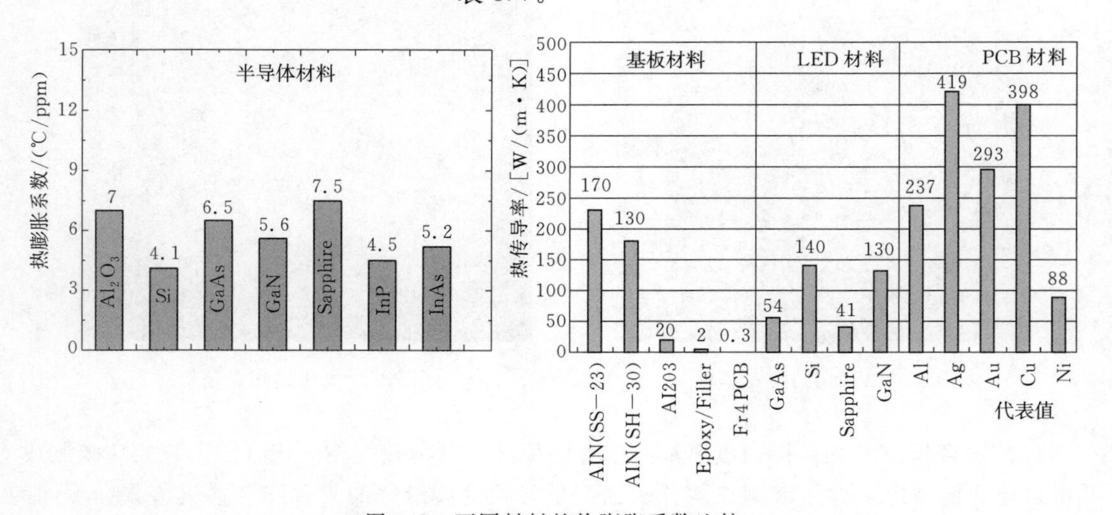

图3.8　不同材料的热膨胀系数比较

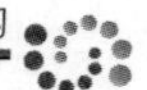

表 3.6 不同基板的生产工艺

参 数	超导基板	陶瓷覆铜基板	铜一陶瓷烧结基板
热传导率 K/[W/(m·K)]	122	2～5	18～22
热扩散率/[10^6/(m^2/s)]	1344	192	192
可靠性（热循环测试、交流脉冲测试法）	100%	85%	98%
温差（Th=27℃美国 TE 生产的帕尔贴测试仪）	68℃	<68℃	<69℃
成品率	高	易碎低	易碎低
工艺流程	简单/网印工艺	复杂/打磨、清洗、助焊剂、过锡炉、等	复杂/排导流片、助焊剂、过锡炉、等
生产成本	低	高	高
规格变化	V-cut/CNC 工艺异形加工容易	异形加工难度较大	异形加工难度较大

表 3.7 基板工艺优化

序号	转换芯片封装工艺流程	超导基板	陶瓷覆铜基板	铜一陶瓷烧结基板
1	锡炉上锡（基板去氧化处理）	无	50%	25
2	打磨修整	无	5%	15
3	上导流片	已上好导流带	无★	50
4	导流片调整	无	无★	10
5	基板价格	高（含导流带）	中	低★
6	综合价	中	高	低★
7	成品率	高★	低	一般
8	品质	高★	一般	一般
9	节约人工成本	35%～55%	次高	最高

3.1.4 热电转换单体的结构与应用

热电转换单体的结构对散热也有非常重要的影响，在综合考虑散热和结构应力的情况下，应用场景与领域将影响热电转换单体结构。

常规的热电转换单体结构如图 3.9 所示，应用于更高电压和更大电流场合，性价比较高，主要应用于实验、科学和生化仪器、实验设备、工业和电气设备以及消费品领域。产品短时间最高工作温度可达 200℃，长期工作推荐温度应小于 150℃。

微型热电转换单体结构如图 3.10 所示，其适用于各种小面积、小功率、微电量的场合。典型应用于传感器、电子设备等领域。尤其是随着高性能移动终端的快速发展，微型热电转换单体的需求量日益激增，但其尺度引起的散热、能效问题将有待进一步探索，也是现阶段的研究热点，尤其是在可穿戴设备上的应用与开发。具体应用案例将在后面的章节进行详细介绍。

多级热电转换单体结构如图 3.11 所示，为高电压应用而设计，能获得比标准单级致冷器更大的温差，其最大温差（ΔT）可达 131℃。适用于需要中小致冷功率、大温差的场合。主要应用领域包括 IR 检测、CCD 和光电等。不同的层叠方式设计可满足低温差，高电压的需求。

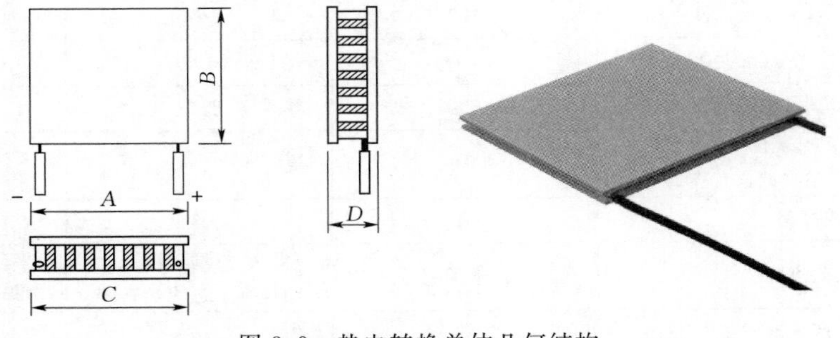

图 3.9 热电转换单体几何结构

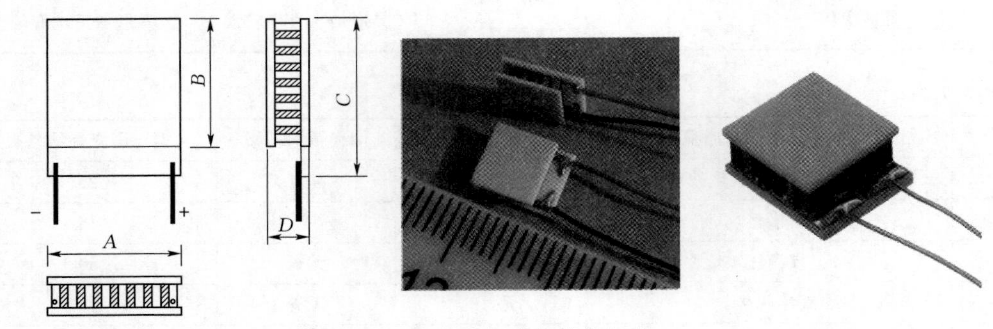

图 3.10 微型热电转换组件

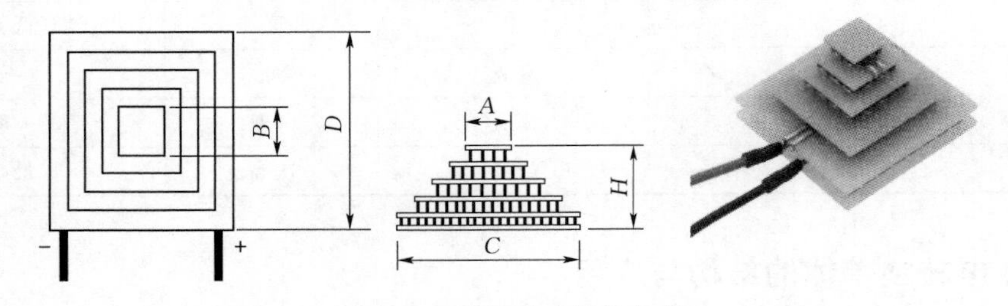

图 3.11 多级热电转换组件

高性能热电转换单体结构如图 3.12 所示，热面陶瓷片比冷面陶瓷片大，具备更高的散热能力，同样面积的热电转换效率更高，使用寿命更长。适用于测试仪器、PCR 分析仪等领域。

图 3.12 高性能热电转换单体结构

带孔和环形热电转换单体结构如图 3.13 所示，中间带孔可以让光束、导线、探测器或其他凸起部件穿过组件。适用于工业、电气设备以及实验室和光电子设备等领域。

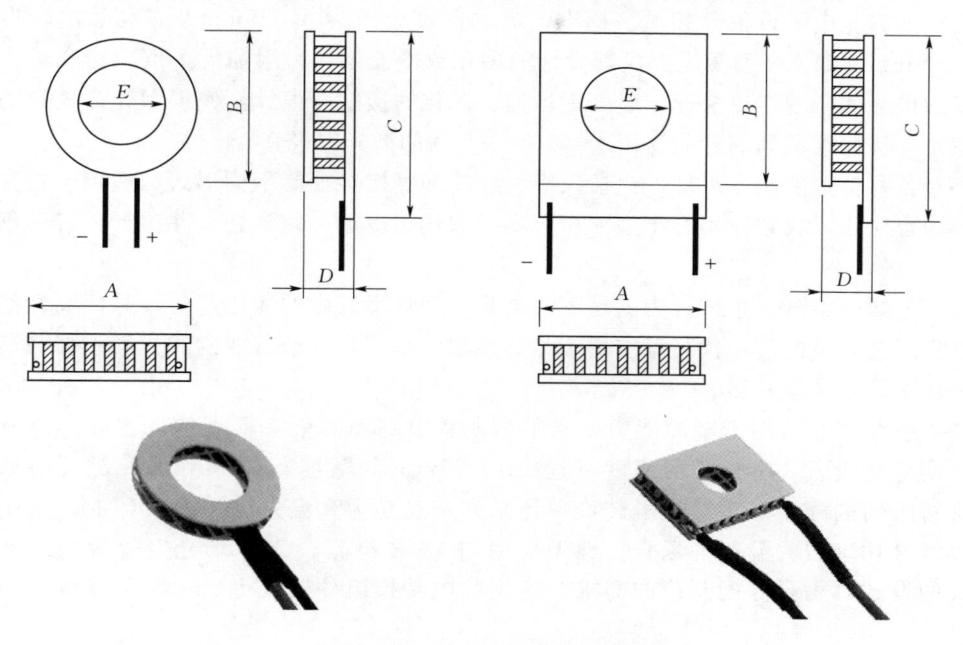

图 3.13　带孔和环形热电转换组件

图 3.14 为常见不同类型的热电转换单体。结合热电转换单体的结构以及常见应用场景的需求，得出以下几点建议：

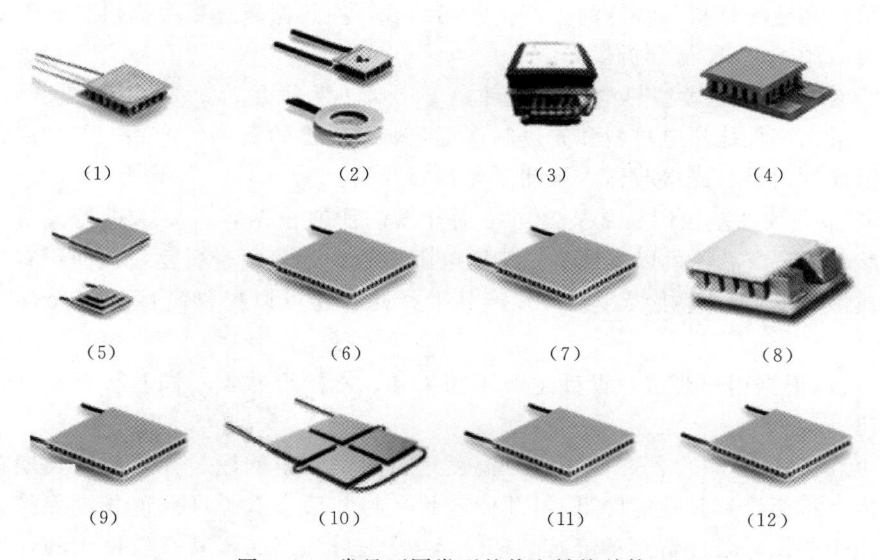

图 3.14　常见不同类型的热电转换单体

(1) 微型热电转换单体系列产品适用于各种小功率冷却或加热场合。典型应用于激光二极管、红外装置、光电、电子设备及其他小功率装置的冷却。标准产品的基板都是经过金属化的。

（2）单孔热电转换单体系列适用于中等制冷功率的场合，典型应用于工业、电气设备以及实验室和光电子设备等领域。标准产品的高度公差为0.025mm。多孔热电转换单体专为5.66mm的CAN型激光二极管设计的多孔致冷器系列。因加大了致冷器和激光二极管之间的接触面，制冷更快速，温度更均匀。优化的接触面设计，使得激光二极管的性能更加稳定。该标准系列的产品适用于$\phi3.5$～$\phi9.0$的激光二极管。

（3）各种类型的制冷组件，包括风冷、液冷和直接接触等不同形式。适用于各种制冷和加热场合应用，典型应用有小型冰箱，小型加热制冷箱、测试台、除湿器、科学仪器及其他。

（4）金锡热电转换单体，为满足不断提升使用环境温度的应用趋势，采用高性能的材料和制作工艺开发的新一代高温应用产品，典型应用于光通信行业的激光发射器与其他行业的大功率的小型激光器。

（5）单级产品适用于制冷能力要求很高或者较高和高效率要求的场合，广泛应用于工业和实验室设备，标准产品高度可达±0.025mm的精度，20系列的产品可根据客户要求进行不同的配置。多级热电转换单体系列产品是为大温差应用而设计的。适用于需要中小制冷功率、大温差的场合。典型应用与I-R检测、CCD和光电等领域。不同层叠方式的设计可满足深度制冷的需求。这类热电转换组件能获得比标准单级致冷器更大的温差。

（6）大功率热电转换组件系列是为制冷量的最大化而设计的。由于采用了高密度的半导体器件排列方式，从而使其在相同的基板尺寸下获得更大的制冷功率和效率。这种高制冷密度的特性可以使热交换器实现小型化，并且更为有效。

（7）采用高性能材料与特殊的生产工艺相结合，在热循环过程中提供更长寿命与更佳效率，主要应用于PCR与分析仪。

（8）20系列高性能微型热电转换组件是Ferrotec为满足苛刻高温环境及器件小型化发展趋势，采用高性能热电材料和先进制作工艺所开发出的新一代产品。典型应用于光通信行业的激光发射器、光接收器、泵浦激光器等产品。

（9）95系列软性基板产品是某公司特别开发的能够根据客户要求进行灵活设计，制作各种形状的TE产品；可以实现诸如热敏电阻内置、外表面金属化，以便于客户的焊接安装，铜质散热器可以直接焊接在TE产品上；此外还可以提供高性能的聚合物基板的产品。

（10）可以根据用户要求，设计生产不同尺寸，不同形状，不同基板材料，不同密封形式的TEC产品。

（11）可有效防止致冷器在低于露点温度运行时的结露问题。如果湿气长期存在热电转换组件内，将会导致其性能降低。RTV硅胶在封装后富有弹性并能长期保持，这一特性尤其适用于热循环条件苛刻的环境。RTV硅胶密封的产品，其有效使用的环境温度为［－60℃，＋200℃］。

（12）环氧树脂用于高温环境中的TEM密封保护。尽管RTV硅胶密封已经具备有防潮功能，但是在一些防潮要求非常严格的使用条件下，环氧树脂密封能提供更好的密封保

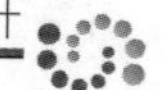

护。Ferrotec 的密封树脂在固化后既具有和基板牢固的结合力，又保持了良好的弹性。这种树脂的电阻率很高，在兆欧级范围，树脂密封产品的最高使用温度推荐为 80℃。

3.2 热电转换设备的设计

3.2.1 热电转换模块理论

从热电转换的观点来看，热电转换设备可分为三部分。一是热源，二是热电转换单体，三是散热器。热电转换单体是热电转换设备的核心部分。

热电转换设备的设计计算通常有三种类型：①已知需要的电功率和负载电压，设计出一个在最佳效率工作的热电换能器；②已知热源的功率，热电材料及其允许使用的最高温度，设计出一个在一定负载电压下工作、功率最大的热电换能器；③已经有一个热电换能器，根据其热端工作温度和冷端工作温度，确定这个换能器的性能参数。

首先解决怎样选择热电材料的问题。一般我们可以根据附加的条件，如热源能达到的温度、发电器工作的环境条件，以及对发电器工作寿命的要求，从现有热电材料中选择一种合适的材料。

其次，要确定热电元件可在怎样的热端工作温度下工作。对于确定组分的热电材料来说，热端工作温度是有一定限制的。在这个限度之内，热端工作温度愈高，换能器寿命愈短。反之，热端工作温度愈低，则换能器寿命愈长。冷端工作温度可以根据环境条件和外壳的散热情况来定。若想有较低的冷端工作温度，则要求大的散热器，但比功率也减小了。反之，若要提高比功率，则要设计较小的散热器，于是冷端工作温度不得不相应提高。

一般来说，对于地面用热电转换器，冷端温度可以设计到 100℃左右。因为对地面用热电转换器来说，比功率并不重要，而可以设计较笨重的散热器。

在设计换能器时，一般可将所有单体串联起来，这时每对单体产生的热电动势的总和就是换能器总的热电动势。为提高换能器的可靠性，可采用串—并联或并—串联结构，将单体按各种方式连接起来。

1. 基本假设

为了使问题简化，我们先假设：①热电转换单体工作在 T_h 和 T_c 之间；②热电转换模块内部界面为绝热界面，即漏热可忽略不计；③热电转换单体与电极之间的接触电阻，各单体对间的引线电阻可忽略不计。

2. 计算单体对的优值和电动势

如果我们已经预先测得热电转换材料的 α、ρ、κ 随温度变化的曲线，就可以根据上一节的方法，求得材料在 T_h 和 T_c 之间的 α、ρ、κ 平均值 $\bar{\alpha}_p$、$\bar{\alpha}_n$、$\bar{\rho}_p$、$\bar{\rho}_n$、$\bar{\kappa}_p$、$\bar{\kappa}_n$。由此可以计算单体对的优值 $\bar{Z}$，即

$$\bar{Z}=\left(\frac{\bar{\alpha}_p+\bar{\alpha}_n}{\sqrt{\bar{\rho}_p\bar{\kappa}_p}+\sqrt{\bar{\rho}_n\bar{\kappa}_n}}\right)^2$$

每对热电转换单体产生的电动势 ε 为

$$\varepsilon=(\bar{\alpha}_{p}+\bar{\alpha}_{n})(T_{h}-T_{c})$$

3. 计算单体对数及其几何尺寸

以下的计算可根据两种不同的要求进行，第一种，要求获得最高效率；第二种，要求获得最大输出功率。

（1）使热电转换模块达到最高效率，即输出功率 P 达到最大值时，工作效率最大。可以表示为当 $r_{L}=r_{i}$，$M=\sqrt{1+Z(T_{h}+T_{c})/2}$ 时，可获得最高效率，表达式为

$$\eta_{max}=\frac{T_{h}-T_{c}}{T_{h}}\frac{M-1}{M+T_{c}/T_{h}}$$

一对单体提供给负载的电压为

$$\nu=\frac{\varepsilon}{1+1/M}=\frac{M\varepsilon}{1+M}$$

如果热电转换模块输出功率为 P，输出电压为 V，则单体对数和几何尺寸可用下述方法计算：

单体对数为

$$N=\frac{V}{\nu}$$

每对单体提供的功率为

$$P=\frac{P}{N}$$

每对单体的负载电阻为

$$r_{i}=\frac{r_{L}}{M}$$

得方程组为

$$\begin{cases}\dfrac{D_{n}}{D_{p}}=\sqrt{\dfrac{\kappa_{n}\rho_{p}}{\kappa_{p}\rho_{n}}}\\ \rho_{p}D_{p}+\rho_{n}D_{n}=r_{i}\end{cases}$$

求解方程组可得P型、N型单体的形状因子 D_{p} 和 D_{n}。因为 $D_{p}=L_{p}/A_{p}$，$D_{n}=L_{n}/A_{n}$。对于圆柱形单体而言有 $A=\frac{\pi}{4}d^{2}$

所以

$$\begin{cases}D_{n}=\dfrac{4L_{n}}{\pi d_{n}^{2}}\\ D_{p}=\dfrac{4L_{p}}{\pi d_{p}^{2}}\end{cases}$$

由此即可计算热电单体的几何尺寸。其确定方法分两种情况：其一，先确定长度，再求最佳直径；其二，先确定直径，再求最佳长度。

设 $L_p=L_n=L$ 时，可解得

$$\begin{cases} d_p=2\sqrt{\dfrac{L}{\pi D_p}} \\ d_n=2\sqrt{\dfrac{L}{\pi D_n}} \end{cases}$$

反之，若设 $d_p=d_n=d$ 时，可解得

$$\begin{cases} L_p=\dfrac{1}{4}\pi d^2 D_p \\ L_n=\dfrac{1}{4}\pi d^2 D_n \end{cases}$$

(2) 使热电转换模块输出功率最大，当 $M=1$ 时，可得最大输出功率，此时效率为

$$\eta=\frac{T_h-T_c}{2T+\dfrac{4}{Z}-\dfrac{1}{2}(T_h-T_c)}$$

同时有

$$r_i=r_L$$
$$\nu=\varepsilon/2$$

如果热电转换模块输出功率 P，输出电压 U，则单体对数和几何尺寸可用下述方法计算：

单体对数为

$$N=\frac{U}{\nu}$$

每对单体提供的功率为

$$p=\frac{P}{N}$$

每对单体的负载电阻为

$$r_L=\frac{\nu^2}{P}$$

每对单体的内阻为

$$r_i=r_L$$

余下计算与最高效率方案的完全相同。

在进行热电转换模块的实际计算时，必须考虑到热电转换单体的接触电阻和连接条电阻等附加电阻，以及热电转换模块内通过绝热材料的漏热等因素引起的修正。

3.2.2 热电转换设备实例

随着科学技术的发展，各种便携式电子产品手机、手环等移动终端成了生活的必需品，但在偏远的地区、野外活动或在停电等没有电源供应的情况下，电子产品的电源得不到有效地保障而影响使用，寻求来源丰富且稳定性高的能量采集器成为必然。而偏远地区、野外活动场所与停电情况下热源的获得较为便捷且成本低，是热电转换技术应用的理想环境。常见的热电转换设备使用温度区间低于380℃，而以木材燃烧为热源的炉壁温度可达600℃。下面以火源热电转换装置为例，如图3.15所示。热电转换装置有效利用火源作为热源，冷端采用散热翅片与空气冷却相结合的方式，在热电转换组件两端形成有效温差，最终转换为电能输出，热电转换装置已成为无线化、无源化便携式电子产品供电或充电的有效解决办法。图3.15中的炉壁热电转换设备，是直接将热电转换装置置于热源上方，在热源热量不稳定的情况下或温度过高的条件下，易造成热电发电模块热面温度过高而导致其损坏；此外，由于冷端面散热风扇电压损坏，而影响热电发电装置正常供电或供电不足。图3.15中的热电转换装置的输出功率为20W，输出电压为12V，热电单体采用TEG15型号，可以求出每对热电单体的输出功率。

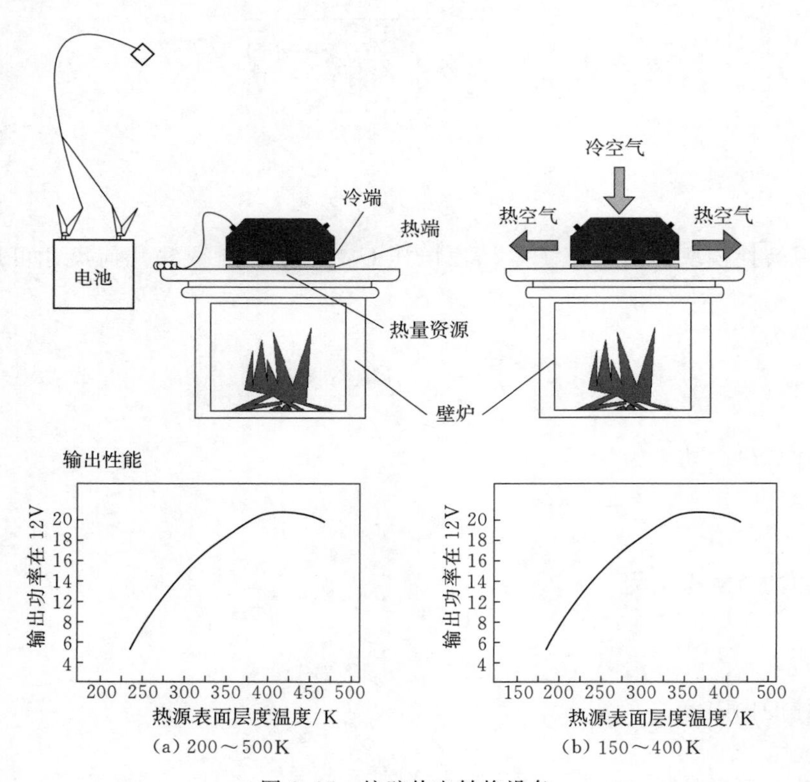

图3.15 炉壁热电转换设备

根据上一节中热电转换模块输出特性的设计要求，其中：

每对热电转换单体产生的电动势 ε 为

$$\varepsilon=(\bar{\alpha}_{p}+\bar{\alpha}_{n})(T_{h}-T_{c})$$

其中，P型塞贝克系数为0.000184，N型塞贝克系数为－0.000165，热端温度，T_h 设定为537K，冷端温度 T_c 为303K，根据以上计算公式可得，电动势 ε 为0.0957。

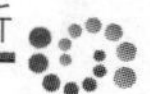

按照工作效率最大计算，可以表示为当 $r_L = r_i$，$M=\sqrt{1+Z(T_h+T_c)/2}$ 时，可获得最高效率，其中，Z 的值为 0.001012153

则
$$M=\sqrt{1+0.438}=\sqrt{1.438}$$

则

$$\nu=\frac{\varepsilon}{1+1/M}=\frac{M\varepsilon}{1+M}=0.0435186$$

根据已知的输出功率 20W，电压 12V，则热电单体对数和几何尺寸可以求得

$$N=\frac{U}{\nu}=\frac{12}{0.0435186}=276$$

每对单体提供的功率为

$$p=\frac{P}{N}=\frac{20}{276}=0.0724637\text{W}$$

3.3 热电转换设备的性能分析

通常情况下，热电转换设备根据特定的使用环境进行设计与开发，并没有相关国际标准、国家标准与行业标准等，因此均为非标设备。如何分析与评价热电转换设备的相关特性与技术指标，备受学者、企业与行业的关注与讨论。现阶段，对热电转换设备的分析与评价指标主要包括，可利用热源的类型与特性，如：热流密度、设备的输出功率、电压、电流、转换效率等显性指标。此外还包括：材料塞贝克系数、导热系数、热导率、电导率等隐性指标。一般情况下，分析影响热电转换设备性能的关键要素包括：

3.3.1 热电材料的性能分析

根据品质因数（优值系数）的影响因素，一种高性能的热电材料必须具备以下特征：

(1) 为降低焦耳热效应，必须高电导率。

(2) 高塞贝克系数，以最大限度将热能转换为电能。

(3) 低导热系数，以便阻隔热量通过材料进行热量传递。

为了方便设计与讨论，将热电材料的品质因数与影响因素之间的关系定义为

$$Z=\alpha^2\sigma/K=\alpha^2/(K\rho) \tag{3-12}$$

式中 α——材料的塞贝克系数，V/K；

σ——材料的电导率，A/(V·m)；

K——材料的热导率，W/(m·K)；

ρ——材料的电阻率，Ω/m。

ZT 为热电材料的无量纲优值系数，其中 T 是工况下的平均绝对温度。虽已知 Z 和 ZT 的值没有理论极限，但实践证明很难获得高的 ZT 值，因为材料的导电率和导热率存在固有的耦合特性。要提高冷热端的温度梯度、必须降低材料的热导率，而要降低材料的焦耳热效应则要提高材料的导电率，几种常见材料的塞贝克系数见表 3.8。

表 3.8　　几种常见材料的塞贝克系数

材料	塞贝克系数 $\alpha/(\mu V/K)$	备注	材料	塞贝克系数 $\alpha/(\mu V/K)$	备注
Bi_2Te_3	260	P型	PbTe	380	P型
	−270	N型		−320	N型
Sb_2Te_3	133	P型	$Si_{0.8}Ge_{0.2}$	540	P型
Bi_2Se_3	−77	N型	BC	250	N型

另外，图 3.1 的热电转换单元的性能指数为

$$Z_{pn}=\frac{(\alpha_p+\alpha_n)^2}{(\sqrt{\alpha_p\rho_p}+\sqrt{\alpha_n\rho_n})^2} \tag{3-13}$$

式中　下标 p 和 n——P 型和 N 型半导体。

3.3.2　特性参数的内在联系

半导体热电转换组件的性能主要依赖于温度，不仅要考虑温度的工况值还要考虑温度的绝对值，因为有效温度差直接影响热电转换系统的转换效率。现阶段由于热电转换系统的转换效率普遍低于 5%，由于其在远程操作设备的应用可靠性高且稳定；在特定领域上实用价值超越了转换效率带来的经济价值，但系统的最大效率是产品设计过程中需要重点关注的参数，其关系式为

$$\eta_{max}=\frac{T_h-T_c}{T_h}\cdot\frac{(1+Z^*\overline{T})^{0.5}-1}{(1+Z^*\overline{T})^{0.5}+1} \tag{3-14}$$

式中　Z^*——热电转换组件中品质因数 Z 的最优值；

T_h、T_c——小时热电转换组件热端和冷端的温度；

$\overline{T}$——热端温度 T_h 和冷端温度 T_c 的平均值。

如图 3.16 所示，可知不同 ZT 型值的热电转换组件其效率与温差的变化关系。从方程式 3-15 中的前部分可知，热电转换系统的最大效率主要与冷热端温度有关，与卡诺循环效率相类似。因此，开发出 ZT 值大于 1 的热电材料将是今后的研究目标。

3.3.3　最大输出功率与负载的匹配

应用于工业领域的高效热电转换设备与其他动力发电设备一样，为了设备的输出功率和效率最大化，需要对负载电阻和内阻进行匹配，即 $r_L=r_i$，r_L 和 r_i 分别是负载电阻和热电转换设备的内阻。为了热电转换设备输出功率最大化，$[r_L/r_i]$ 与热电材料的热物性以及材料的 ZT 值之间的关系可以表示为

$$\left[\frac{r_L}{r_i}\right]=\sqrt{1+Z^*\overline{T}} \tag{3-15}$$

由式 (3-15) 及文献 [1] 可知，ZT 值在区间 [1，2]、$[r_L/r_i]$ 在区间 [1.4，1.7] 时，热电转换设备的输出功率达到最大值，这与热电转换设备取得最大输出功率时的条件存在很大的差异。因此，热电转换设备使用者与设计者需要考虑工业余热回收系统

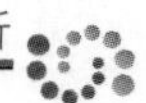

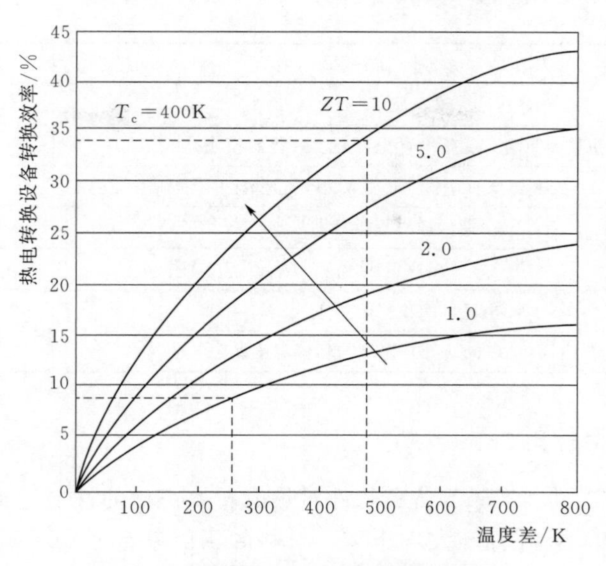

图 3.16 组件转换效率随温差的变化

中温差发设备的关键条件。此外，如果热电转换设备的热端或冷端的温差变化比较大，或者负载电阻多样化；则控制负载电阻与系统内阻之间的匹配时需要动态控制和电源管理程序。然而，如果热电转换设备应用于低功耗的工业环境下，实际负载可能需要与某种类型的能源储存系统相结合。在这种情况下，系统总的负载网络则需要能量管理系统进行协调。

3.3.4 热电转换设备生产与装配工艺

热电转换设备虽然结构简单，但其生产工艺与装配工艺均很大情况影响设备的转换效率以及使用寿命。

一般模块生产主要工艺流程：碎料—配料—熔炼—拉晶—测试—切片—切粒—分选—浸锡—上导流片—点锡—摆模—焊接—测试—研磨—焊线—封胶—检测—包装。

整机组装主要工艺流程：模块组合—热面散热器定位—模块定位—冷面散热器定位—螺钉紧固—发泡—控制部件装配—外壳装配—整机测试—包装。

热电转换组件设计基本情况清单见表 3.9。

表 3.9　热电转换组件设计基本情况清单

序号	基 本 情 况	客 户 选 择
1	TEC 工作模式 1. 制冷；2. 制热；3. 二者兼容	制冷
2	供电电压 1. DC，2AC（如 DC IN 请选择 DC24V，或 48V）	DC24V
3	模块尺寸/(mm×mm×mm)	240×230×160
4	是否需要钣金外壳，集电源驱动装配一体	否
5	外接电源连接方式（①裸线；②端子；③插座）	端子
6	整机噪音（测试方式离模组 1m 距离）	58dB

续表

序号	基 本 情 况	客 户 选 择
7	模组质量/kg	10kg 以下
8	整机质量（含外壳钣金，电源驱动，控制模块）/kg	10kg 以下
9	安装方式（①嵌入；②吸顶；②壁挂）	吸顶
10	期望样机提供日期	2019.01.31
11	出风口风速	2.5m/s
12	出风口面积（m^2）尺寸	0.0128m^2
13	出风口（10cm 处）温度与环境温度差距	5℃

3.3.5　热电转换组件的性能分析

通过采用有限元法的 ANSYS 仿真软件对热电转换组件的性能进行三维稳态分析。其中假设环境温度为 30℃，在标准大气压下，材料的辐射系数 $\xi=0.9$。保持热电单元结构尺寸不变，且单个热电单元的长、宽均为 1.0mm，高为 1.2mm。对比 1 对热电单元、2 对热电单元以及 127 对热电单元随热电单元冷热两端温差改变而变化的情况。

如图 3.17 所示，1 对热电单元和 2 对热电单元的输出功率没有明显的变化，温差为 220℃时其输出功率大约为 0.3W。而 127 对热电单元模块在温差为 220℃时的输出功率为 4.12W。如图 3.18 所示，1 对热电单元的能量转换效率高于 2 对热电单元的能量转换效率，平均高 0.34%。而当热电单元对数达 127 时能量转换效率随冷热端温差增大而迅速提高，与 1 对热电单元的能量转换效率之差从冷热端温差为 20℃的 0.39%提高到冷热端温差为 220℃时的 5.16%，能量转换效率比 1 对热电单元平均高出 3.02%。由此可知，针对多单元的热管理和结构优化是很有必要的。

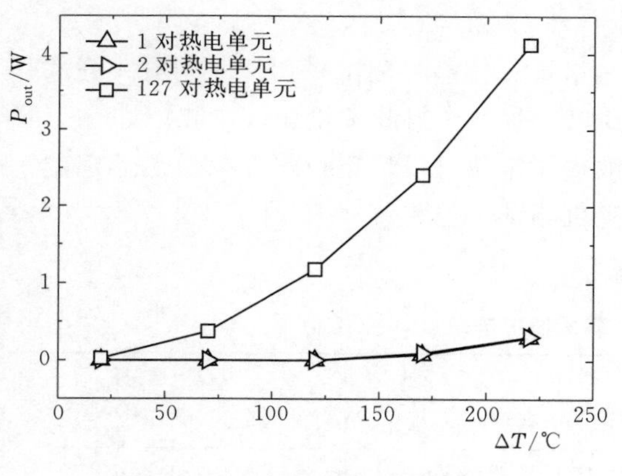

图 3.17　热电单元对数的输出功率 P 与温差 ΔT 的关系

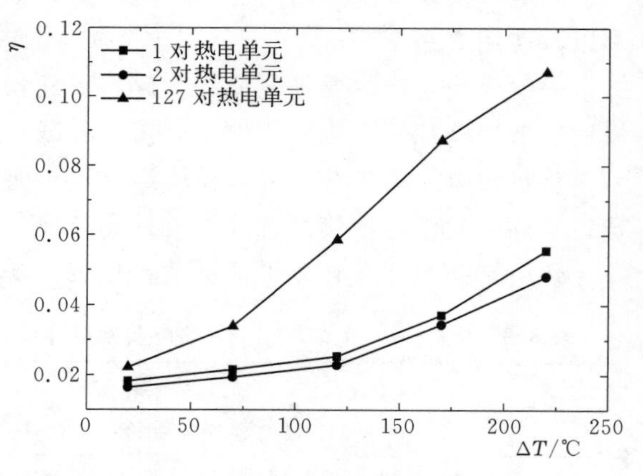

图 3.18　热电单元对数的转换效率 η 与温差 ΔT 的关系

图 3.1 的热电转换单元内部结构参数示意图，保持外部条件不变，对比不同结构尺寸的热电转换芯片随冷热端温差变化而变化的情况。以下列三种不同型号的热电转换芯片为

例分析，三种型号分别为：

（1）型号 1。TEG-127-1.0-1.2-250，即高度 H 为 1.2mm，宽度 L 为 1.0mm，热电单元对数 n 为 127，TEM 结构尺寸为 40mm×40mm。

（2）型号 2。TEG-127-1.4-1.2-250，即高度 H 为 1.2mm，宽度 L 为 1.4mm，热电单元对数 n 为 127，TEM 结构尺寸为 40mm×40mm。

（3）型号 3。TEG-127-2.8-1.2-250，即高度 H 为 1.2mm，宽度 L 为 2.8mm，热电单元对数 n 为 127，TEM 结构尺寸为 40mm×40mm。

通过数值仿真，如图 3.19 所示，可知不同型号的热电转换芯片冷端温度恒定在 30℃的情况下，均随着热端温度的增加，输出电压呈现线性增长。型号 1 和型号 2 的输出电压值区别不大，但型号 1 略比型号 2 的高，平均高出 2%；型号 3 则在热端高于 150℃的相同温差条件下较型号 1 和型号 2 有大幅度增长，平均比型号 1 高出 12.2%。这说明热电转换模块的输出电压值随着热电单元横截面边长 L 的增加而增加。

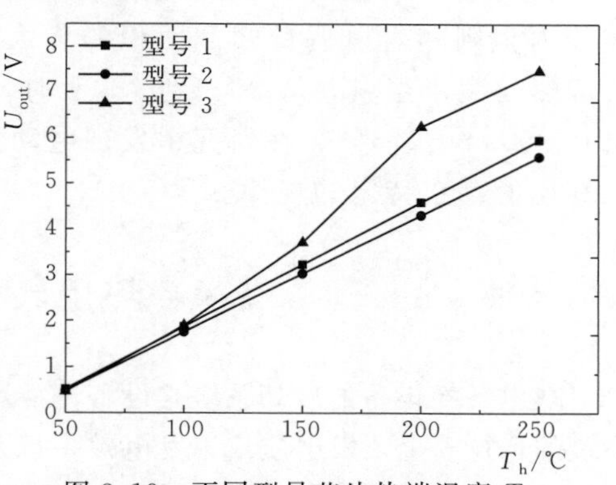

图 3.19 不同型号芯片热端温度 T_h 与输出电压 U 之间的关系

如图 3.20（a）所示，热电转换芯片的输出功率 P 随着温差 ΔT 的增大而增加，且近似呈线性变化。其中型号 3 的输出功率随冷热端温差增大而增大的幅度最大，冷热端温差每升高 50℃，芯片输出功率平均提高 7.19W；其次是型号 2，冷热端温差每升高 50℃，芯片输出功率平均提高 3.77W；型号 1 输出功率随冷热端温差增大而增大的幅度最小，冷热端温差每升高 50℃，芯片输出功率平均提高 1.02W。当温差达到 220℃时，型号 1、型号 2、型号 3 分别对应的输出功率为 4.12W、15.16W、28.9W。

如图 3.20（b）所示，热电转换单体随着温差变化时，输出电压与内阻之间的变化关系。其中型号 1 和型号 2 电压曲线和内阻曲线的交点对应的热电转换芯片负载条件下输出功率最大的状态点。并且从图中可以看出 TEM 的最佳功率输出点对应的内阻值随着热电单元横截面边长 L 的增加而减少。

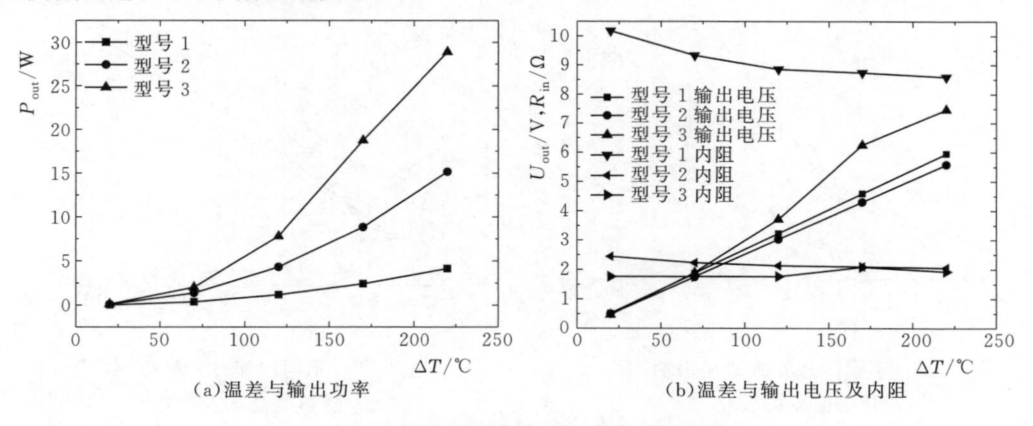

图 3.20 性能参数随温差 ΔT 的关系曲线

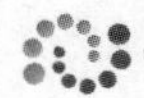

基于有限元法数值计算方法，通过数值模拟的形式对热电转换模块的性能进行三维稳态分析。在保持热电单元结构尺寸不变的情况下，通过对比不同热电单元数的热电转换模块随冷热两端温差改变而变化的情况，得出热电转换模块输出功率和能量转换效率均随着热电单元对数的增加而提高，而且对数越多输出功率越大，能量转换效率越高。通过对比三种不同横截面积的热电单元的热电转换模块随冷热端温差变化而变化的情况，得出热电转换芯片的输出电压、功率以及能量转换效率均随着热电单元的横截面积的增大而提高，且热电单元冷热两端的温差越大提高幅度也越大，而热电转换芯片内阻则随着电偶臂横截面积的增大而减小。考虑127热电单元之间封闭腔体内空气传热问题，当温差从20℃到220℃时，其能量转换效率同比1对热电单元计算模型高出0.39%～5.16%。在研究中发现电动势与热电单元宽度或高度不成规律性变化，但与其比值存在特定的规律。

3.4 热电转换设备的冷却方式

热电转换设备的冷却系统是设备正常运行的重要保障，选择合适的冷却方式不仅关系到系统的运行安全，发电质量、发电效率以及发电量。此外，随着热电转换设备功率的增加、工程运行环境、极端条件以及对节能减排标准的进一步提高，开发、选择合适的冷却技术或将多种冷却方式耦合在一起，或合理将储能与冷却技术应用于热电转换设备的冷却是必然的趋势。在风冷式热电转换设备冷却方面，冷却气体温度的高低对整个发电性能好坏有直接的影响，两者满足线性下降关系，在环境温度比较低的情况下，风冷一般能够满足要求；当环境温度极高或热流密度极大时，需采用液体冷却或是冷风冷与液相结合的方式，提高发电效率。实验表明，当热电转换设备在相同热端的温度 T_H 时，即相同恒温热源的热电转换设备，液体冷却方式将使热电转换设备获得等大的输出功率，且在高温热源情况下效果更加显著，如图3.21所示。当热电转换设备热源温度恒定时，采用强制液体冷却方式其热流密度恒大于强制空气冷却方式，实验表明液体冷却的散热效果更优，如图3.22所示。但散热系

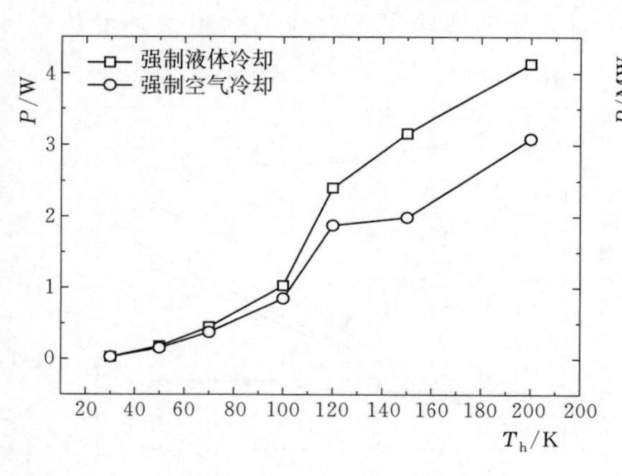

图3.21 不同冷却方式的输出功率随热端温度的变化

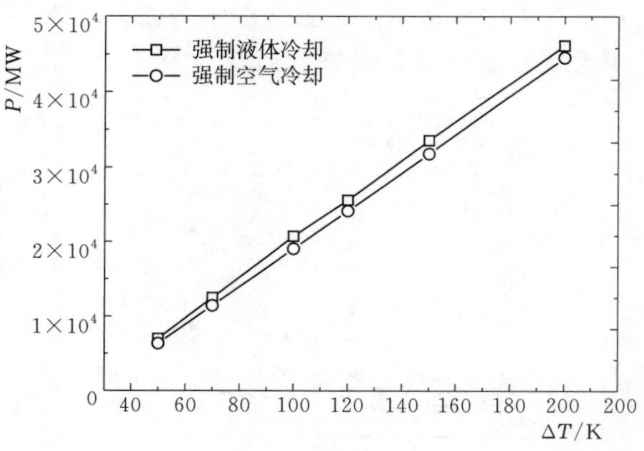

图3.22 不同冷却方式的热流密度随热端温度的变化

统也需要消耗更大的功率，因此应该衡量热电转换系统采用液体冷却所增加的输出功率与散热系统所消耗的功率之间的比率，确保系统能量利用效率最优化。

3.4.1 空冷式热电转换设备

1. 空气冷却方式概述

以空气为介质对热电转换设备冷端进行冷却，就是让空气横掠热电转换模组冷端散热器，以带走热量，达到散热的目的。采用空气为散热介质的热电转换设备，又称风冷式热电转换设备。根据是否需要热电转换设备提供辅助能量分为主动式和被动式两种散热方式，也可根据空气在热电转换设备冷端翅片的流动成因，分为被动式和主动式两种散热方式。

对于风冷式热电转换设备，可与设备安装的位置以及结构设计相结合，依据自然风，将热量带走，也可以通过风扇与风机产生强制气流通风，对热电转换设备进行散热。根据热电转换设备散热器的结构以及散热需求，主要采用轴流风机、涡轮式风机和横流风机为主。

一般来说，风冷式热电转换设备的主要优点有：①结构简单，质量相对较小；②没有任何液漏；③成本较低。

被动式风冷散热，通常是指不使用任何外部辅助能量直接利用环境形成的自然对流将热电转换设备冷端散热器的热量带走。该方法简单易行，成本低，散热过程热量的交换多以自然对流为主。但为了有效冷却，热电转换设备的形状或者温差散热器的形状需要采用特殊设计以及使用特殊材料，以增大热电转换设备的散热面积。

主动式风冷散热的散热过程的热量交换主要是强制对流，因此，如果热电转换设备周围空间允许，可以安装局部散热器或风扇，也可以利用辅助的或热循环系统自带的蒸发器来提供风冷，其原理如图 3.23 所示。该方法对热电转换设备的结构设计要求有所降低，可用于较复杂的系统，热电转换设备的位置较为灵活，范围更宽，对热源的进一步利用影响较小。

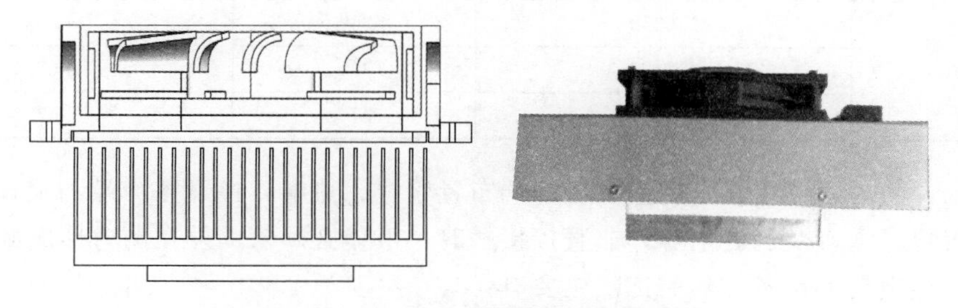

图 3.23 主动式风冷散热原理示意图

2. 热电转换单体串并联

在常见的正方形热电转换单体组成的热电转换模块中，一般是将若干个热电转换单体通过串联、并联组成一个热电转换模块，然后根据热电转换设备的功率输出要求，将热电转换模块按照既定的排列方式组成温差系统进行封装。常见的热电转换单体排列方式主要有顺排式、叉排式和梯形式排列三种，如图 3.24 所示。

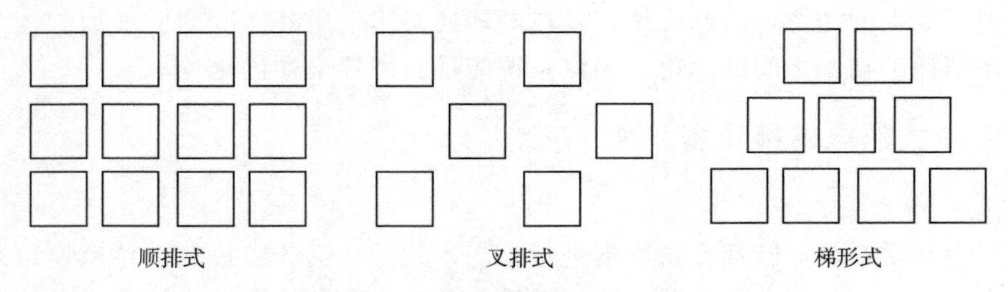

图 3.24　热电转换单体排列方式

3.4.2　液冷式热电转换设备

采用液体为介质对热电转换设备进行热管理，包括液体冷却系统和液体余热热源。液冷式热电转换设备散热是在风冷式热电转换设备散热无法满足预期散热效果的背景下发展起来的。液体的导热系数和比热容比空气的高，水在不同温度下的导热系数见表 3.10。液冷式热电转换设备散热结构可以分为被动式和主动式两种情况。被动式系统中，液体与外界空气进行热量交换，将热电转换设备冷端的热量送出；主动式系统中，热电转换设备冷端热量通过液—液交换的形式被送出。

表 3.10　不同温度下水的导热系数

温度/K	导热系数/[W/(m^2·K)]	温度/K	导热系数/[W/(m^2·K)]
275	0.5606	325	0.6445
280	0.5715	330	0.6499
285	0.5818	335	0.6546
290	0.5917	340	0.6588
295	0.6009	345	0.6624
300	0.6996	350	0.6655
305	0.6176	355	0.668
310	0.6252	360	0.67
315	0.6322	365	0.6714
320	0.6387	370	0.6723

液体为介质时，可在热电转换设备冷端布置管线。热电转换设备冷端与液体直接接触时，液体可以是水以及制冷剂等，非直接接触时，液体必须借助外在动力形成循环。

液冷式热电转换设备散热的优点主要有：

(1) 由于液体的导热系数较高，与热电转换单体表面之间换热系数高，散热量大，冷却速度快，冷却效率高。

(2) 散热系统体积较小，结构简单，复合热电转换设备空间紧凑性的具体要求。

液冷式热电转换设备散热原理如图 3.25 所示。在被动式液冷系统中，液体介质流过热电转换冷端换热器被加热，温度上升，热流体通过循环水泵进行输送，通过换热器与外界空气进行热量交换，温度降低，被冷却的流体（冷却液）再次流过冷端换热器，结构简

单、成本低。在主动式液冷系统中，热流体与外界的热量交换主要通过与空调系统结合的方式进行。被动式液冷系统的能耗主要来自循环水泵与风扇，而主动式液冷系统的能耗主要来自循环水泵与制冷系统。对于热电转换设备，空调系统对热电转换设备能量的消耗所占比例较大，因此采用主动式液冷系统将增加对发电量的消耗。

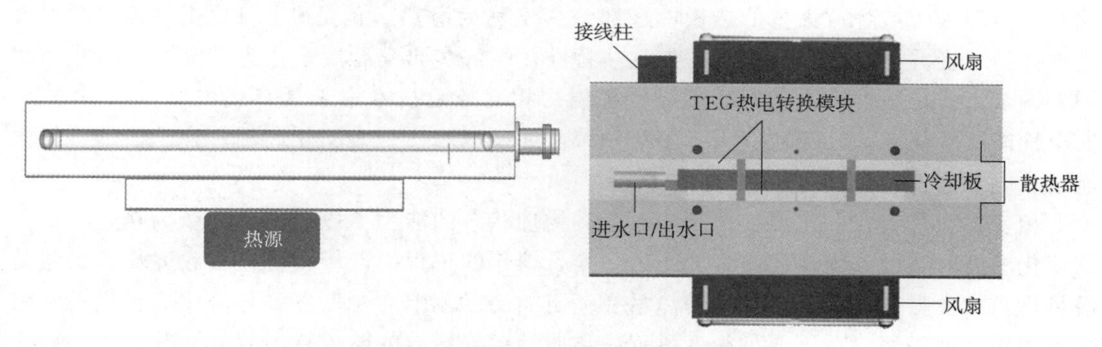

图 3.25 液冷式热电转换设备散热原理

被动式液冷系统主要与外界空气进行热量交换，当外界环境温度较高时，为达到高效散热，可以增大风速或者换热器面积。对于主动式液冷系统，由于需要与空调系统相结合，所以综合能耗高。与环型、异型热电转换单体相比，方型热电转换单体形状方正，表面平整，在冷端面散热可以通过板式液冷散热系统（下称板式液冷）进行冷却。板式液冷一般由导热系数较高的金属材料如铝、铜以及钢等加工而成的基底，内部嵌入各种形状的流道，结构多样。方形冷板的一端直接与热电转换单体冷端面接触，冷却液从流道内流过，金属材料的高导热作用将热电转换单体的热量传递给冷却液，对热电转换单体进行冷却。

板式液冷系统中，冷却液不予热电转换单体接触，能有效降低漏电风险，提升温差发电设备的安全性。板式液冷系统中的流道根据液体进出的形式可分为单进单出式流道、单进多出式流道、多进单出流道、多进多出式流道，冷却液一般为水。图 3.26 所示为单进单出式流道示意图，其中冷却液体进、出口可异侧分布，液体从左侧进入、右侧流出，便于模块的横向连接；冷却液进、出口也可以同侧分布。单进单出式流道结构板式液冷的优点结构简单，安装方便；缺点主要是管内流动阻力大，循环水泵做功损耗大，并且多个热电转换单体或冷却液流速较慢时，进出口温差大，不利于热电转换设备的温度均衡和性能。

图 3.26 单进单出式流道示意图

3.4.3 相变冷式热电转换设备

由于部分热源的不连续与不稳定，采用储能材料进行有效的调节可以促进热电转换设备输出特性的稳定。而相变材料由于其具有价格合理、容易得到等优势，开发基于相变材料的热电转换设备成为趋势。

1. 相变材料概述

热能可通过材料的显然或潜热来存储。利用材料的比热容和温度变化所吸收或释放的热量称为显热。相变材料（PCM）是一种具有功能的材料，当它在特定温度下发生物相变化时，能够吸收或释放大量的热量，这部分热量称为潜热。正是利用PCM在相变时温度基本保持不变并可以吸收或释放潜热这一特性，被许多研究者用来作为储能材料，也可以用来调节工作环境温度，从而实现相变控温。相变控温技术由于具有成本低、结构简单、安全性能高等优点，已经被应用于多个领域，如余热回收、太阳能利用、建筑节能、航天航空、电子器件的散热等领域。

相变材料具有在一定温度范围内改变其物理状态的能力。以固—液相变为例，在加热到熔化温度时，就产生从固态到液态的相变，熔化的过程中，相变材料吸收并储存大量的潜热；当相变材料冷却时，储存的热量在一定的温度范围内要散发到环境中去，进行从液态到固态的逆相变。在这两种相变过程中，所储存或释放的能量称为相变潜热。物理状态发生变化时，材料自身的温度在相变完成前几乎维持不变，形成一个宽的温度平台，虽然温度不变，但吸收或释放的潜热却相当大。

相变材料的分类相变材料主要包括无机PCM、有机PCM和复合PCM三类。其中，无机类PCM主要有结晶水合盐类、熔融盐类、金属或合金类等；有机类PCM主要包括石蜡、醋酸和其他有机物；复合相变储热材料的应运而生，它既能有效克服单一的无机物或有机物相变储热材料存在的缺点，又可以改善相变材料的应用效果以及拓展其应用范围。因此，研制复合相变储热材料已成为储热材料领域的热点研究课题。但是混合相变材料也可能会带来相变潜热下降，或在长期的相变过程中容易变性等缺点。

物质从一种相转变为另一种相的过程。物质系统中物理、化学性质完全相同，与其他部分具有明显分界面的均匀部分称为相。与固、液、气三态对应，物质有固相、液相、气相。按照体积与温度的变化关系，可以分为一级相变与二级相变。在发生相变时，有体积的变化同时有热量的吸收或释放，这类相变即称为“一级相变”。例如，在1个大气压，0℃的情况下，1kg质量的冰转变成同温度的水，要吸收79.6kcal的热量，与此同时体积亦收缩。所以，冰与水之间的转换属一级相变。在发生相变时，体积不变化的情况下，也不伴随热量的吸收和释放，只是热容量、热膨胀系数和等温压缩系数等的物理量发生变化，这一类变化称为“二级相变”。正常液态氦（氦Ⅰ）与超流氦（氦Ⅱ）之间的转变，正常导体与超导体之间的转变，顺磁体与铁磁体之间的转变，合金的有序态与无序态之间的转变等都是典型的二级相变的例子。相变储能材料的分类主要见图3.27。

2. 相变材料的性能要求与选择原则

任何相变储能系统至少包括三个基本组成部分：①在要求的温度范围内有合适的相变材料；②为了盛装相变材料 必须有合适的容器具有合适的换热器；③这个换热器使热能有效地从热源传给相变材料，然后从相变材料传给使用点。

相变储能系统较显热系统成本高，而且，相变材料需经历一个固化过程，因此一般情况下它在太阳能集热器中不适于作为传热介质。这样在换热器中就必须使用和相变材料分开的传输介质。此外，相变材料的导热系数除金属材料外均较差，这样换热器就要求较

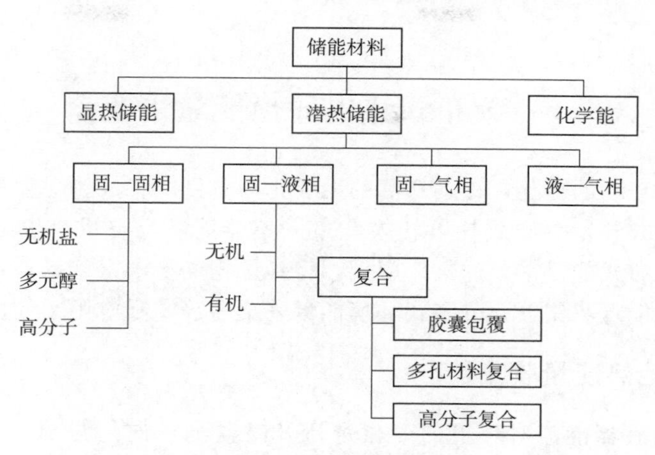

图 3.27 储能材料的分类

大，如果考虑到腐蚀问题利用特殊的容器也导致成本的增加。但是，以下三种情况下使用相变储能最合适：①要求具有高储能密度，使体积和质量保持最小；②负荷要求具有恒定的温度或温度只允许在极小范围内变动；③要求储能装置紧凑，使热损失保持最小的情况下网。

通常情况下，相变储能材料的选择原则如下：

（1）高储能密度。具有较高的单位体积单位质量的潜热和较大的比热容。

（2）相变温度。熔点应满足要求。

（3）相变过程。相变过程应完全可逆并只与温度有关。

（4）导热性。大的导热系数，有利于储热和提热。

（5）稳定性。反复使用后，储热性能衰减小。

（6）密度大。相变材料两相的密度应尽量大，可降低容器成本。

（7）压力。相变材料工作温度下对应的蒸汽温度应低。

（8）化学性能。应具有稳定的化学性能，无腐蚀、无毒无害等。

（9）体积变化。相变时，体积变化应小。

（10）过冷度。小过冷度和高晶体生长率。

（11）经济性。廉价、可大量获得。

3. 相变材料与热电转换技术的结合

由于热电转换技术主要应用于低品位能源的再利用，而通常环境下其热源的稳定性与连续性较差。相变材料具有潜热高、性能稳定等优点，可以有效提升热电转换设备的能量转换效率。因此相变材料与热电转换技术主要在烟气余热的再利用方面，效果显著。如在汽车尾气余热利用，采用肋片管式的换热器与高温排气进行对流换热，既提高排气余热回收率又减小发电装置的体积，余热回收率达 59.6%。利用相变材料在相变时吸热或放热来储能或释能相变储能与显热和化学反应热储能相比最大的优势是储热密度高，储、放热过程近似等温。这样可为热电转换器提供稳定热源，优化热电转换器的性能。基于上述原理，岳丹婷团队设计了新型发动机排气余热发电装置。通过计算，发电装置的效率为 1.14%：利用热源换热器设计热流量的 43%，热电转换器就能产生电压最大为 1831V，可输出的最大功率为 603.4W。

3.5　分布式热电转换能量采集器

随着产品应用环境的变化，移动产品的无线化与自供电将成为主要发展趋势。基于热电转换技术，设计并开发分布式热电转换能量采集器能满足自供供电移动终端的用能需求。此外，随着分布式能量采集的推广应用，将一定程度上丰富移动终端的用能选择。本节将用分布式地热能量收集器、分布式环境能量采集器等实际应用案例进行说明。

3.5.1　分布式地热能量收集器

分布式无线传感器能够对环境的变化进行及时监测，向用户提供重要的情报信息。传感器需要长时间、无干扰的稳定工作，因此对传感器电子供电提出了较高要求。目前传感器电子供电形式多样，主要通过太阳能、电池、电网等，这些电子电源各有利弊。热电转换技术，以其无移动部件、无需维护，只需温度差，即可把热量转化为电能的优点备受关注和开发。如地热能量收集器是无人值守地面传感器的核心部件，其结构及原理如图 3.28 所示。

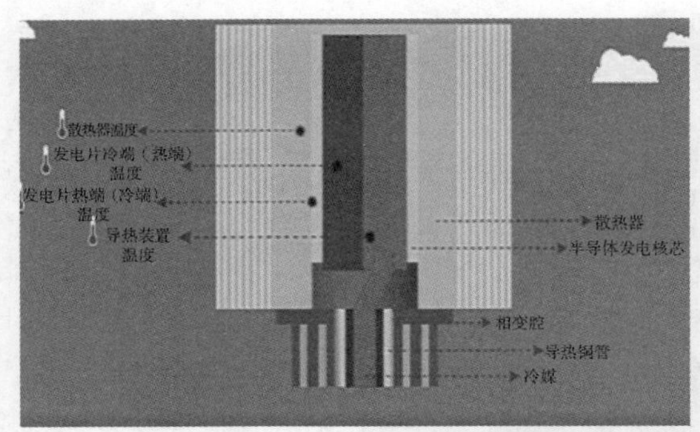

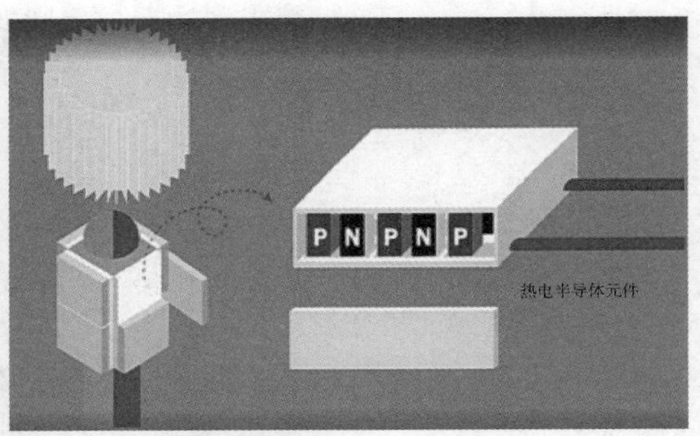

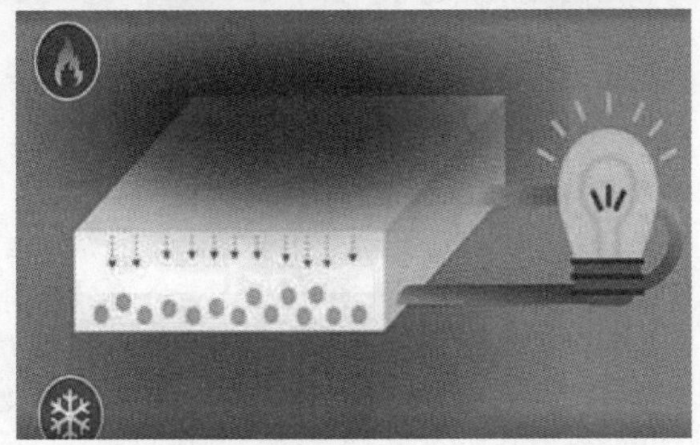

图 3.28　分布式地热能量收集器结构及原理

无人值守地面传感器，核心部分为地热能量收集器，由冷媒、导热铜管、相变腔、半导体发电核心，散热器组成。其温度传导途径由季节决定，导热装置温度、发电片热

端（冷端）温度、发电片冷端（热端）温度、散热器温度，四者会产生温度差，通过热电半导体元件，把热量转化为电能。其热电半导体元件，由高优值五元 p 型、n 型半导体材料组成。基于塞贝克效应，在热电半导体元件中，具有许多的电子，电子具有向低温运动的性质；当元件一端遇到热、一端遇到冷的时候，电子会向低温运动，在运动时过程中产生电能。高性能的热电半导体元件，可为传感器传输提供不间断电源。无人值守地面传感器整体高度为 1400mm，直径为 200mm，掩藏于地下约为 1200mm，具有较强的隐蔽性。

无人值守地面传感器在不同天气状况和不同地域的温度下，地热能量收集器所输出的功率有所不同。以我国南方为例，各季节检测的平均数据如下：

（1）春天。地面温度低于地下温度，平均温差为 1℃，地热能量收集器的输出功率为 2.58mW。

（2）夏天。地面温度高于地下温度，平均温差为 5℃，地热能量收集器的输出功率为 64.5mW。

（3）秋天。地面温度高于地下温度，平均温差为 3℃，地热能量收集器的输出功率为 23.22mW。

（4）冬天：地面温度低于地下温度，平均温差为 10℃，地热能量收集器的输出功率为 258mW。地热能量收集器安装结构及实物图分别如图 3.29、图 3.30 所示。

无人值守地面传感器——地热能量收集器可为各方安全防务领域提供最稳定、及时的监测服务。由于其性能特点，地热能量收集器应用范围广泛，适合用于边防防备、森林火灾、地质勘探、石油天然气管道监测、海底监测，无人岛值守等。

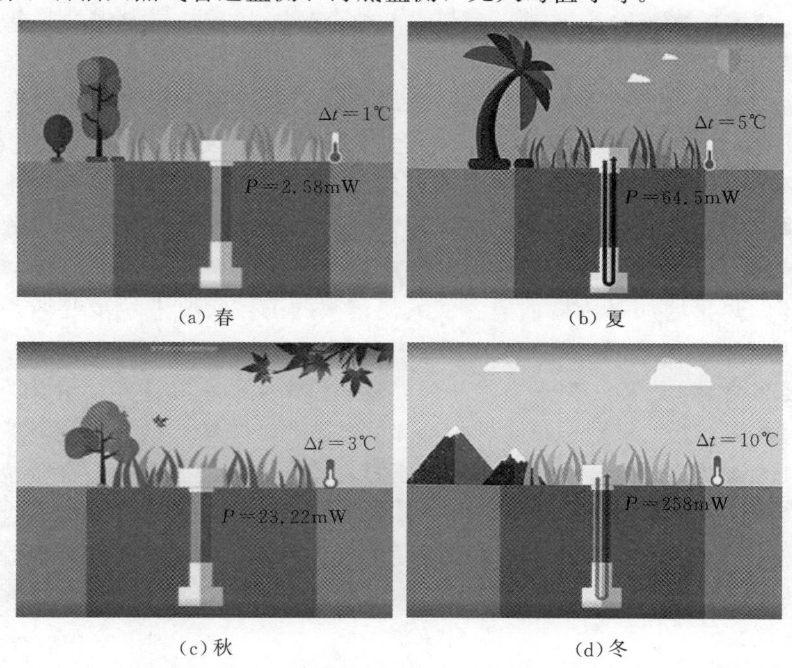

(a) 春　(b) 夏　(c) 秋　(d) 冬

图 3.29　四季地热能量收集器安装示意图

3.5.2 分布式环境能量采集器

图 3.30 四季地热能量收集器实物图

电力设备是在电力系统中对发电机、变压器、电力线路、互感器、接触器、断路器等设备的统称，包括发电设备和供电设备。在电力系统中，特别是随着现代电力系统向着高电压、大机组、大容量的迅速发展，对电力设备安全可靠性的要求也越来越高。电气设备的各种触点、连接点，如开关触点、电缆接头、母线连接点、发电机和变压器引接线接头、电动机接线盒接头等在通入电流以后，设备温度会发生变化，其发热量与通入电流的平方成正比。当高压设备因过载运行或接点接触不良时，往往引起高压设备有关部分温度的上升，过热会导致绝缘老化甚至烧毁绝缘材料，造成短路故障和重大经济损失。因此在线监测节点的温度显得相当重要，当其超过某一设定值时，发出本地和远程报警信号，提示生产维护人员及时发现故障前兆，对高压电力设备和电力系统的安全稳定运行具有非常重要的意义。

电气接点的连接方式主要以螺栓连接为主，在《电气装置安装工程　母线装置施工及验收规范》(GB 50149—2010) 规定：母线装置安装使用的紧固件，除地脚螺栓外应采用符合国家标准的镀锌制品，户外使用的紧固件应用热镀锌制品。而螺栓一般采用钢材制成，螺栓连接处往往出现温升异常的情况，其主要原因如下：

(1) 不同金属的膨胀效应不同。钢制螺栓的金属膨胀系数要比铜质、铝质母线小得多，尤其是螺栓型设备接头，在运行中随着负荷电流及温度的变化，铝、铜或铁的膨胀和收缩程度将有差异而产生蠕变，也就是金属在应力的作用下缓慢的塑性变形，蠕变的过程还与接头处的温度有很大的关系。实践证明，当接头处的运行工作温度超过 80℃时，接头金属将因过热而膨胀，使接触表面位置错开，形成微小空隙而氧化。当负荷电流减小温度降低回到原来接触位置时，由于接触面氧化膜的覆盖会影响接触效果，即不可能是原安装时金属间的直接接触。因此每次温度变化的循环所增加的接触电阻，将会使下一次循环的热量增加，所增加的温度又使接头的工作状况进一步变坏，因而形成恶性循环。

(2) 连接部位紧固螺栓压力不当。部分安装或检修人员在导体连接上认为连接螺栓拧得愈紧愈好，其实不然。特别是铝质母线，弹性系数小，当螺母的压力达到某个临界压力值时，若材料的强度差，再继续增加不当的压力，将会造成接触面部分变形隆起，反而使接触面积减少，接触电阻增大，从而影响导体接触效果，增加此连接处的工作热量。

综上所述，监测螺栓连接点位置的温度是十分必要的，因此急迫需要设计一种新的螺栓连接点的温度监测装置，并且必须满足结构简单体积需要足够小，外界无需提供额外的能源供其工作等条件。

图 3.31 为智能传感器直接安装图与间接安装图，该智能螺栓包括具有螺杆和螺帽的螺栓和与该螺栓组装成一体的测温装置，其中测温装置包括 PCB 线路板、散热器以及一

给该PCB线路板供电的热电转换器，该热电转换器具有一冷端和热端，其中散热器设置在冷端的一侧并与该冷端直接热传导，其中螺栓的螺帽位于热端的一侧并与该热端直接热传导；且PCB线路板上设置有测温传感器和用于传输温度信号的发射天线，该测温传感器的感温端与螺栓的螺帽相接触。该产品不仅具有螺栓本身的功能，即用于紧固连接电气接点，而且还具有测量电气接点的温度的功能，其中的热电转换器能自动采集电气接点的热量来给智能螺栓供能。由于作品包括螺栓和与该螺栓组装成一体的测温装置，测温装置包括PCB线路板、散热器以及一给该PCB线路板供电的热电转换器，该测温装置和螺栓组装成为一个整体并且形状也与螺栓相匹配，从外观来看为“螺栓”，它不仅具有螺栓本身的功能，即用于紧固连接电气接点，而且还具有测量电气接点的温度并通过数据处理后传输出去的功能。另外由于本产品的内部包括有一热电转换器，它具有冷端和热端，散热器设置在冷端的一侧并与该冷端直接热传导，热端，螺栓的螺帽位于热端的一侧并于该热端直接热传导，它能利用电气接点处与散热器端之间的温度差转换为电能来供其他电路正常工作，无需外界供能，因此该智能螺栓在电气接点温度远程监测系统中作为关键的温度采集部件具有非常重要的意义。

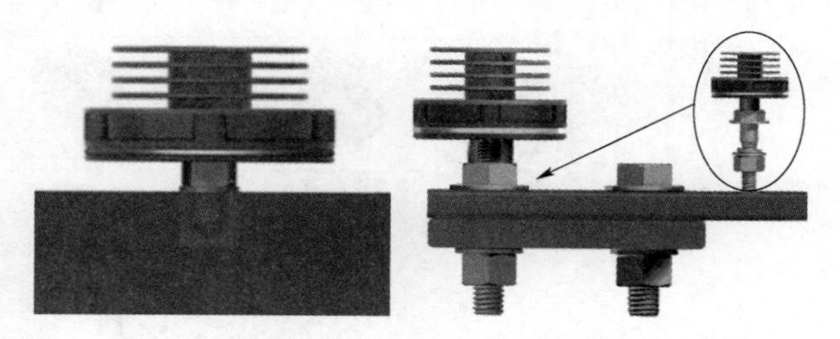

图3.31　智能传感器直接安装图与间接安装图

3.5.3　热电转换能量采集器与智能物联

光伏电池利用光能生电，每一片电池片产生的电力很小，需通过电池的串并联达到一定面积，才能得到希望的电压和电流。近代太阳能光伏发电规模越做越大，要求的发电质量及其智能控制程度越来越高，超级数量的电池片或说超级数量的设备如何发挥最好的作用是个非常重要的问题，物联网的兴起给了我们解决问题的机遇。

本书中所讲述的热电转换设备发电系统同样遇到了上述的问题，更超级数量的热电能量采集器怎样才能达到能量的收集与转换效果呢？物联网的技术发展给我们提供新的解决方案。但是物联网应用技术正在研究与发展之中，机遇与挑战同在，如果更好发挥物联网＋的作用，还需要进一步探索。重要的是，期望物联网以智慧的方式为我们带来更好的结果时，了解物联网技术十分重要。需要了解物联网，借助四通八达的信息网络、传感器、云计算和智慧化设备，实现物与物相连、人与物互联，最终实现万物互联是世界期待看到的蓝图。

近代随着物联网浪潮的爆发，更大量的级的设备（包含传感器）会被接入网络，传感器能与云计算交换信息，同时能通过网络随时接收来自中枢的指令，可以用“物”与“物”智能互联在一起来描述此时的这个场景。图3.32表示了物联网中“物”的设备，图中“物联”的阵列设备为本书中的热电转换能量采集器。图3.33表示了热电转换发电系统物联网简要结构图，后续章节知识将会引导我们如何去建设这样的物联网及其智能化处理设计。

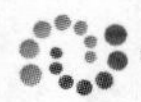

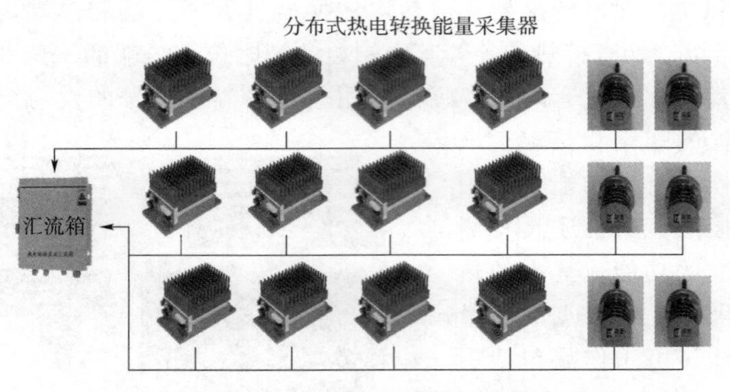

图 3.32　热电转换能量采集器设备阵列

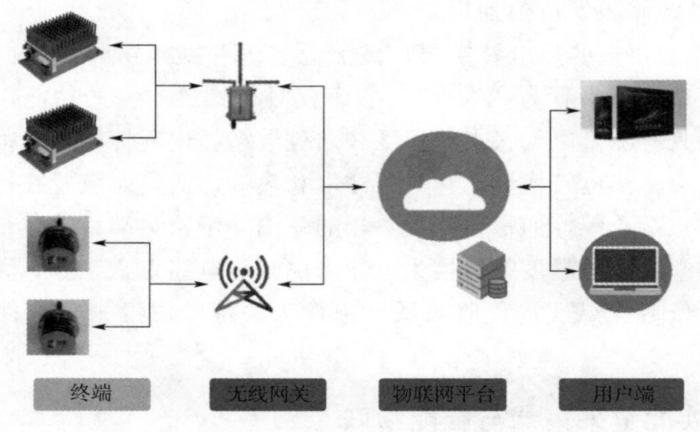

图 3.33　热电转换发电系统物联网简要结构图

把握机遇似乎是这个世界最难的事情，物联网时代到底处于什么阶段呢？那就是：未来已来。支撑物联网的关键技术（传感技术 RFID 技术、嵌入技术等）已经成熟，物联网广域通信技术已经成熟；具体场景下人工智能技术逐渐成熟；物联网的“物”之间通过互联网来共享信息并产生有用的信息，而且达到无需人为管理就能运行的机制，这样一来就创造出了一直未能实现的魔法般的世界。在讲述物联网所实现的世界之前，首先我们需要了解建造物联网所需要的基础知识，第 4 章、第 5 章内容帮助我们迈出了解广阔的物联网技术领域的第一步，主要讲述智能物联网基础要素、物联网设备、物联网结构、物理网系统平台设计以及物联网智能化处理等内容。在本书第 6 章中将讲述物联网智能应用的案例，描述物联网经过智能化处理所成为的智能物联网的构造、功能、开发过程，体会智能物联网的智慧与水平。

第二篇

智　能　物　联

第4章 智能物联网基础要素

物联网，被公认为是继计算机、互联网与移动通信网之后的世界信息产业第三次浪潮的核心，它正在向我们袭来，开发应用前景巨大。现在，人们已经逐步感觉到了物联网的存在，物联网实际上已经应用于某些领域，离我们越来越近，物联网带来的冲击关系到所有的人。随着物联网的发展，第四次产业革命的浪潮正在向我们涌来，面对物联网个人化和全球化的冲击，我们应该如何在物联网的社会中生存下去呢？

现在，我们可以寄希望于物联网及其智能物联技术，将超大数量级别的热电转换元件通过物联网连接起来，以增强电压和电流达到与电网同步的水平并入电网，再通过云端计算及大数据分析指导运行，以达到电力系统要求的高效、高质、安全发电目的。如果将管理及经营策略一并考虑进去，智能物联网就呈现在我们眼前，再加上多种能源的协调配合，智慧电力物联网就离我们越来越近了。

物联网的作用主要是形成“物”与“物”的相连，物联网加上智能化处理成为了智能物联网，因此物的“智能物联”或怎样智能化处理非常重要是实现智能物联网的关键技术。智能物联网将世界上的物体从感官和智能连接起来，智能物联网的发展将使当前的静态物体变为未来的动态物体，并处处嵌入智能，这将会刺激更多创新产品和服务的诞生。智能物联网系统结构、基础要素、简要设计等知识十分重要。下面我们来了解物联网及智能物联网的知识要素。

4.1 物联网概述

所谓物联网，最常见的解释就是“Internet of Things”（IoT），翻译过来就是“物的联网”。具体的意义暂且不谈，直译就是说将物品用网络连接起来，简称物联网。物联网系统是如何组成的？原理与设计是如何实现的？衡量的标准如何？如何用物联网来解决社会问题？如何解决应用问题？如何创造商业价值？这些都是非常重要的问题。

物联网通过各种信息传感器、射频识别技术、全球定位系统、红外感应器、激光扫描器等各种装置与技术，实时采集任何需要监控、连接、互动的物体或过程，采集其声、光、热、电、力学、化学、生物、位置等各种需要的信息，通过各类可能的网络接入，实现物与物、物与人的连接，实现对物品和过程的智能化感知、识别和管理。

不妨想象一下，你穿的衣服、接触的物体或事物都会被嵌入或包含无数的IP地址、设备和传感器，有了你的允许，你将与房间所有的东西进行互动。互联网＋所有的物等于“物联网”。物联网就是“物物相连的互联网”，物联网也是一种泛在网络，其原意是用互联网将世界上的物体都连接在一起，使世界万物都可以主动上网。它将视频识别设备、传感设备、定位系统或其他获取方式等各种创新的传感科技嵌入各种物体、设施和环境中。把信息处理能力和智能技术通过互联网注入世界的每一个物体中，使物理世界数据化并赋予其生命。

物联网的概念与应用可以追溯到 20 世纪 80 年初期，全球第一台隐含物联网概念的设备为位于卡内基·梅隆大学的可乐贩卖机，它连接到互联网，可以在网络上检查库存，以确认还可以供应的饮料数量。在 2005 年 11 月 17 日，在突尼斯举行的信息社会世界峰会（WSIS）上，国际电信联盟（ITU）发布了《ITU 互联网报告 2005：物联网》，正式提出了“物联网”的概念。物联网涉及学科多涵盖内容丰富，我们需要了解物联网的内涵并延展其技术，拓展它的应用范围。国家标准《物联网　术语》（GB/T 33745—2017）对物联网的定义为：通过感知设备，按照约定协议、连接物、人、系统和信息资源，实现对物理和虚拟世界的信息进行处理并作出反应的智能服务系统。

4.1.1　物联网的物

物联网中所说的物，既是指我们生活中的“所有的物品”，又是指由物品产生的过程和变化。其中有我们身边的物品，如手机、电视机、冰箱、空调、汽车及住宅等，同时也包括了空调的温度变化、汽车的速度、方向等改变的过程；还包括非日常用品及过程，如各种传感器及其探测的过程、电网及其负荷变化、太阳能光伏/光热电站、风电场、水电站、燃气轮机发电及工程变化等。物联网是所有的物品都与互联网相连的世界，物与互联网相连的世界如图 4.1 所示。

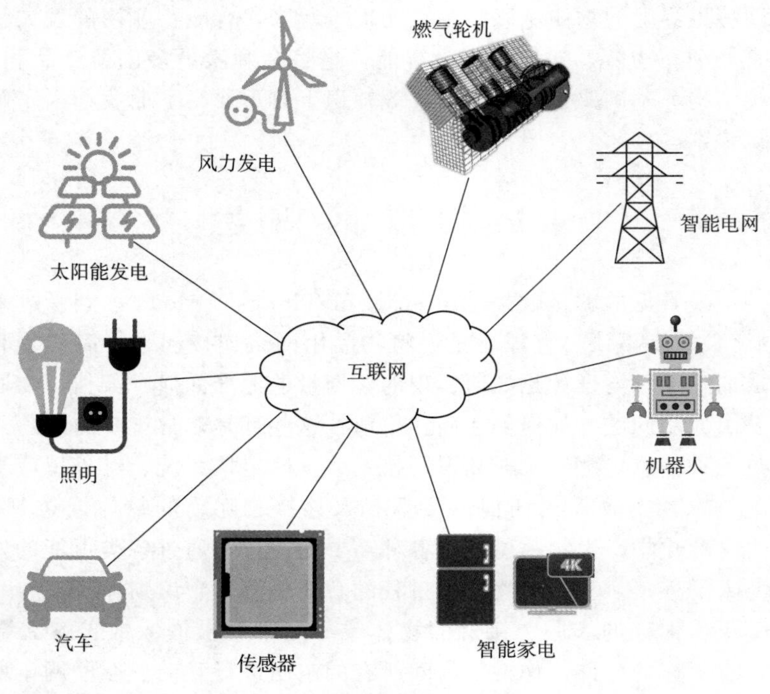

图 4.1　物与互联网相连的世界

物联网把我们的生活拟人化了，万物成了人的同类。物联网通过利用传感器、条码等技术，通过计算机互联网实现物体（商品、部件）的自动识别和信息，实现互联与共享，物联网描绘的是充满智能的世界。在物联网时代中，每一个物理实体都可以实现寻址，每一个物理实体都可以进行通信，每一个物体都可以进行控制，可以实现物物相连而感知世界的目标。物联网与互联网的区别在于，互联网连接虚拟的信息空间，物联网连接现实物理世界，如果说互联网是人的大脑，那物联网就是人的四肢。物联网只是多了一个底层的数据采集环节，大致为：电子标签显示身份、传感器捕捉状态、摄像头记录图像、GPS进行跟踪定位等。

4.1.2 物联网的联

物联网如何相互连接呢？早期的物联网是指两个或多个设备之间在近距离内的数据传输，并且多采用有线方式。考虑设备的位置可随意移动的方便性，目前更多地使用无线方式，如蓝牙、近场通信（NFC）、ZigBee等技术。

随着时代进步和发展，人们考虑把各类设备直接纳入互联网以方便数据采集、管理以及分析计算，越来越多的传感器、设备接入互联网，互联网也不单是通过网线传输，引入了空中网、卫星网等，应用的领域也越来越广泛。显而易见，网络及通信技术是构筑万物互连的基础设施。物联网的通信网络与物的联系如图4.2所示。

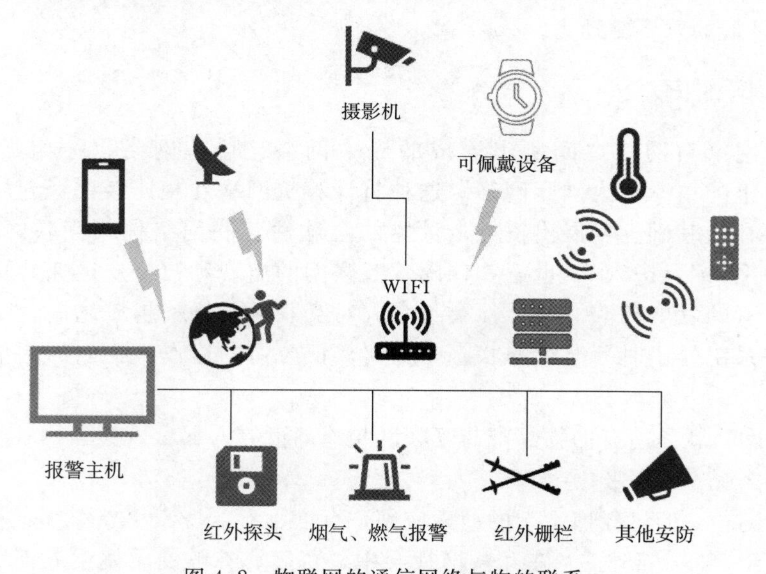

图4.2 物联网的通信网络与物的联系

物联网通过在各种日常使用的设备中嵌入传感器及网络芯片，可以实现人与物以及物与物之间的通信。当代信息技术世界呈现出新模式：除了针对人的随时、随地连接，还增加了针对任何物体的连接。各种连接会因此翻倍增加，并创造出一种全新的动态网络，即物联网。信息通信技术的目标已经从任何时间、任何地点连接任何人、发展到连接任何物体的阶段，万物的连接就形成了物联网，物联网是建立在坚实的技术优势和广受认可的泛在网络前景之上的。

5G网络通信技术是物联网产业进一步大规模发展的必要条件。鉴于5G广阔发展前景，世界各国都作为优先发展的科技战略，加快5G的研发、部署和应用。我国也非常重视第5代移动通信的重要性，在5G的技术研发上已经走到了世界前列。

在5G之前，移动通信的重点是一直以人为中心的通信，从电话到宽带服务，给用户提供多媒体和数据服务，连接也从有线向无线过渡。5G技术的发展将加强移动宽带使用的发展，特别是为了迎合强大的宽带业务增长，以及适应新的服务项目的数据传输要求。5G技术给物联网带来了更多的可能，它的一个关键特性是能够在保证的延迟范围内以高可靠性传输数据，另一个关键特性是EMTC（Enhanced Machine Type Communication），提供了海量连接数支撑。5G连续广域覆盖、低功耗、大连接及低时耗、高可靠性的应用场景与智能物联高度契合。正因为5G网络能够满足物联网的多数应用要求，用户便不需要构建单独的网络体系，从而在低投入的情况下实现物联网的快速发展。

物联网极大地扩展了移动通信的服务范围，世界已从人与人之间的连接，向人与物、物与智能互连过渡。随着物联网的发展，数以亿计的设备将接入移动网络，海量的设备接入网

络和应用场景将为移动技术带来挑战。如智慧城市、环境监测、智能农业、智能电力、森林防火等以传感和数据采集为目标的应用场景需要通信网络低功率、大连接，而车联网、工业控制等垂直行业的特殊应用需求要求低时间延迟的技术特性，这些技术的挑战正是推动5G发展的重要驱动力。

4.1.3　物联网的网

互联网是网络与网络之间所串连成的庞大网络，这些网络以一组通用的协定相连，形成逻辑上的单一巨大国际网络。这种将计算机网络互相连接在一起的方法可称作“网络互联”，在这基础上发展出覆盖全世界的全球性互联网络称“互联网”，即是“互相连接一起的网络”。进入21世纪，伴随着互联网的出现和被公众迅速地接受，互联网经历了前所未有的发展高潮。整个社会与个人对互联网的依赖越来越高，试想，如果互联网电子邮件系统处于时断时续的状态，如何保证公司的运作？我们的心情会是什么样的呢？

所谓物联网，就是所有的物品都与互联网相连的世界，那么，互联网社会与物联网社会的差异是什么呢？

对于互联网，人们已经熟悉它的搜索应用，百度、谷歌搜索引擎牢牢地把握住了互联网应用的第一步，即“搜索”。在互联网社会中，百度、谷歌的“搜索界面”是人类与互联网的接入点。在物联网社会中，“物品界面”是人类与互联网的接入点。所说“物品”可以视为任何物品传感节点，物品可以是机器人，也可以是电子产品等。通过提供作为接入点的“物品”，企业有机会成为物联网社会的百度、谷歌。

由于互联网，人与人之间的通信已经建立了一套科学的、可控的、高效的、安全的信息通信网络体系。人与人之间的通信技术的发展主要体现在两大方面：一是移动化发展，人们的通信逐步由移动电话代替固定电话，实现位置上的自由通信；二是宽带化趋势，通信从电路交换转变为数据分组交换为主，从电报电话到互联网，逐步实现了宽带

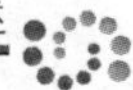

化的自由通信，目前已经发展到了移动互联网阶段，使之进入移动化、宽带化数字通信时代。

物与物之间的通信，为了更好地服务于物与物互联信息的传递，最初一部分物体被打上条形码，有效地提高了物品的识别效率。随着近场通信（Near Field Communication）技术，如RFID、蓝牙（Bluetooth）等各种近程通信技术的发展，RFID、二维码、传感器等各种现代感知识别技术逐步得到推广应用。同时在摩尔定律的推动下，芯片的体积不断缩小，功能更加强大，物品自身的网络与人的通信网络开始联通，并快速向未知领域开拓进取，使社会快步进入了基于IP数据通信的智能化、数字化时代。

在未来的发展过程中，从人的角度和从物的角度对通信的探索将实现融合，最终实现无处不在的物联网。因此，物联网的发展将呈现两大发展趋势：一是智能化趋势，物品要更加智能，能够自主地实现信息交换，才能实现互联网的真正目的，而这将需要对海量的数据进行智能处理，随着云计算技术的不断成熟，这一难题将得到解决；二是IP化，未来的物联网将给所有的物品都赋予一个标识，实现"IP到末梢"，只有这样才能随时随地了解、控制物品的即时信息。在这方面，"可以给每一粒沙子都设定一个IP地址"的IPv6将能够承担起这项重任。

因"物"的所有权特性，物联网应用在相当一段时间内都将主要在内网和专网中运行，形成分散众多的"物联网"，但最终会走向互联网，形成真正的"物联网"。没有互联网就无法实现物联网。

4.1.4 物联网市场规模

《2017—2018年中国物联网发展年度报告》显示，2017年以来，我国物联网市场进入实质性发展阶段。全年市场规模突破1万亿元，年复合增长率超过25%，其中物联网云平台成为竞争核心领域。《2019—2020年中国物联网发展年度报告》分析认为，物联网发展呈现一些新的特点与趋势。

一是全球物联网进入产业落地加速与网络监管整治并重阶段。全球物联网设备持续大规模部署，连接数突破110亿；主要经济体提速网络与安全布局，美国连续出台多部法案强调5G国际领导力，关注物联网创新与安全；欧盟发布战略夯实物联网数据基础，多措并举提升网络安全风控能力；日本设立新规确立物联网终端防御对策；韩国提速6G研发布局，持续加大物联网相关领域资金投入。

二是我国物联网产业规模超预期增长，网络建设和应用推广成效突出。在网络强国、新基建等国家战略的推动下，我国加快推动IPv6、NB-IoT、5G等网络建设，移动物联网连接数已突破12亿，设备连接量占全球比重超过60%，消费物联网和产业物联网逐步开始规模化应用，5G、车联网等领域发展取得突破。数据显示，2019年产业规模突破1.5万亿元，已超过预期规划值。

三是龙头企业布局加码，5G网络建设和边缘计算发展双轮驱动物联网应用深化。2019年以来，华为、阿里巴巴、海尔等龙头企业各有侧重加码布局，创投机构投资活跃，物联网领域平均融资额有所上升。伴随5G商用进程加快、NB-IoT规模部署，物联网与人工智能、大数据等融合创新加速，同时设备连接增加驱动边缘计算需求增长，车联网、工业互联网、智慧医疗等应用场景进一步深化。无锡物联网产业集群化、高端化发展持续升级，世界级物联网新高地加速崛起，2019年无锡物联网产业营业收入超2800亿元，接近全国的1/4，五年平均增速保持20%以上。国家级创新平台接连落户，标准制定、网络建设、应用推广等领域持续取得新突破，产业集群化、高端化发展特征愈加明显，在全球产业价值链中的地位大幅提升。近年来物联网行业坚守“技术创新、产业发展、应用示范”的世界级物联网产业集群培育发展路径，实现了物联网产业“从无到有”到“从有到优”的跨越。

我国物联网发展正在提速，一方面来源于巨头的推动，如运营商加快部署NB-IoT和EMTC，物联网“云管端”生态日渐成熟，另一方面来源于传统制造业的智能化升级和规模化消费市场的兴起，推动物联网加速从浅层次的工具和产品深化为重塑生产组织方式的基础设施和关键要素。预计2030年我国物联网连接数将达到1000亿，其中蜂窝物联网连接80.75亿。从细分行业看，物联网在交通、物流、环保、医疗、安防、电力等领域逐渐得到规模化验证。“物联网+行业应用”的细分市场开始出现分化，智慧城市、工业物联网、车联网、智能家居成为四大主流细分市场。芯片、智能识别、传感器、区块链、边缘计算等物联网相关新技术的迭代演进，加快驱动物联网应用产品向智能、便捷、低功耗以及小型化方向发展。

4.2 智能物联网关键要素

来自物理世界得的原理与联网的需求，加上信息世界的扩展催生了一类新型的网络即物联网。物联网最初被描述为物品通过射频识别等信息传感设备与互联网连接起来，实现智能化识别和管理的过程。物联网有着技术层面、应用层面上的定义，对于初步涉入物联网世界的人是否可以这样理解，物联网世界就是所有的物品都与互联网相连的世界。智能物联网常见的有这样四个关键要素词：传感器、云、人工智能及反馈动作。进一步说明的话，智能物联网是将“传感器”获取的数据上传到“云”，然后“人工智能”根据学习的内容作出判断，最后物品做出动作反馈给人类。智能物联网主要关键词语及基本工作原理如图4.3所示，这些可以帮助我们去了解智能物联网。

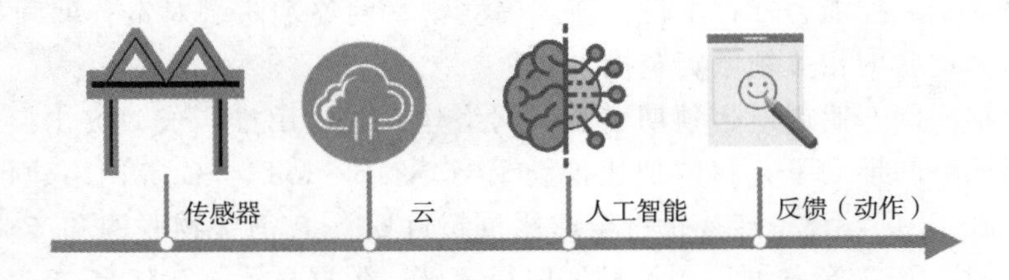

图4.3 智能物联网主要关键词语及基本工作原理

图4.4深入一步说明了物联网工作关系及过程。传感器从物品上收集的信息通过互联网将数据上传到“云”端存储，对存储在云端的数据进行分析，必要情况下使用人工智能（AI），根据结果作出反馈（动作）。

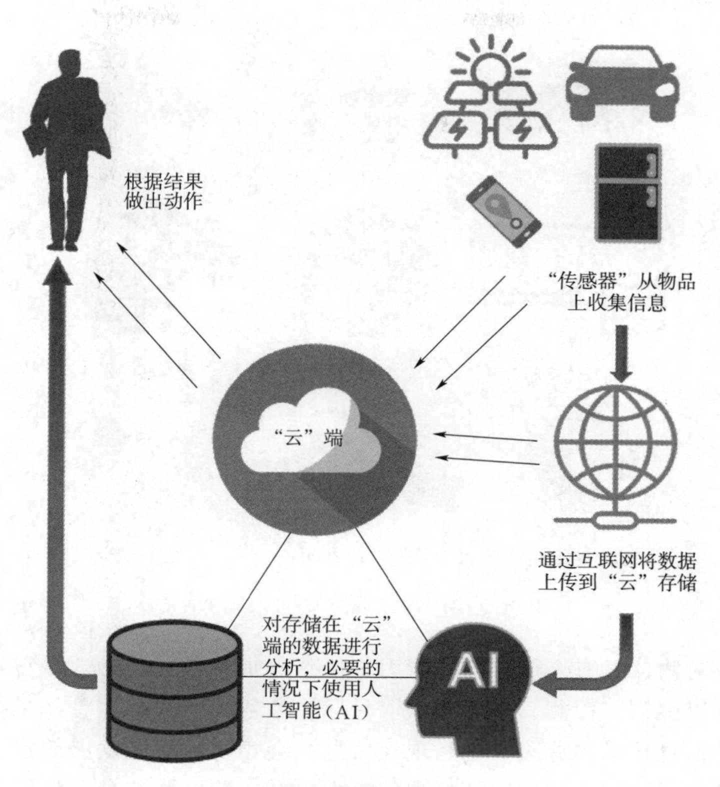

图 4.4 智能物联网工作关系及过程

4.2.1 传感器节点

智能物联网中传感器节点技术非常重要，传感器有很多种类，如体温计。现在的电子体温计只要对准额头几秒钟就可以测量出体温，这是因为电子体温计里面有一个温度传感器，能够显示出体温的数值。除了温度传感器，还有湿度传感器、加速度传感器、亮度传感器、感应传感器、振动传感器、压力传感器等。总之，要想搜集环境和设备的状态，就需要利用一个叫作传感器的电子零件。不同种类的传感器适用于不同的产品，传感器获取数据的过程被称为“传感”。传感器负责把物理现象用电子信号的形式输出，例如上述例子是将温度作为电子信号输出，除湿器中的传感器可以把湿度作为电子信号输出，还有的传感器能把超声波和红外线等人类难以感知的现象转换成电子信号输出。

人们很少单独利用这些传感器，通常都是将它们植入各种各样的“物”里来加以利用，比如现在的手机及汽车中具备指南针功能的磁场传感器、用于检测地面倾斜度的陀螺仪传感器和加速度传感器。现在的传感器，通常将通讯模块（蓝牙、Wi－Fi）与传感器做成传感器节点，通过传感器节点输出的电子信号搜集并传递信息，发送遥感数据至网关，系统就能够获取现实世界的“物”的状态和环境状态。通过传感器可以获取各种各样的信息，这样物联网服务就能够利用传感器获取设备、环境、人这些“物”的状态。还有，自己想实现的物联网服务都需要哪些信息，为此应该利用哪种传感器及设备，这些都需要我们仔细分析后决定。常见传感器的种类如图 4.5 所示。

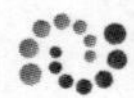

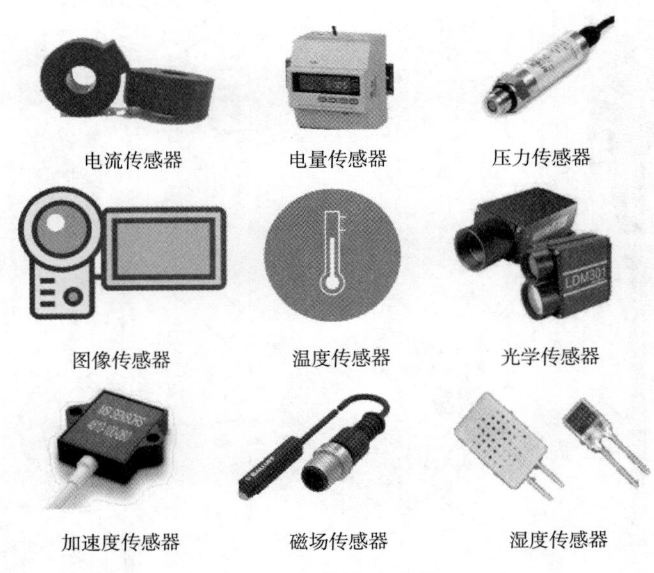

图 4.5　传感器种类

物联网需要对物体具有全面感知的能力，传感器是物联网的感觉器官，也可以说是神经元。传感器可以感知、探测、采集和获取目标对象各种形态的信息，是物联网全面感知的主要部件，是信息技术的源头，也是现代信息社会赖以生存和发展的技术基础。传感器的网络化将帮助物联网实现信息感知能力的全面提升，传感器本身也将成为实现物联网的基石。

生活也被传感器包围着，传感器的应用在现实生活中随处可见。比如智能手机为什么智能？因为手机中安装着各种各样的传感器，而这些传感器群可以感知到用户的动作，并帮助用户更轻松地使用手机。手机中的传感器种类繁多，包括重力加速度传感器、方向传感器、陀螺仪、GPS、距离传感器、光线传感器、图像传感器、指纹识别传感器、气压传感器、湿度传感器、温度传感器、声音传感器、磁场传感器、心率传感器等。

经常使用手机的人们一定感受到了智能手机带来的便利，传感器群的功劳首当其冲，当传感器群与互联网联起手来，将数据送上云端进行计算、分析，再指挥手机进行动作反馈，手机智能效果就发生了。它可以在你横屏看照片的时候非常智能地把照片横向并放大。用手机玩游戏时，只需要左右晃动手机，屏幕里的赛车就可以左右躲避障碍物，手机就像赛车的方向盘一样。手机温度传感器还可以感受周围的温度，检测周围环境温度并显示在实际上，测量体温提示用户身体健康情况。还可以检测手机温度，一旦过高会弹出报警提示或自动关机。手机之所以智能，背后的功臣就是手机中的这些传感器。手机传感器是手机上通过芯片来感应的元器件，如温度值、亮度值和压力值等。手机中有很多传感器默默地在后台工作以支持我们前台操作更方便。图 4.6 为智能手机中采用的 MEMS 陀螺仪传感器，芯片内部含有一块微型磁性体，可以在手机旋转运动时产生的科里奥力作用下向 X，Y，Z 三个方向发生位移。利用这个原理便可以测出手机的运动方向。而芯片核心中的另外一部分则可以将有关的传感器数据转换为手机可以识别的数字格式，所以，当系

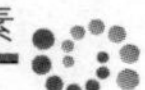

统运行时，无论你将手机上移或者左右甩动，里边的芯片接受指令就会向手机 CPU 传输数据，使得手机能够做出正确的回应。

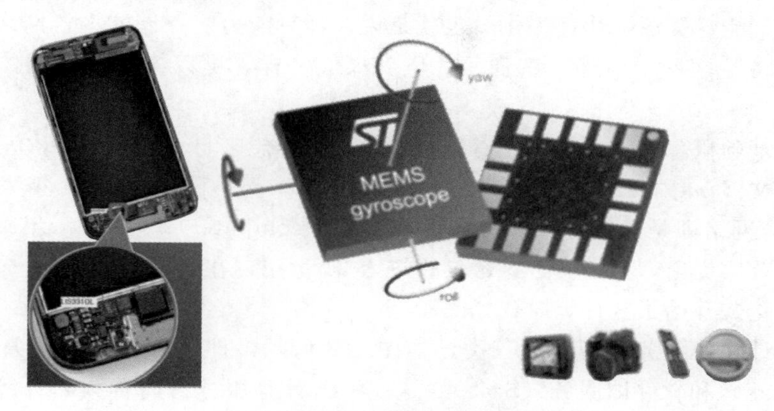

图 4.6 智能手机中采用的 MEMS 陀螺仪传感器

能源设备中物联网的需要以及设备智能化的发展速度都非常快，能量收集、高级测量体系、高级运行体系均需要高性能的传感器等设备，因此传感器嵌入设计、节点集群化设计非常重要，物与物联络的移动网联络系统设计也非常重要，这些对物联网优质与智能的实现具有重要意义。智能物联网在生活、专业、行业的开发应用案例将在后续章节中讲述。

4.2.2 云端计算

云端计算，也就是我们经常听到的云计算（cloud computing），是一种基于联网方式的计算，通过这种计算方式，云端服务提供商按需将我们所需求的计算资源、存储资源、网络资源等硬件资源和软件服务、计算服务等软件资源以服务的形式提供给普罗大众使用。且因为绝大多数的信息处理在服务侧远端进行，被命名为云计算，如图 4.7 所示。

图 4.7 云计算平台

从广义上说，云计算是与信息技术、软件、互联网相关的一种服务，这种计算资源共享池叫作“云”，云计算把许多计算资源集合起来，通过软件实现自动化管理，只需要很少的人参与，就能让资源被快速提供。也就是说，计算能力、存储能力、网络能力可以作为一种商品，在互联网上流通，就像水、电、煤气一样，可以方便地取用，且价格较为低廉。

云计算的基础概念来自虚拟化，有据可考的最初思想来自 C. Strachey 完成于 1959 年的一篇科技论文 *Time sharing in large，fast computers*；后续至 1983 年太阳电脑公司（SUN）提出“网络即是电脑”（The network is the computer）；在 1996 年康柏电脑公司在内部文件中首次提出“云计算”这个词；进入 21 世纪，在 2006 年亚马逊公司推出弹性计算云服务，正式开始了云计算时代。

通常，云计算的服务类型分为三类，如图 4.8 所示，即基础设施即服务（IaaS）、平台即服务（PaaS）和软件即服务（SaaS）。这 3 种云计算服务有时称为云计算堆栈，因为它们构建堆栈，它们位于彼此之上，这三种服务的概述如下：

（1）基础设施即服务（IaaS）。基础设施即服务是主要的服务类别之一，服务商向消费者提供基础计算资源，如虚拟机、存储、网络、操作系统或中间件。

（2）平台即服务（PaaS）。平台即服务是一种服务类别，为消费者提供通过建应用程序和服务的平台环境，例如：Google App Engine。

（3）软件即服务（SaaS）。消费者使用软件应用程序，但不掌控操作系统、硬件和网络架构。服务提供商一般采用租赁模式提供应用软件或服务。

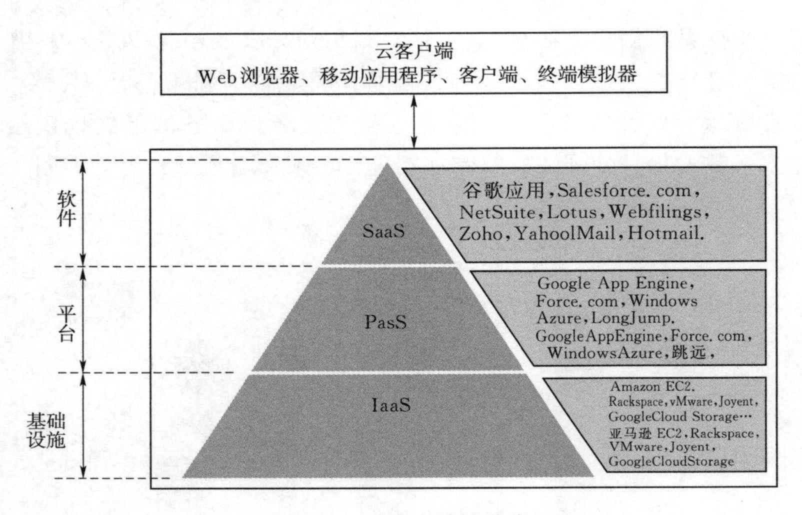

图 4.8　云客户端的分类

较为简单的云计算技术已经普遍服务于现如今的互联网服务中，最为常见的就是各类网盘和网络邮箱。网盘大家最为熟悉的莫过于百度网盘了，在任何时刻，只要用过任何终端就可以在任何地方访问到自己想要的数据，也可以通过云端共享数据资源。而网络邮箱也是如此，在过去，寄写一封邮件是一件比较麻烦的事情，同时也是很慢的过程，而在云计算技术和网络技术的推动下，电子邮箱成为社会生活中的一部分，只要在网络环境下，

就可以实现实时的邮件的寄发。其实，云计算技术已经融入现今的社会生活。

在各类业务开发和部署中，云计算服务也越来越多的出现在开发者的必选项中。通过云端开发和部署业务，可以充分展现敏捷开发和部署，业务承载弹性高，业务网络安全实现代价低，业务部署成本低的优势。图 4.9 为区域微电网智能物联网的信息共享示意图。通过微电网的信息共享，可以对控制街区的电力消耗提出确切的意见，进而实现街区电力生产及使用的最优化控制，不生产过量电力的节能社会也将成为现实。

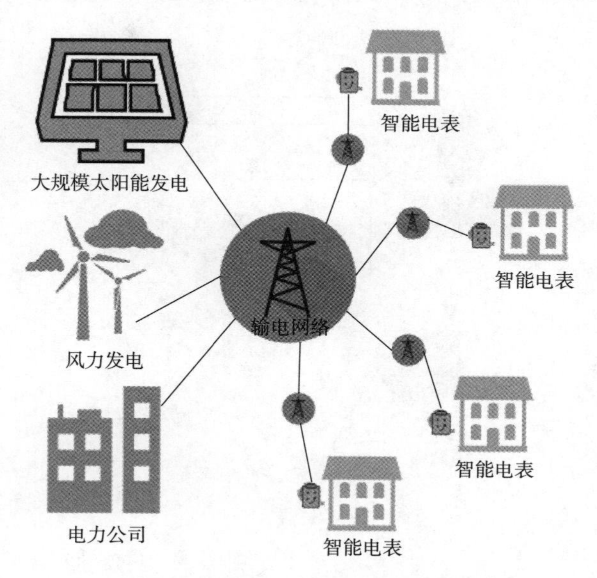

图 4.9 区域微电网智能物联网的信息共享示意图

4.2.3 人工智能

人工智能（Artificial Intelligence），英文缩写为 AI。它是研究、开发用于模拟、延伸和扩展人的智能的理论、方法、技术及应用系统的一门新的技术科学。

人工智能是计算机科学的一个分支，它企图了解智能的实质，构建能够跟人的类似甚至更超卓地推理、知识、规划、学习、交流、感知、使用工具等的能力，并进而生产出一种新的，能以人类智能相似的方式作出反应的智能机器。该领域的研究包括机器人、语言识别、图像识别、自然语言处理和专家系统等。

一般涉及人工智能的内容都会出现“机器学习”或者“深度学习”这两个词。“机器学习”的数学基础是“统计学”“信息论”和“控制论”，还包括其他非数学学科。这类“机器学习”对“经验”的依赖性很强。计算机需要不断从解决一类问题的经验中获取知识，学习策略，在遇到类似的问题时，运用经验知识解决问题并积累新的经验，就像普通人一样。比如“百度”搜索，只要输入关键词就可以找到自己想要的信息，这里用到的技术就是人工智能的“机器学习”。人类以作为样本的数据为基础教给机器规则，然后机器根据规则进行应用。

而“深度学习”则是机器自己根据作为样本的数据进行学习和应用。比如汽车自动驾驶技术就是深度学习的应用例之一。近年来，应用机器学习的人工智能服务不断涌现，机器学习技术已经得到了普及，最近能够进行“深度学习”的人工智能开始吸引全世界的目光。全球科技巨头纷纷拥抱深度学习，自动驾驶、智能医疗、语言识别、图像识别、智能翻译等，背后都是深度学习在发挥神奇的作用。深度学习是推动人工智能从一个概念，到如今实现应用爆发的主流技术。经过深度学习训练的计算机，不再被动按照指令运转，而像自然进化的生命那样，开始自主地从经验中学习。

日本的小泉先生文献中表示的对人工智能的看法，可以帮助我们对机器学习与深度学习的区别进行理解，如图 4.10 所示，机器学习与深度学习的区别在于：机器学习所需的

“分辨方法”，在某种程度上需要人类授权，深入学习所需的“分辨方法”，由人工智能自己发现，需要注意的是，因为人类没有传授，所以视角与人类会有所不同。

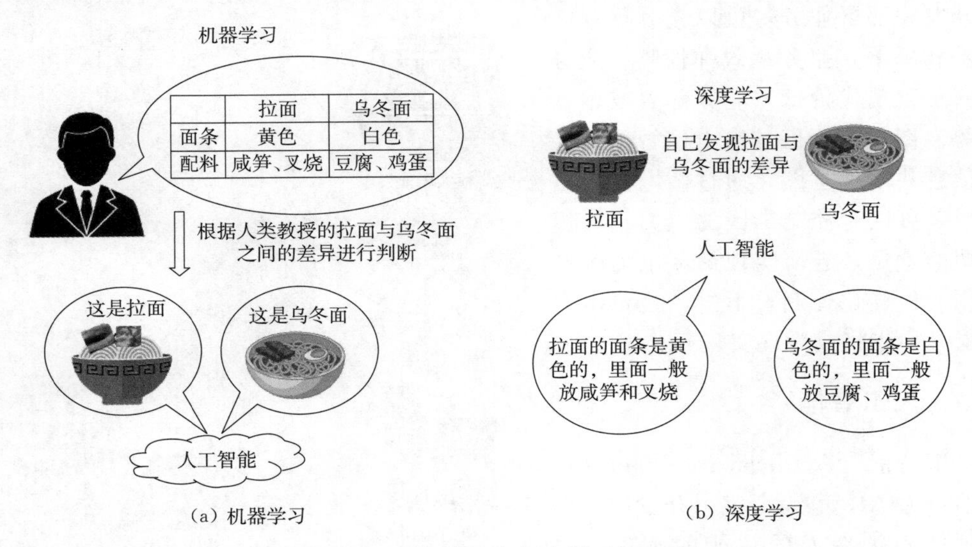

(a) 机器学习　　(b) 深度学习

图4.10　机器学习与深度学习的区别

4.2.4　动作（反馈）

“物的动作”指的是物品基于在云端的判断所做出的动作，智能物联网所说的动作多种多样。比如“接到孩子进不去家门的信息，远程遥控开锁”以及“监控家庭用电情况，根据耗电量进行分布式发电控制”等。物品的动作对人类的反馈决定了其价值，物联网智能化可帮助我们实现动作反馈的工作，如果你想利用智能物联网提供服务，那么首先需要考虑的就是这项服务的反馈“能够解决哪些问题”。这是智能物联网商业活动策划及设计的重要问题。

智能物联网中的基本动作有：显示系、动作系、环境系等。

(1) 显示系。当老人按下求助按钮（传感器）→找到负责这位老人的护工并向其发送消息（云端）→护工的智能手机上提示出求助信息（动作反馈）。

(2) 动作系。安保摄像头发现孩子进不去家门（传感器）→向孩子家长发送摄像信息（云端）→家长通过远程控制打开门锁（动作反馈）。

(3) 环境系。监控家庭用电情况（传感器）→监控整条街道的用电情况（云端）→发电。(动作反馈)。

那么，如何建立有效的智能物联网系统，同时实现万物互联呢？通过不断完善感知层的技术及设备开发拓展物联网平台建设、提高物联网的智能化程度、提升业务层、应用层的应用逻辑、展现平台强大的系统功能，以实现最佳的智能物联并得到最好的智能物联网。

第5章 物联网系统结构及设计

物联网（LoT）是通过信息传感系统，条码与二维码，全球定位系统，遵循规范的通信协议，通过网络实现信息交互，完成智能化识别、定位、监控和管理的网络。物联网的用途广泛，无论是工业、商业、农业、生活，还是环境、安全都可以用到物联网。

人、物、机器，万物互联，物联网是在计算机互联网基础之上的扩展。它利用全球定位、传感器、射频识别、无线数据通信等技术创造了一个巨型网络，建立了物与物的互联、人与物的互联，也建立了人与物之间的智能沟通系统。

物联网加上智能化处理成为了智能物联网，智能物联网系统是由众多领域的技术构成的，就算是小规模的物联网服务，也需要多方面的技术及知识的支撑。亦即是除了服务器云端运行的应用程序外，还需要掌握构成设备的硬件、崁入式软件、连接设备与传感器的网关、无线通信技术和网络等多方面的知识。当然这并不是说如果没有完全掌握这些知识就不能进行设备开发和使用，而是说如果事先了解了各个领域的技术内容，就可以防止在开发和使用过程中出现的问题。还有，智能物联网服务是一种包含设备的服务，服务肯定与设备（物）挂钩，增加所管理设备的数量和设置地点的数量也是智能物联网系统重要及独有的特征。本章先从物联网基本结构至物联网系统设计进行讲述，由5.2.4节开始至本章结束进行智能化处理的介绍，以及做好智能互联得到一个好的智能物联网的过程。

5.1 物联网基本结构

本节先从物联网平台介绍，物联网设备的种类很多，但其结构一般如图5.1所示。物联网设备与普通机械产品一样，都包含用于检测用户操作和设备周边环境变化的输入设备，提示某些信息或者直接作用于环境的输出设备，以及作为设备的大脑来负责控制机器的微控制器等。另外，物联网服务还有一个不可缺少的条件，那就是连接网络。云端服务器负责接收、保存及处理数据，向输出设备发送指令及信息。

5.1.1 输入设备

为了让设备获得周边情况和用户操作等信息，必须在机器上实现传感器和按钮等元件电子器件。假设有台智能手机，那么这台手机都搭载了什么传感器呢？实际上它搭载了触摸屏、按钮、相机、加速度传感器等相当多的感测设备。这些传感设备能帮助我们更详细且更精细地掌握周边情况。同时，因为传感器的类型和精度在一定程度上决定机器的性能，所以在设备开发过程中，传感器的选择是非常重要。部分输入设备如图5.2所示。

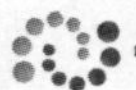

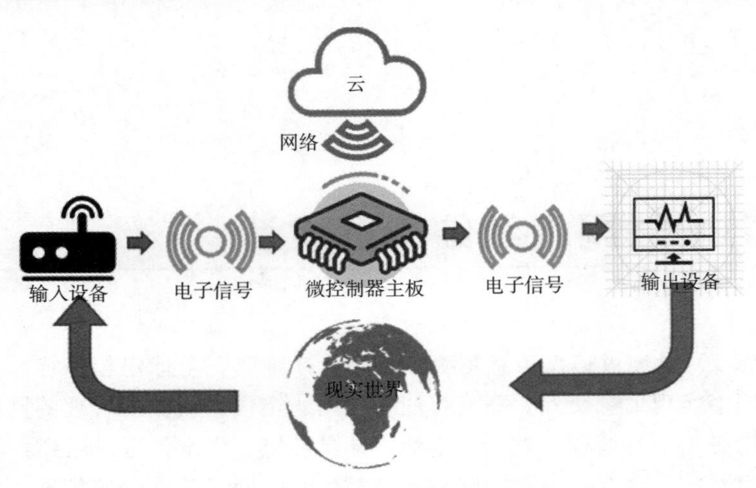

图5.1　物联网基本结构

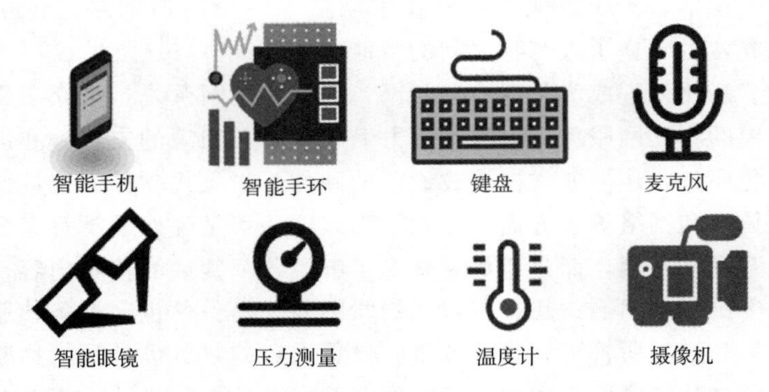

图5.2　部分输入设备

传感器技术是一门知识密集型技术，它与很多学科有关。传感器用途纷繁、原理各异、形式多样，它的分类方法也很多，通常可按以下几种方式进行分类：

(1) 按工作原理分类。通常同一机理的传感器可以测量多种物理量，而同一被测量又可以采用不同类型的传感器来测量。传感器按工作原理进行分类，见表5.1。

(2) 按被测量的对象进行分类，见表5.2。被测量的对象包括输入的基本被测量量和派生的被测量量。

表5.1　　传感器按工作原理的分类

工作原理	传感器类型
变电阻	电位器式、应变式、压阻式、光敏式、热敏式
变磁阻	电感式、差动变压器式、涡流式
变电容	电容式、湿敏式
变谐振频率	振动模式
变电荷	压电式
变电势	霍尔式、感应式、热电耦式

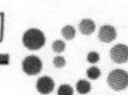

表 5.2 传感器按被测量的对象的分类

基本被测量	传感器类型
热工量	温度、热量、热比、压差、真空度、流量、流速、风速
机械量	位移、尺寸、形状、力、应力、力矩、振动、加速度、噪声、角度、表面粗糙度
物理量	黏度、温度、密度
化学量	气体（液体）化学成分、浓度、盐度
生物量	心音、血压、体温、气流量、心电流、眼压、脑电波
光学量	光强、光通量
电学量	电压、电流、功率、磁通量

（3）按输出信号的性质不同，传感器可分为二值开关型、数字型、模拟型。数字型传感器能把被测的模拟量直接转换成数字量，它的特点是抗干扰能力强、稳定性好、易于与微型计算机连接、便于信号处理和实现自动化测量。

（4）按被测量的性质不同，传感器分为位移传感器、力传感器、温度传感器等。

（5）按工作效应不同，传感器分为物理传感器、化学传感器、生物传感器等。

（6）按被测量与输出电量的能量关系划分，传感器可分为能量转换型和能量控制型两大类。能量转换型传感器直接将被测对象的输入转换为电能，能量控制型传感器直接将被测量转换为电参量，依靠外部辅助电源才能工作。

传感器通常有敏感元件、传感元件、测量电路和辅助电源四个部分组成，如图 5.3 所示。

组成传感器的四个部分之间的相互关系有：①敏感元件是触须，直接感受被测非电量；②传感元件是核心，负责将非电量信号转换为电信号；③测量电路负责将传感元件输出的电信号转换为有用信号；④辅助电源补充能量。

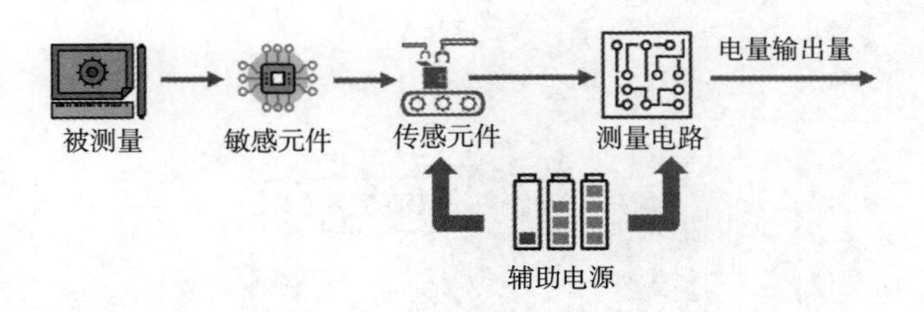

图 5.3 传感器组成

敏感元件和传感元件是传感器不可缺少的部分，随着半导体器件与集成技术在传感器中的应用，传感器的测量电路可安装在传感器壳体里，或与敏感元件一起集成在同一芯片上，构成集成传感器，如 AD22100 型模拟集成温度传感器。需要注意的是，并非所有的传感器都具有测量电路和辅助电源。

另外，传感器接口技术也是非常实用和重要的技术。各种物理量是利用传感器将其变成电信号，经由放大、滤波、干扰抑制、多路转换等信号检测和预处理电路，将模拟量的电压或电流送 A/D 转换，变成数字量，供计算机或者微处理器处理。

5.1.2　微控制器

微控制器，是一块控制机器的IC（Integrated Circuit）集成电路芯片。它能够编写程序，并根据描述的处理读取端子状态，或者向连接的电路输出特定信号。微控制器由内存（用于存储程序和保存临时数据）、CPU（用于执行运算处理）以及外围电路（包含与外部接口，以及计时器等必要的功能）构成。微控制器的结构如图5.4所示。

微控制器		
CPU	内存	外围电路
➢ 运算处理 ➢ 硬件控制	➢ 临时存储数据 ➢ 存储执行项目	➢ 计时器 ➢ A/D转换 ➢ D/A转换 ➢ 各种I/O接口

图5.4　微控制器的结构

在实际使用微控制器时，需要串行端口和USB等各种接口以及电路等。如果想要自己制作设备，那么通过使用微控制器，以及安装了以上要素的"微控制器主板"，就能很轻松地开发硬件了。开发步骤：首先把微控制器主板焊入到自制电路中，在PC上编写用于微控制器的程序；然后从PC端把程序写入微控制器；最后确认运行情况。

现在大部分电子产品都搭载有微控制器。如图5.5所示，智能除湿装置能够达到某个目标温湿度，是因为微控制器内部的程序上进行标定，这个程序的作用就是监视连接在微控制器输入端子上的温度、湿度传感器的状态，并控制半导体致冷组件以达到目标温湿度。利用传感器测量和判别信息就叫作感测。

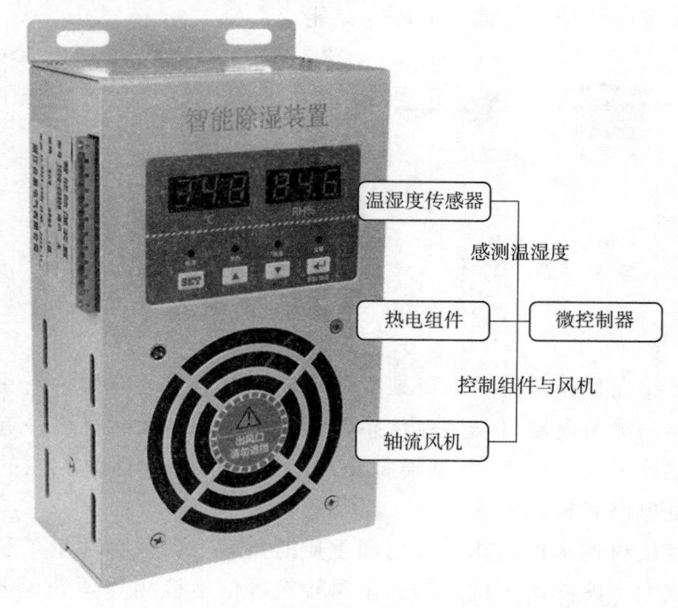

图5.5　微控制器的应用示例（智能除湿装置）

物联网的流行跟微控制器主板的变化也有关系。过去，为了把微控制器主板连接到网络，需要每个开发者独立实现接口，而近年来微控制器主板的种类逐渐增多，包括以外部连接模块来提供连接网络功能的微控制器主板，以及标配型微控制器主板。这样一来，开发出的设备就能轻松连接到网络。这种开发环境的完善正在不断进行。如果利用这种微控制器主板，即使没有开发过硬件的人，也能够向设备开发发起挑战。

5.1.3 输出设备

物联网想要实现的不只是感测状态，将状态“可视化”，对人类和环境进行干涉，控制物的世界令其向目标状态发展才是真实目的。

在需要向用户反馈某些信息时，显示器、音箱、LED这些用于输出信息的设备就会发挥作用，如图5.6所示。就像前文说的那样，物联网设备重在小型和简便。如何配置这些输出设备能让其高效地把信息传达给用户，无疑是设计阶段非常重要的课题。

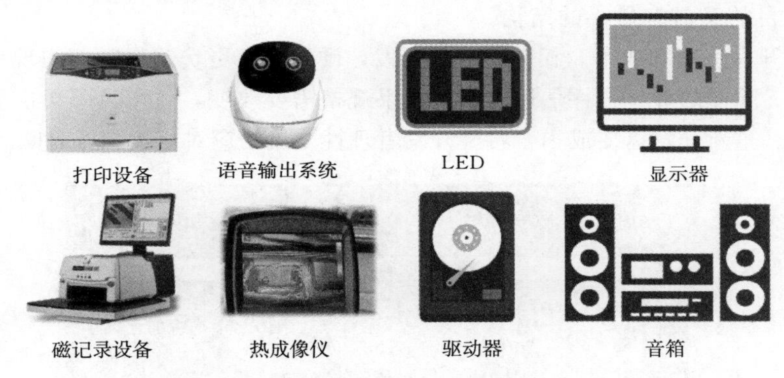

图5.6 输出设备

还有一个方法是在设备上安装驱动器，驱动器是通过输入信号来实现控制的驱动装置的统称。例如具有代表性的伺服电机，他能够根据输入的电子信号把电机转动到任意的角度。这个方法和机器人技术具有密切的联系，与网络联动“运行”的设备属于当今最受瞩目的领域之一。

5.1.4 与网络相连

有两种让设备连接到网络的方式：一种是由设备本身直接连接全球网络；另一种是在本地区域内使用网关来连接全球网络，如见图5.7所示。现在生活型的设备越来越多，其联网结构更接近于第二种联网方式。网关机器和设备之间存在无线连接和有线连接两种连接形式，这两种连接形式又存在多种连接方法。

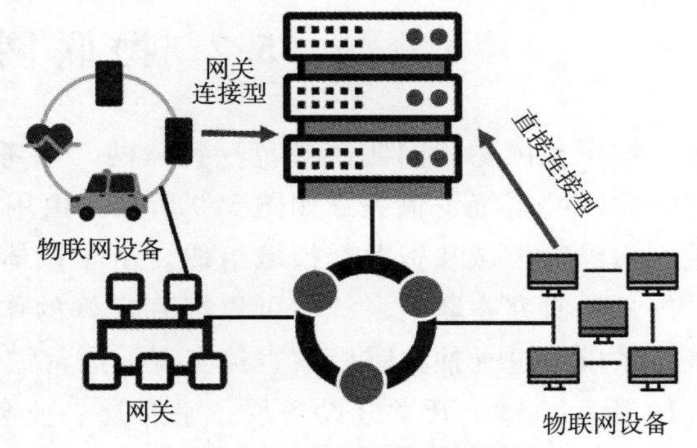

图5.7 与网连接的方法

如果制造的设备是需要固定的机器，比如用来监视室内环境的传感器或是相机等，就可以采用有线连接。虽然需要考虑线路的排布问题，不过这种方法通信较为稳定。

如果制造的设备是便携式设备，比如可穿戴设备等，就需要考虑采用无线连接了。比起有线连接，采用无线连接时，设备的应用范围更广，不过使用前还需要考虑到障碍物所导致的通信障碍，以及电源的装配等因素。使用者应该根据不同设备的特性来选择连接形式。

5.1.5　原型设计注意事项

原型设计是一道开发工序，开发者通过原型设计，在设计和开发产品的过程中结合研究和实际行动，反复制作原型测试版，在获取反馈的同时逐步将商品规格具体化，获得用户反馈。原型设计的目的与注意事项如图 5.8 所示。

（1）明确设计目的。很多设计都是以产生创意为名进行的，如果目的不明确，边想边做，那么很难实现设计目的。设计时要尽可能地压缩一次原型设计中要验证的项目，使其能既能够实现目的又具有最小的结构。

（2）重视开发速度和成本。相较于软件开发，硬件开发更费钱耗时。实现一项功能需要准备很多零件。除此之外，在评估过程中，如果规格需要改变，就不得不再次研究产品尺寸和用例设计等。重新开发需要成本，希望开发者理性及灵活应对，控制好时间及成本。

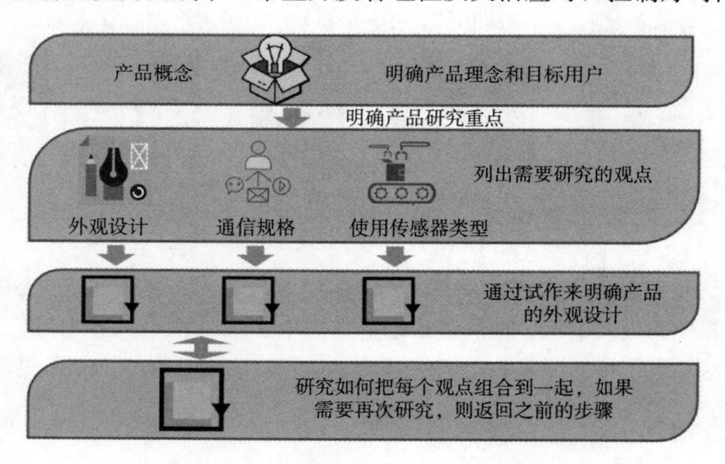

图 5.8　原型设计的目的与注意事项

5.2　物联网系统设计

按照我国物联网体系规范《物联网　参考体系结构》（GB/T 33474—2016），一个完整的物联网系统逻辑关系如图 5.9 所示，由用户域、目标对象域、感知控制域、服务提供域、运维管控域和资源交换域组成。由于该体系模型是将整个物联网系统抽象化得出的，在定义和研究物联网系统中可以起到良好的作用，可是在实际开发物联网系统的过程中，该体系模型过于抽象难以被直接实现，通常需要采用物联网系统体系结构进行开发，如图 5.10 所示。整个开发分设备层、平台层、业务层、应用层四个层次，分别涉及物联网传感器、物联网平台、物联网应用程序、物联网呈现程序等部分。

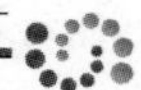

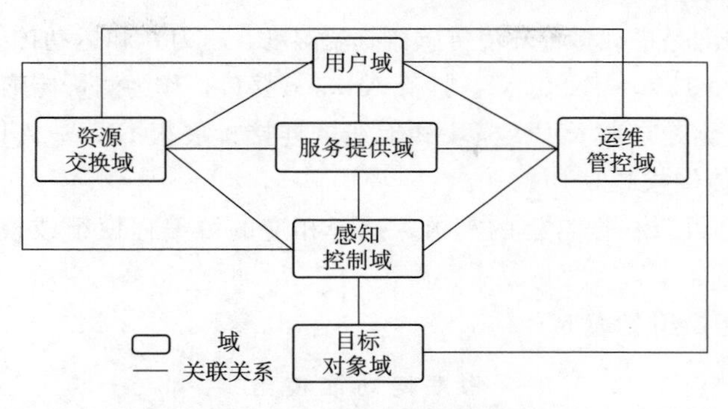

图 5.9 物联网系统逻辑关系

5.2.1 物联网系统设计概述

物联网系统的开发涉及了硬件开发、嵌入式开发、通信协议开发、前端开发、后端开发、移动设备（Android/IOS）开发等内容。在现代工业分工日益细致的情况下，即使是具备开发团队也没有必要进行所有软硬件的开发，一般使用成熟的中间件构造系统结构，专注于特殊功能的研发，以及系统业务逻辑、业务功能的构造，从而在开发难度与研发成本、软件成熟度与研发周期等方面达到最佳的平衡。

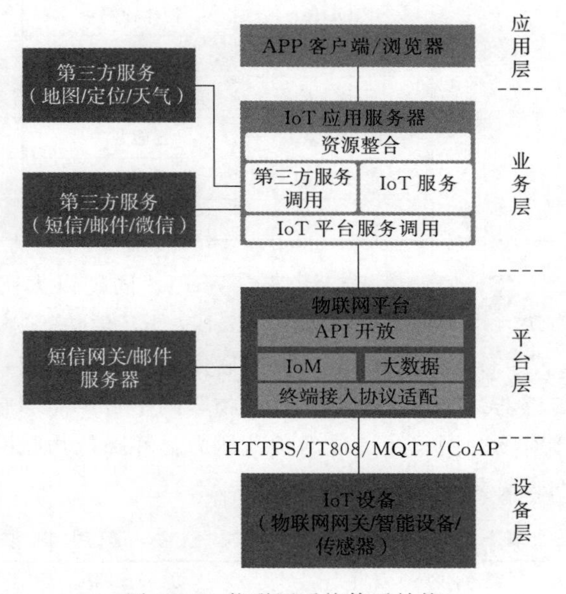

图 5.10 物联网系统体系结构

5.2.2 设备层及功能模块组合与案例

1. 设备层及功能模块组合

随着物联网业务的发展，作为基础层的传感器、智能设备、物联网网关已经有了长足的进步，除了一些非常特殊的功能需要单独开发或定制外，一些常用的功能，如测量电压、电流、温湿度，传输数据，身份验证算法等都已经非常成熟。如图 5.11 所示，其中三个模块组合，即可以实现一个完整的可编程的物联网模块板组合。

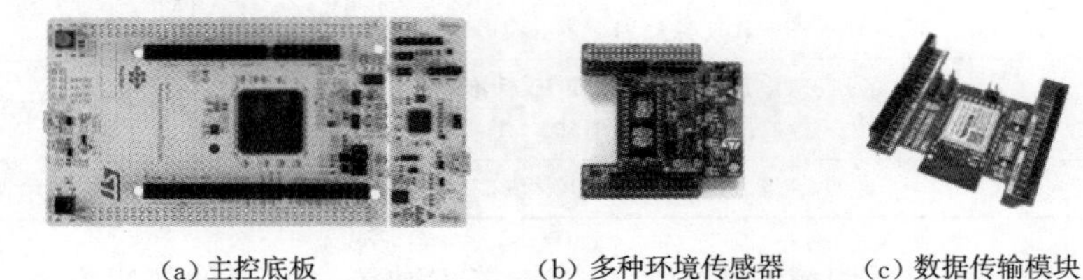

(a) 主控底板　　(b) 多种环境传感器　　(c) 数据传输模块

图 5.11 物联网模块板组合

图 5.11（a）是搭载 STM32L4R 的主控底板，可通过 Arduino 接口外接其他功能扩展板；板载 STLINK 调试烧录器，支持 USB 供电，作为主控存在。

图 5.11（b）中间是搭载多种环境传感器（温湿度、压力）和运动传感器（加速度、陀螺仪）的扩展板 X-NUCLEO-IKS01A2，具备 Arduino 接口，作为测量传感器使用。

图 5.11（c）右侧是搭载 WIFI 模块和天线的连接扩展板 EXT-AT3080，具备 Arduino 接口，作为数据传输模块使用。

在设备层开发时可以根据自己的需求，选择相应的可编程模组或模块进行功能组合去开发。常见功能模组如下：

（1）物联网功能模组见表 5.3。

表 5.3　　物联网功能模组

类　型	型　号	功　能	类　型	型　号	功　能
能效终端	FJOD101	物体检测器	AMI	CL710N20	单相电表
	FJSC101A	智能插座	终端	CL730D5	三相电表
	FJBM101	亮度/运动传感器		CL710K1	单相预付费表
	FJWS102A	智能开关		CL730S1	三相预付费表
	FJTH101	温湿度传感器			
	CL7339MN	能量统计表			

（2）通信模组。涵盖了 WIFI、固定以太网、GPRS 通信模块，LTE 通信模块，PLC 模块（电力线通信模块），ZigBee/RF 模块等。

（3）通用物联网关。物联网网关负责汇聚一定范围的物联网传感器的连接，验证各个传感器的工作状态并上报给物联网平台，能够有效减少大规模传感器与物联网平台直接连接对物联网平台造成的负荷压力，并降低物联网传感器上联功能的设计复杂度。通用物联网关见表 5.4。

表 5.4　　通用物联网关

系列名称	设　计　特　性	功　能　特　性
AR550 系列	4GE Combo，8FE + 24FE，内置 PoE	L2 或 L3 交换，主打电力配网、工控、视频监控
AR532/531 系列	支持 PLC、ZigBee、RF	主打电力物联网、智能抄表
AR515 系列	支持 PoE、LTE、WIFI 具备计算+存储功能	主打车载视频监控应用
AR509 系列	支持 LTE、LAN、RS232 接口 软硬件加密	主打 ATM 机、广告牌、电力配网
AR503 系统	支持 110V 电压，满足 EN5015 标准， 具备计算+存储功能	主打轨道列车 WIFI 场景
AR502 系统	支持 LTE、LAN、RS232 接口	主打电力监控、环境监控、照明

某公司为不同电子应用领域的客户提供了智能驾驶等物联网的解决方案。至 2017 年年底，累计卖出 30 亿块 STM32 可编程单片机模组，2017 年中国市场占用率达到 48%。主要产品线为 STM8（8 位微控制器单片机）和基于 ARM　Cortex　内核的 32 位微控制器和微处理器 STM32 产品家族。

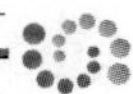

某公司的8位微控制器平台基于高性能8位内核并集成了众多先进外设。该平台采用另一公司专有的130nm嵌入式非易失性存储器技术制造而成。

STM32产品线是某公司的主打产品线，产品系列覆盖了从超低功耗到超高性能，从普通到特殊安全架构产品。产品接口丰富，包括FD-CAN、USB2.0高速/全速、照相机接口、并行同步数据输入/输出从接口（PSSI）；可扩展性强可利用带有32位并行接口或双路Octo-SPI串行闪存接口的灵活存储控制器轻松扩展存储器容量；支持厂家众多，国内有不少厂家开发了功能扩展板卡，软件支持包括Python、C、C++、Java等多种开发套件。

2. 案例

这里介绍一个使用某LiteOS物联网操作系统进行物联网终端开发的案例。终端智能化是物联网发展的基础，某公司提供了完整的、标准化的物联网操作系统LiteOS，为开发者提供"一站式"完整软件平台，提供了开放的API屏蔽底层差异，让应用开发者只需关注上层应用开发。

LiteOS内部集成了硬件传感器的驱动软件、各种不同传输协议支持、MQTT物联网通信协议的支持、物联网传感器鉴权认证等安全功能、其他多个开发套件，为物联网终端功能开发及数据上传提供了完整解决方案。使用LiteOS进行物联网终端开发需要准备的环境见表5.5（以STM32开发板为例），STM32开发板件如图5.12所示。

表5.5　　物联网终端开发环境

所需硬件	完成功能	所需软件	完成功能
STM32开发板	作为物联网终端	Windows 7/10操作系统	安装Keil和ST-link等开发软件
PC机	用于编程、调试	Keil开发软件（C语言）	用于编译、链接、调试程序代码
电源（5V）	开发板供电 （可用Mini USB连接线）	ST-link软件	开发板与PC连接的驱动程序

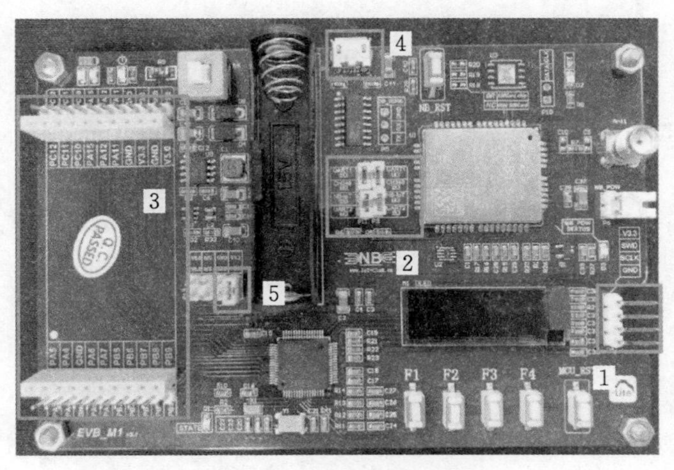

图5.12　STM32开发板件

1—ST-link的接线引脚；2—NB-IoT通信模组BC95的引脚；3—常用的外设引脚；4—USB串口；5—供电引脚

案例开发时，要在开发板件上下载LiteOS，开发步骤如下：

（1）配置工程，在Keil编程IDE环境中，增加开发板件（图5.13）。

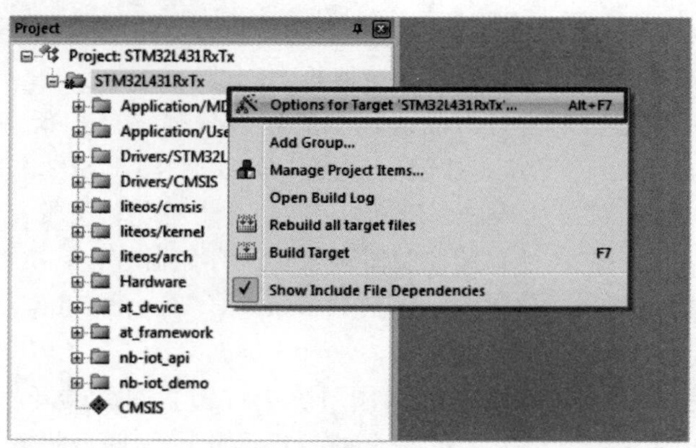

图 5.13　增加开发板件

（2）设置 ST - link（图 5.14），让开发环境与开发板件连接。在 Options 选项下选择 Debug，点击 Settings。

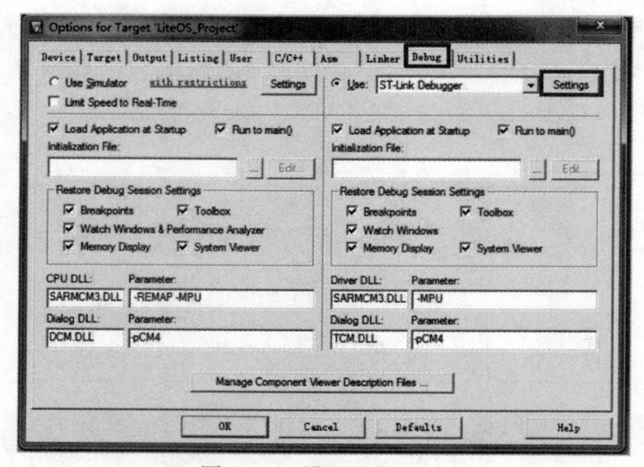

图 5.14　设置 ST - link

显示图 5.15 时说明已完成连接。

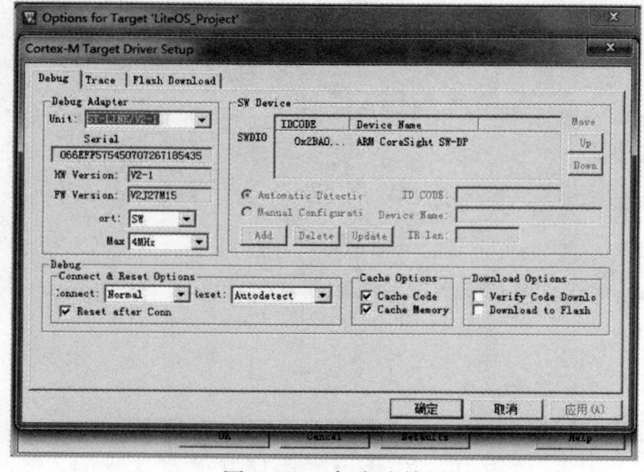

图 5.15　完成连接

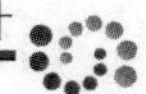

（3）编译程序（图 5.16），将 LiteOS 程序下载到开发板件。

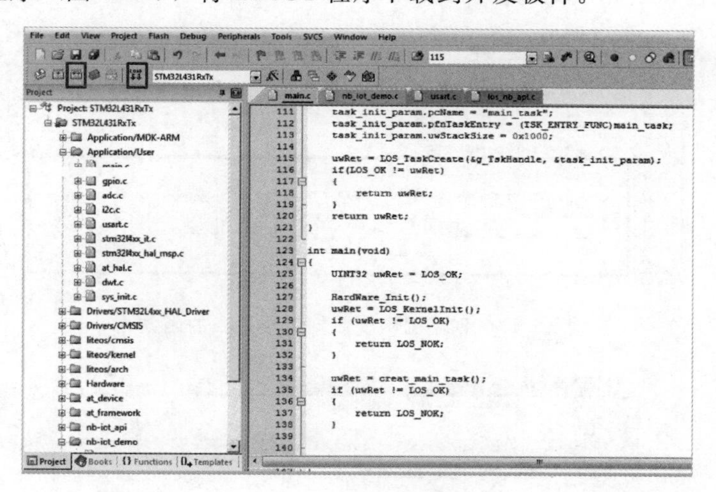

图 5.16　编译程序

显示图 5.17 框内结果表示编译成功，LiteOS 已经下载到开发板件。

```
Program Size: Code=26188 RO-data=2564 RW-data=1756 ZI-data=5324
FromELF: creating hex file...
"STM32L431RxTx\STM32L431RxTx.axf" - 0 Error(s), 0 Warning(s).
Build Time Elapsed:  00:00:06
Load "STM32L431RxTx\\STM32L431RxTx.axf"
Erase Done.
Programming Done.
Verify OK.
Application running ...
Flash Load finished at 15:35:38
```

图 5.17　编译成功

（4）创建温湿度数据采集任务（图 5.18），通过 printf 函数打印采集结果。

```
88  }
89
90  //实验二：创建温湿度数据采集任务
91  /*
92  UINT32 create_data_collection_task()
93  {
94      UINT32 uwRet = LOS_OK;
95      TSK_INIT_PARAM_S task_init_param;
96      UINT32 TskHandle;
97      task_init_param.usTaskPrio = 0;
98      task_init_param.pcName = "data_collection_task";
99      task_init_param.pfnTaskEntry = (TSK_ENTRY_FUNC)data_collection_task;
100     task_init_param.uwStackSize = 0x800;
101
102     uwRet = LOS_TaskCreate(&TskHandle, &task_init_param);
103     if(LOS_OK != uwRet)
104     {
105         return uwRet;
106     }
107     return uwRet;
108 }
109 */
110
```

图 5.18　创建温湿度数据采集任务

创建温湿度数据采集任务的函数如图 5.19 所示。

（5）调用创建数据采集任务的函数如图 5.20 所示。

（6）下载程序到开发板执行。打开串口调试助手，选择对应的串口号，并选择 115200bit/s，如图 5.21 所示。此时串口调试助手会打印出温湿度传感器数据。说明设备

功能模块的开发已得到相应结果。

```
43  //DHT11_Data_TypeDef  DHT11_Data;
44  //实验三：定义发送的温湿度数据
45  //msg_for_DHT11        DHT11_send;
46
47
48  VOID data_collection_task(VOID)
49  {
50    UINT32 uwRet = LOS_OK;
51    DHT11_Init();                    //初始化传感器
52    while (1)
53    {
54      //实验二：采集温湿度传感器数据
55      /*
56      if(DHT11_Read_TempAndHumidity(&DHT11_Data)==SUCCESS)
57      {
58        printf("读取DHT11成功!-->湿度为%.1f %RH ，温度为 %.1f℃ \n",DHT11_Data.humidity,DHT11_Data.temperature);
59      }
60      else
61      {
62        printf("读取DHT11信息失败\n");
63        DHT11_Init();
64      }
65      */
66
```

图 5.19　创建温湿度数据采集任务的函数

```
DHT11_BUS.c   main.c*   nb_iot_demo.c*
151       return uwRet;
152   }
153   */
154
155
156   void nb_iot_entry(void)
157   {
158
159
160     //实验二：采集温湿度传感器数据
161   /*
162       UINT32 uwRet = LOS_OK;
163       uwRet = create_data_collection_task();
164       if (uwRet != LOS_OK)
165       {
166           return ;
167       }
168   */
169
170     //实验三：上报温湿度数据
171   /*
172       uwRet = create_data_report_task();
173       if (uwRet != LOS_OK)
174       {
175           return ;
176       }
177   */
178   }
```

图 5.20　调用创建数据采集任务的函数

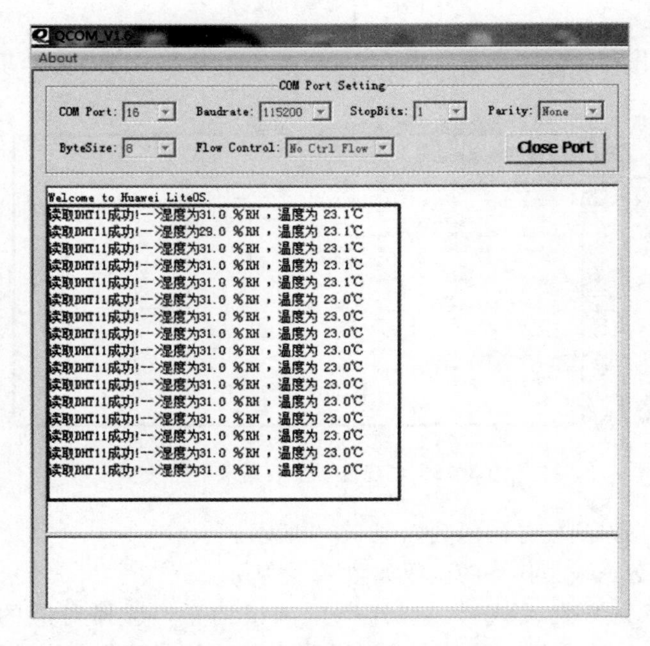

图 5.21　设置串口调试助手

5.2.3 网络传输层协议选择

IoT 设备（传感器、物联网网关等）需要连接至物联网平台，以完成物联网组网。常见物联网传输协议基本分成有线通信协议和无线通信协议两类，各自支持不同接入介质、不同速率、不同质量的信息传输。对于网络传输协议的选择，需要根据需要开发的物联网系统功能、传感器数量、功能实时性要求、成本预算等综合考虑网络传输层协议选型。

5.2.3.1 有线通信协议

有线通信协议需要有线介质进行传输，主要适用于一些规模较小、部署场地集中、对传输速度和安全性有一定要求、对抗干扰有要求的物联网应用场景，主要有线通信协议见表 5.6。

表 5.6 主要有线通信协议

协议名称	介 质	特 点	适用场景
ETH	普通网线	协议全面、通用、成本较低	智能终端
USB	普通 USB 线	大数据量近距离通信、标准统一、可以热插拔	办公
PLC	电力线	针对电力载波、覆盖范围广、安装简便	电表、电厂、部分智能家居
M-BUS	普通网线	针对抄表设计、抗干扰性强	抄表
RS-485	屏蔽网线	总线方式、成本低、抗干扰性强	工业仪表、抄表
RS-232	串行线	一对一通信、成本低、传输距离较近	少量仪表、开发使用

5.2.3.2 无线通信协议

由于物联网规模特性决定了无线通信协议作为主流接入协议被广泛应用。无线通信协议有着接入容量大、适合物体移动运行时使用、配置简单等特点，特别适合物联网使用。主要协议如下：

（1）移动通信网。电信运营商建设的 2G、3G、4G 到 5G 移动通信网均可以支持物联网的大规模接入。在有信号的地方，可以提供从 256kbit/s 至 10Gbit/s 等多种速率。优点是模块标准化程度高，网络规模可扩展性好，安全性好，无须对传输网络进行维护，可以额外提供语音、短信等增值服务；缺点是传输流量需要成本。

（2）NB-IoT。NB-IoT 是基于蜂窝通信的窄带物联网，其构建于移动蜂窝通信网络，只消耗大约 180kHz 的带宽，所以被称作窄带物联网。目前中国三家主流移动运营商均开通了自己的窄带物联网。NB-IoT 聚焦于低功耗广覆盖物联网市场，是一种在全球范围内广泛应用的新兴技术。具有覆盖广、连接多、成本低、功耗低、架构优的优点，缺点是连接速率低，传输流量需要成本。

（3）蓝牙。蓝牙是一种大容量近距离无线数字通信技术标准，其目标是实现最高数据传输速率 1Mbit/s、最大传输距离为 0.1～10m 的数据传输，通过增加发射功率传输距离可以达到 100m。优点是速率较快、功耗低、安全性高，缺点是网络节点少，不适合多点布控。

（4）WIFI。WIFI 是由一个名为“无线以太网相容联盟”（Wireless Ethernet Compatibility Alliance，WECA）的组织所发布的业界术语，中文译为无线相容认证。它是一种短程无线传输技术，能够在数百英尺范围内支持互联网接入的无线电信号，通常使用2.4G UHF或5G SHF ISM射频频段。WIFI技术现正被广泛应用于手机、笔记本电脑、智能家居等，保守估计每天都有50亿以上的WIFI设备接入互联网。

随着技术的发展，以及IEEE 802.11a及IEEE 802.11g等标准的出现，现在IEEE 802.11这个标准已被统称作WIFI。至2019年WIFI已经发展到第六代。从802.11b也就是WIFI1开始，一直到如今802.11ax也就是WIFI第6代，接入速率已经最高可以达到9.6Gbit/s。WIFI的优点是标准被广泛支持，模组标准性通用性较好，价格可控，数据传输速率快。缺点是稳定性稍弱，移动性支持不好，功耗略高，追求高速率组网时部署较为困难。

(5) ZigBee技术。ZigBee译为“紫蜂”，它与蓝牙相类似。是一种新兴的短距离无线通信技术，用于传感控制应用（Sensor and Control）。由IEEE 802.15工作组中提出，并由其TG4工作组制定规范。

ZigBee无线通信技术是基于蜜蜂相互间联系的方式而研发生成的一项应用于互联网通信的网络技术。相较于传统网络通信技术，ZigBee无线通信技术表现出更为高效、便捷的特征。ZigBee技术本质上是一种速率比较低的双向无线网络技术，其由IEEE. 802.15.4无线标准开发而来，拥有低复杂度和短距离以及低成本和低功耗等优点。其使用了2.4GHz频段，这个标准定义了ZigBee技术在IEEE. 802.15.4标准媒体上支持的应用服务。ZigBee联盟的主要发展方向是建立一个基础构架，这个构架基于互操作平台以及配置文件，并拥有低成本和可伸缩嵌入式的优点。搭建物联网开发平台，是实现物联网的简单途径。缺点是标准不开放，芯片只能通过Sigma Design这一唯一来源获取。

(6) LoRa技术。LoRa是Semtech公司创建的低功耗局域网无线标准，低功耗一般很难覆盖远距离，远距离一般功耗高。LoRa的名字就是远距离无线电（long range radio），是一个基于开源的MAC层协议的低功耗广域网标准，基于Sub－Ghz的频段使其更易于以较低的功耗远距离通信，可以使用电池供电或者其他能量收集的方式供电。LoRa无线技术的主要特点是通信距离1～20km，支持万至百万级的终端接入，速率可达0.3～50kbit/s。

(7) SigFoX技术。SigFox技术是法国SigFox公司研发的一种采用超窄带技术，长距离、低功耗、低传输速率的LPWAN技术，主要应用于低功耗、低数据量的物联网或M2M连接方案。Sigfox公司拥有后台、云服务到软件全部的技术，而其终端市场，也就是硬件设备方面则是相对开放的，所有厂商在开发与售卖Sigfox硬件设备时都不需要支付Sigfox任何的授权费。SigFox技术每天每设备可以发送140条消息，每条消息12个字节，无线吞吐量100bit/s。

5.2.3.3　物联网通信协议MQTT选择

1. 物联网通信协议MQTT介绍

选择好无线通信协议，就如同建立好物联网终端与物联网平台/网关的一个交流通道，这两者还需要一个大家都可以理解的语言进行交流，这就是MQTT协议。目前国内的主流IoT服务器供应商，如百度云计算、阿里云计算等均提供对MQTT协议的解析。

MQTT协议是为大量计算能力有限，且工作在低带宽、不可靠网络的远程传感器和控制设备通信而设计的协议。MQTT协议的实现非常简单，对带宽和对网络链接的可靠

性要求不高，而且协议本身制定了一定的机制来处理突发事件。它具有以下主要特性：

（1）使用发布/订阅消息模式，提供一对多的消息发布，解除应用程序耦合。

（2）对负载内容屏蔽的消息传输。

（3）使用 TCP/IP 提供网络连接。

（4）有三种消息发布服务质量，具体如下：

1）“至多一次”，消息发布完全依赖底层 TCP/IP 网络。会发生消息丢失或重复。这一级别可用于如下情况：环境传感器数据，丢失一次读记录也没有关系，因为不久后还会有第二次发送。

2）“至少一次”，确保消息到达，但可能会发生消息重复。

3）“只有一次”，确保消息到达一次。这一级别可用于如下情况：在计费系统中，消息重复或丢失会导致不正确的结果。

（5）小型传输，开销很小（固定长度的头部是 2 字节），协议交换最小化，以降低网络流量。

（6）使用 Last Will 和 Testament 特性通知有关各方客户端异常中断的机制。

MQTT 协议不仅可以在物联网领域发挥重要作用，同时也可以用于多台机器之间的信息交换，比如一个车间里面所有的传感器之间数据的交换。MQTT 协议也不仅仅局限于运行在互联网通信上。它是一个通信规则，对通信方式的实现不关心。通常我们提到物联网指的是通过 TCP/IP 的方式实现了通信，也就是利用互联网实现，因为互联网可以提供一个非常可靠的双向通信。

2. 使用某 LiteOS 物联网操作系统进行数据上传开发案例

配合上面章节开发环境，可以使用 LiteOS 操作系统自带的函数完成数据上传物联网平台的开发，过程如下：

（1）定义数据上报函数（图 5.22）。

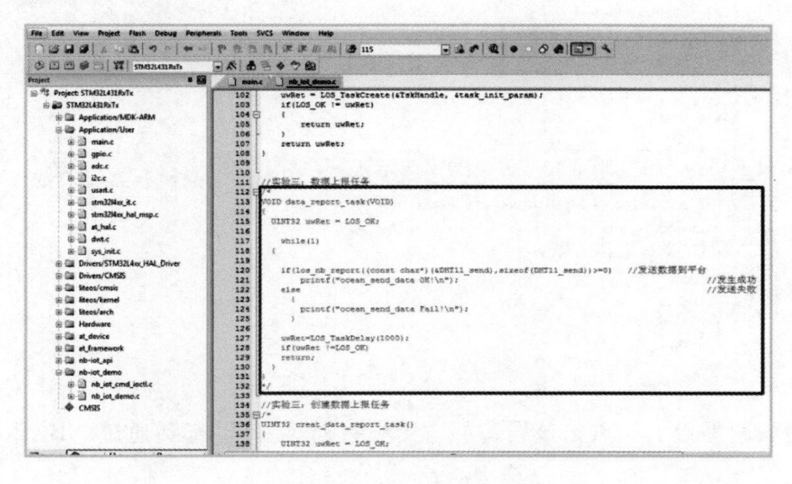

图 5.22 上报函数

（2）定义数据上报任务函数（图 5.23）。

（3）编译程序，将程序下载到开发板，在开发板上运行程序，如图 5.24 所示。

```
126
127       uwRet=LOS_TaskDelay(1000);
128       if(uwRet !=LOS_OK)
129       return;
130    }
131 }
132
133
134 //实验三：创建数据上报任务
135 /*
136 UINT32 creat_data_report_task()
137 {
138     UINT32 uwRet = LOS_OK;
139     TSK_INIT_PARAM_S task_init_param;
140     UINT32 TskHandle;
141
142     task_init_param.usTaskPrio = 1;
143     task_init_param.pcName = "data_report_task";
144     task_init_param.pfnTaskEntry = (TSK_ENTRY_FUNC)data_report_task;
145     task_init_param.uwStackSize = 0x400;
146     uwRet = LOS_TaskCreate(&TskHandle, &task_init_param);
147     if(LOS_OK != uwRet)
148     {
149         return uwRet;
150     }
151     return uwRet;
152 }
153 */
154
155
156 void nb_iot_entry(void)
157 {
158
159
160     //实验二：采集温湿度传感器数据
161
162     UINT32 uwRet = LOS_OK;
```

图 5.23　上报任务函数

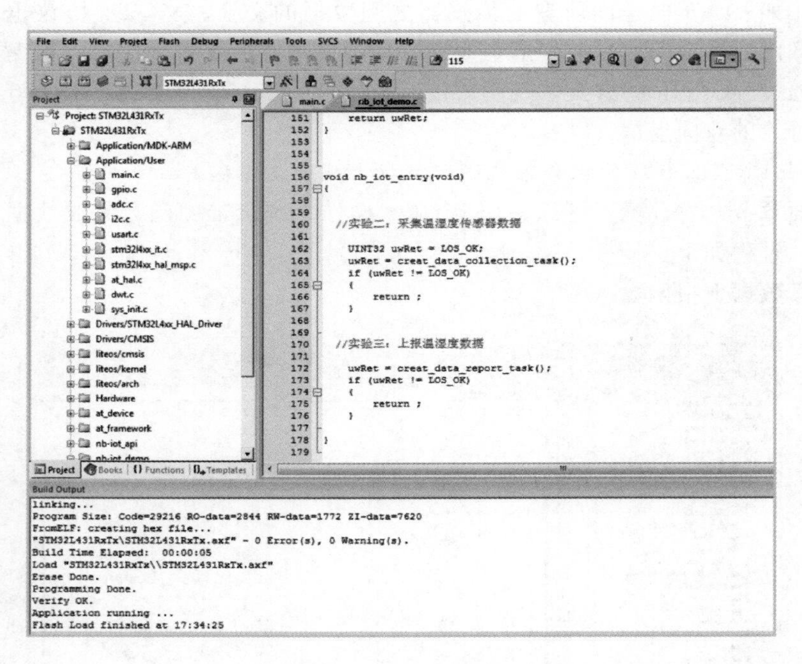

图 5.24　运行程序

（4）在物联网平台上，点击该设备的“历史数据”，可以查到通过 NB-IoT 模组上报的数据。

3. 使用 Link Kit SDK 通过 MQTT 协议直连阿里云物联网平台管理案例

阿里云包括物联网管理平台的行业管理解决方案执行过程 Link Kit SDK 由阿里云提供给设备厂商，然后由设备厂商集成到设备上后通过该 SDK 将设备安全地接入到阿里云

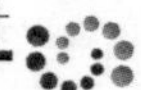

IoT 物联网平台，从而让设备可以被阿里云 IoT 物联网平台进行管理。设备需要支持 TCP/IP 协议才能集成 Link Kit SDK，zigbee、433、KNX 等非 IP 设备需要通过网关设备接入到阿里云 IoT 物联网平台，网关设备需要集成 Link Kit SDK。

阿里云 IoT 物联网平台在云端提供智能生活、智能制造、智能人居等多个行业解决方案/服务，设备使用 Link Kit SDK 接入到阿里云 IoT 物联网平台后即可以被这些行业解决方案管理。图 5.25 为物联网行业管理解决方案与 Link Kit SDK 的关系。

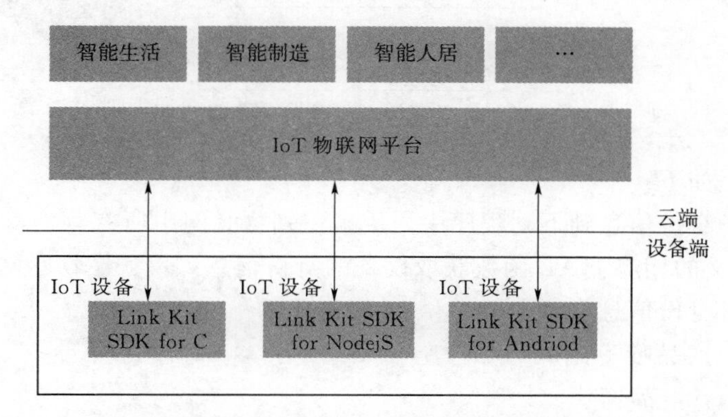

图 5.25　物联网行业管理解决方案与 Link Kit SDK 的关系

Link Kit SDK 提供了一系列功能模块供设备调用，包括：

(1) 设备连云：提供 MQTT、CoAP、HTTP/S 等多种方式连接阿里云 IoT 物联网平台。

(2) 设备身份认证：提供一机一米、一型一米对设备进行身份认证。

(3) OTA：提供设备固件升级。

(4) 子设备管理：物联网网关设备接入子设备。

(5) WIFI 配网：将无线路由器 AP 的 SSID、密码传输给 WIFI 设备。

(6) 设备管理：提供属性、服务、事件来对设备进行管理和控制。

(7) 用户绑定：提供安全绑定 token 来支持用户与设备进行绑定。

(8) 设备本地控制：对于使用 WIFI 和以太网接入的设备，手机或者网关如果与设备位于同一个局域网，则可以通过局域网对设备进行控制而不是通过云端进行控制，从而让控制更快捷更可靠。

Link Kit SDK 目前提供了 C、Java、Python、NodeJS、安卓、iOS 等多种语言、平台的支持，但是在不同的语言、平台版本上功能并不是完全相同，需要按需进行选择。

在使用 Link Kit SDK 开发前，下载配置好 SDK，在 64 位主机上的 Ubuntu16.04 下安装好开发编译环境：make - 4.1，git - 2.7.4，gcc - 5.4.0，gcov - 5.4.0，lcov - 1.12，bash - 4.3.48，tar - 1.28，mingw - 5.3.1。

用户可以直接通过 SDK 提供的 MQTT API 与阿里云物联网平台通信，即用户可以通过向指定的 topic 发送消息的方式将数据发送到阿里云物联网平台，也可以通过订阅指定的 topic 从阿里云物联网平台接收数据，这些 topic 都是用户自己定义的。直接使用 MQTT TOPIC 与物联网平台通信的流程示意如图 5.26 所示。

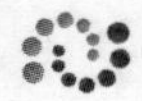

图 5.26 物联网平台通信的流程示意图

相应开发过程如下：

(1) 填写设备身份信息到下列程序中，用来识别物联网中所有物的身份。设备开发者需要实现 SDK 定义的相应 HAL 函数获取设备的身份信息，填入在物联网平台创建产品和设备后得到的设备身份信息：

ProductKey：产品唯一标识

ProductSecret：产品密钥

DeviceName：设备唯一标识

DeviceSecret：设备密钥

代码示例：

```
char_product_key[IOTX_PRODUCT_KEY_LEN + 1]        = "a1MZxOdcBnO";
char_product_secret[IOTX_PRODUCT_SECRET_LEN + 1] = "h4I4dneEFp7EImTv";
char_device_name[IOTX_DEVICE_NAME_LEN + 1]        = "test_01";
char_device_secret[IOTX_DEVICE_SECRET_LEN + 1]   = "t9GmMf2jb3LgWfXBaZD2r3aJrfVWBv56";
```

(2) 定制化 MQTT 参数。下面的代码中注释掉的地方是 mqtt 相关配置的默认数值，用户可以不用赋值，SDK 会自动填写默认值。如果用户希望调整默认的连接参数，只需要去掉相应的注释，并填入数值即可。例如，如果想将默认 timeout 参数进行修改，可以取消 mqtt_params. request_timeout_ms 参数，并将数值改为自己需要的值。

```
iotx_mqtt_param_t        mqtt_params;
memset(&mqtt_params,0x0,sizeof(mqtt_params));
/* mqtt_params.request_timeout_ms = 2000; */
/* mqtt_params.clean_session = 0; */
/* mqtt_params.keepalive_interval_ms = 60000; */
/* mqtt_params.write_buf_size = 1024; */
/* mqtt_params.read_buf_size = 1024; */
mqtt_params.handle_event.h_fp = example_event_handle;
```

(3) 尝试建立与物联网网关的 MQTT 连接。

(4) 上报数据到物联网网关。

(5) 从云端订阅并处理数据。

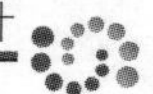

（6）使用开发工具将编译好的程序写入开发板件，进行相应的调试。

5.2.4 物联网平台设计开发及智能化处理

物联网平台是一套集合了接入设备管理和支持，提供信息安全保障，完成传感器数据采集和存储，实时或非实时提供数据分析功能的软件平台。它在整个物联网系统中占据了中间位置，是物联网系统中不可或缺的一环，它的开发会占据整个系统工作量的65%以上。

国内主流公众物联网平台，具备极为丰富的物联网支持功能，是物联网系统开发的较好选择，物联网平台功能见表5.7。物联网平台为设备提供安全可靠的连接通信能力，向下连接海量设备，支撑设备数据采集上云；向上提供云端API，服务端通过调用云端API将指令下发至设备端，实现远程控制。物联网平台也提供了其他增值能力，如设备管理、规则引擎等，为各类IoT场景和行业开发者赋能。

表5.7 国内主流物联网平台功能简介

类型	平台功能	主要提供方	商务模式
开放式云平台	基于自有的云IaaS资源，提供终端、网关和云端等相关的软件API，供客户二次开发自己的物联网平台系统	公有云服务商，如阿里云、华为云、百度云、AWS、微软等	按企业实例、通信流量/时长
连接管理平台	保障电信运营商物联网终端的稳定，进行网络资源用量管理、资费管理、账单管理、套餐变更、号码/IP地址资源管理等	中国移动、中国电信、中国联通等	与运营商基于ARPU分成
应用使能平台	为物联网开发者提供应用开发工具、后台技术支持服务，中间件、业务逻辑引擎、API接口、交互界面等，让开发者无需考虑底层的细节问题将可以快速进行开发、部署和管理	中国移动、宜通世纪、日海通讯/艾拉物联、机智云等	按应用收费布局生态
垂直行业平台	对特定垂直行业的物联网终端设备进行远程监管、系统升级、故障排查、生命周期管理，提供应用服务等功能	GE、小米、和而泰、安吉星、树根互联等	按设备收费按应用收费

1. 具体功能

在物联网开发设计中智能化处理十分重要，物联网平台具有如下功能：

（1）设备接入功能。物联网平台支持终端设备直接接入，也可以通过工业网关或者家庭网关接入；支持多网络接入、多协议接入、系列化Agent接入，解决设备接入复杂多样化和碎片化难题；提供基础的设备管理功能，实现设备的快速接入。

（2）设备管理功能。设备管理在设备接入基础上，提供了更丰富完备的设备管理能力，简化海量设备管理复杂性，节省人工操作，提升管理效率。

（3）设备发放功能。通过设备发放服务，开发者可以轻松管理跨多区域海量设备的发放工作，实现单点发放管理，设备全球上线。

（4）全球SIM连接功能。可实现设备在全球范围，通过定量流量、空中写卡和远程设备发放技术，实现就近某公有云站点可靠接入，并享受当地资费套餐。

（5）开发中心功能。开发中心是基于设备管理服务提供的一站式开发工具，帮助开发者快速开发产品/设备模型（Profile）和编解码插件，并进行自动化测试，生成测试报告。

(6) 安全和数据保护功能。物联网平台提供多种安全防护措施，确保设备安全、数据有效保护。其中设备安全指提供一机一米的设备安全认证机制，防止设备非法接入。信息传输安全指基于TLS、DTLS、DTLS+加密协议，提供安全的传输通道。数据保护指满足欧盟GDPR数据隐私保护要求。

(7) 规则引擎功能。物联网规则引擎包含以下的功能：

1) 服务端订阅：订阅某产品下所有设备的某个或多个类型消息，您的服务端可以通过AMQP客户端或消息服务（MNS）客户端获取订阅的消息。

2) 云产品流转：物联网平台根据用户配置的数据流转规则，将指定Topic消息的指定字段流转到目的地，进行存储和计算处理。

a. 将数据转发至另一个设备的Topic中，实现设备与设备之间的通信。

b. 将数据转发到AMQP服务端订阅消费组，用户的服务端通过AMQP客户端监听消费组获取消息。

c. 将数据转发到消息服务（Message Service）和消息队列（RocketMQ）中，保障应用消费设备数据的稳定可靠性。

d. 将数据转发到表格存储（Table Store），提供“设备数据采集+结构化存储”的联合方案。

e. 将数据转发到云数据库（RDS）中，提供“设备数据采集+关系型数据库存储”的联合方案。

f. 将数据转发到DataHub中，提供“设备数据采集+大数据计算”的联合方案。

g. 将数据转发到时序时空数据库（TSDB），提供“设备数据采集+时序数据存储”的联合方案。

h. 将数据转发到函数计算中，提供“设备数据采集+事件计算”的联合方案。

物联网的开发流程依供应商不同会略有不同，但在对应产品（采集设备）开发后，后续数据上报、数据转发等物联网平台的处理基本一致，相应开发流程如图5.27所示。物联网设计开发界面一般是开放的，基本满足常见的物联网及智能化处理的要求，有特殊要求的可能需要付费协助开发的进行。

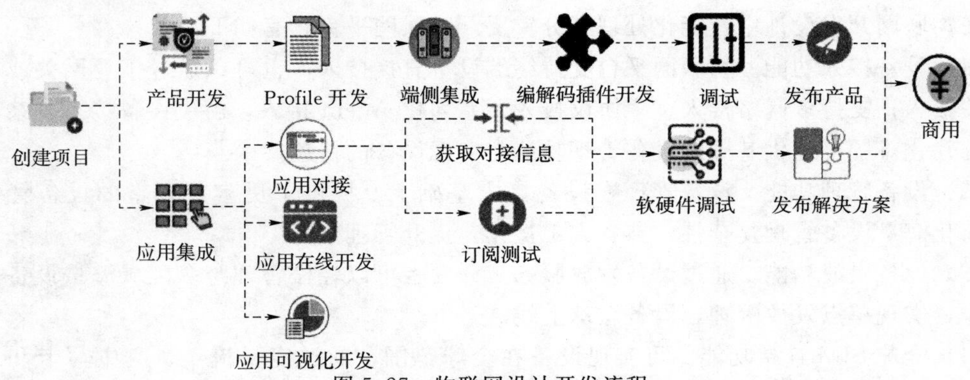

图5.27　物联网设计开发流程

2. 开发步骤

简述物联网平台设计开发步骤如下：

(1) 创建项目。首先注册某物联网开发平台，然后在物联网开发平台上创建一个项目，作为整个项目的承载。

(2) 产品模型及数据存储的选择。创建和采集设备对应的产品，增加采集设备的各种属性，例如温湿度等。

(3) 创建相应的设备身份。物联网平台支持通过应用服务器调用创建设备接口、或者在控制台上进行单个设备注册。可以创建单个设备，也可以批量创建设备。

产品模型可以选择之前配置的产品模型，设备识别码是设备唯一物理标志，如 IMEI、MAC 地址等，用于设备在接入物联网平台时携带该标识信息完成接入鉴权。NB-IoT 设备、集成 Agent Lite SDK 的设备通过注册时填写的"设备标识码"和"密钥"接入平台。注册设备成功，如果是原生 MQTT 设备注册，需要保存好设备 ID 和密钥，用于原生 MQTT 设备接入平台。

(4) 数据上报。当设备完成与物联网平台对接后，一旦设备通电，设备基于在设备上定义的业务逻辑进行数据采集和上报，可以是基于周期或者事件触发。数据上报到物联网平台后，设备接入服务和设备管理服务提供的能力有所区别，具体表现如下：

1) 仅开通设备接入服务：首先对设备上报的数据不进行解析和存储，通过数据转发规则转发到云服务商进行存储和处理（若设备采用二进制上报数据，则平台进行码流 base64 封装后再转发），然后通过其他云服务的控制台或者 API 接口进行进一步的数据处理。

2) 开通设备管理服务：开通设备管理服务（默认开通设备接入服务）的数据上报及转发形式如图 5.28 所示。如果数据上报格式为二进制码流，则平台通过编解码插件对设

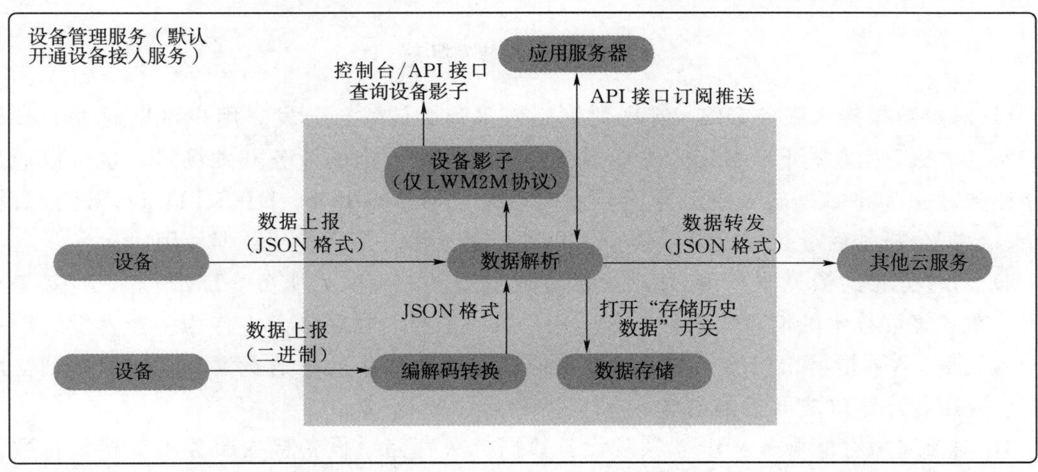

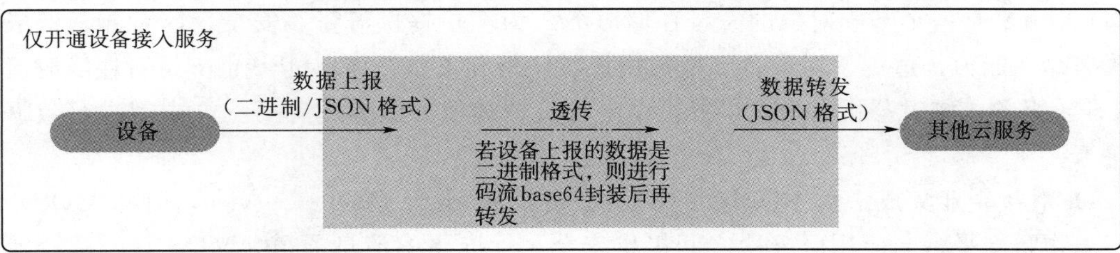

图 5.28 设备接入服务及设备管理服务下的数据上报转发

备数据进行解析（如果是JSON格式，则无需编解码插件），解析后的数据上报给设备管理服务。根据在控制台上创建应用时的配置来定义是否存储历史数据，如果设置为存储，则平台最长存储7天。应用服务器可以通过调用应用侧接口订阅设备相关的数据，物联网平台也可以通过数据转发规则转发到云服务上进行存储和处理。然后通过云服务的控制台或者API接口进行进一步的数据处理。

（5）数据转发。数据转发服务如图5.29所示。实现设备数据按需转发和处理，无需购买服务器，即可实现设备数据的存储、计算、分析的全栈服务，按对接服务不同分成以下类型：

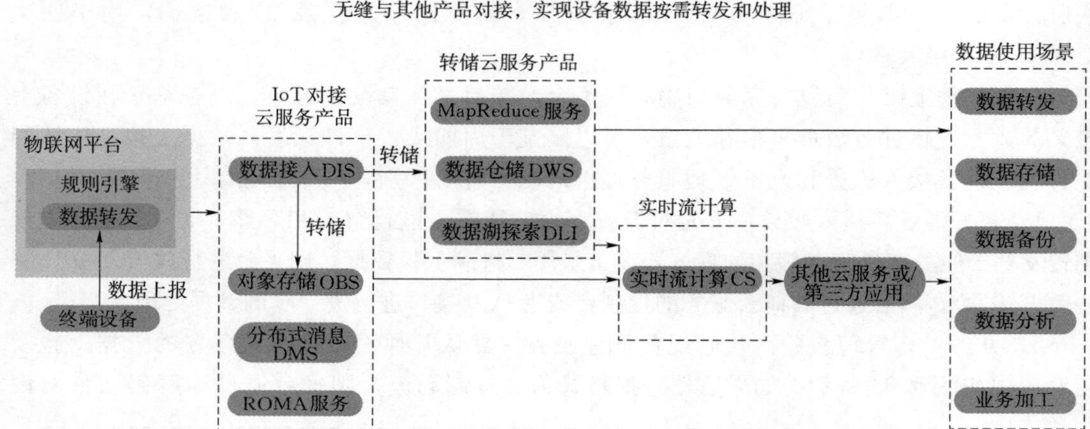

图5.29　数据转发服务

1）对接数据接入服务DIS，实现数据高效采集、传输、分发。用户可以通过DIS提供的SDK/API等方式下载数据，完成后续自定义使用数据的业务开发场景；也可以通过转储任务进一步将数据转发到其他云服务（OBS、MapReduce、DWS、DLI），进行数据存储、数据分析等后续数据处理，便于用户进行更灵活、多样化的数据使用。

2）对接分布式消息服务DMS，为设备数据提供消息队列服务。DMS是一项基于高可用分布式集群技术的消息中间件服务，用于收发消息。物联网IoT作为生产者发送消息到DMS消息队列里，用户的应用程序作为消费者从消息队列里消费消息，从而做到往用户多个应用程序组件之间传输消息。

3）对接对象存储服务OBS，实现设备数据持久存储（设备接入服务不支持设备数据存储）。OBS是一个基于对象的海量存储服务，为客户提供海量、安全、高可靠、低成本的数据存储能力，适用于对设备上报数据进行归档和备份存储。OBS也支持对接实时流计算CS云服务，实时分析数据流，分析结果对接到其他云服务或者第三方应用进行数据可视化等。

4）对接企业集成平台ROMA的消息集成（Message Queue Service，简称MQS）组件，为物联网平台与应用服务器之间提供安全、标准化的消息通道。MQS是一款企业级消息中间件，基于Kafka协议，使用统一的消息接入机制，并具备消息发布订阅、Topic

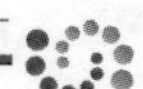

管理、用户权限管理、资源统计、监控报警等基础功能，以及消息轨迹、网络隔离、云上云下集成等高级特性，为企业数据管理提供统一的消息通道。

5.2.5 业务层和应用层开发流程

1. 业务层、应用层在物联网系统中的定位

业务层和应用层是最终实现业务逻辑、展现系统功能的部分，在物联网系统开发中处于如图 5.30 所示位置，见方框圈起部分。

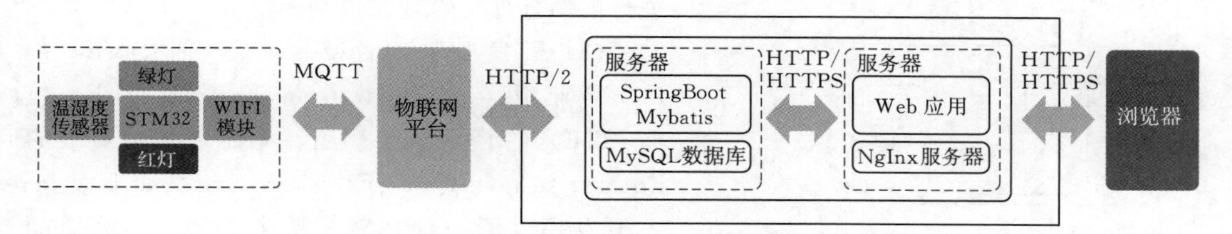

图 5.30 业务层与应用层在物联网系统中的定位

可以看出，在物联网系统开发中，业务层主要实现：①从物联网平台数据库或数据表中获取存储数据；②构筑业务逻辑程序，一方面响应来自前端页面的请求；另一方面处理已有的数据；③向物联网平台发送指令影响传感器的工作状态，并处理反馈。这种层级的开发在程序设计中，一般也称之为后端开发。

应用层主要提供交互的 GUI 端口，展现物联网系统的各种状态，向业务层下发指令并接受反馈，呈现结果，接收业务层的主动上报数据，呈现相应的业务逻辑反馈。这种层级的开发在程序设计中一般也称之为前端开发。

2. 业务层、应用层的开发流程

业务层对应后端，应用层对应前端。在软件架构和程序设计领域，前端是软件系统中直接和用户交互的部分，而后端控制着软件的输出。前端通过 ajax 等技术向后端进行网络请求；后端收到请求后对数据库进行操作，返回给前端 JSON 数据；前端把相应数据展示在页面、APP 等显示终端上。将软件分为前端和后端是一种将软件不同功能的部分相互分离的抽象。所以业务层、应用层开发遵从了一般软件系统设计的流程规律，如图 5.31 所示。

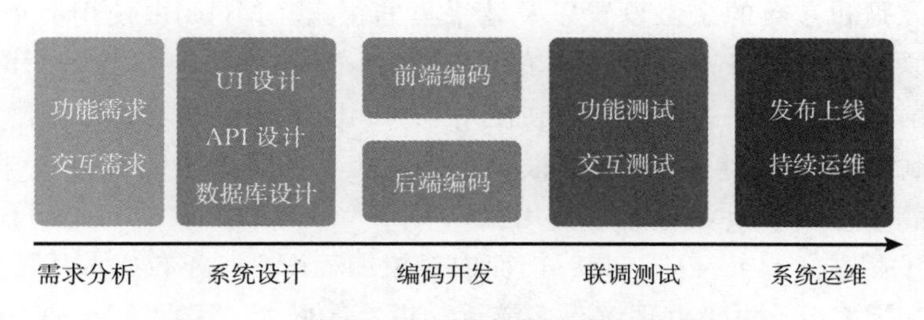

图 5.31 业务层、应用层软件系统设计流程规律

3. 业务层（后端）开发的技术体系

随着计算机技术的不断发展，针对后端相关部分的开发，涌现出了大量具有强大功能

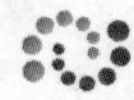

的相关框架。基于这些开发框架，开发者可以更方便快速地实现相关功能，并且在性能上也有良好的保证。下面介绍一个基于Java语言的后端开发框架如图5.32所示。

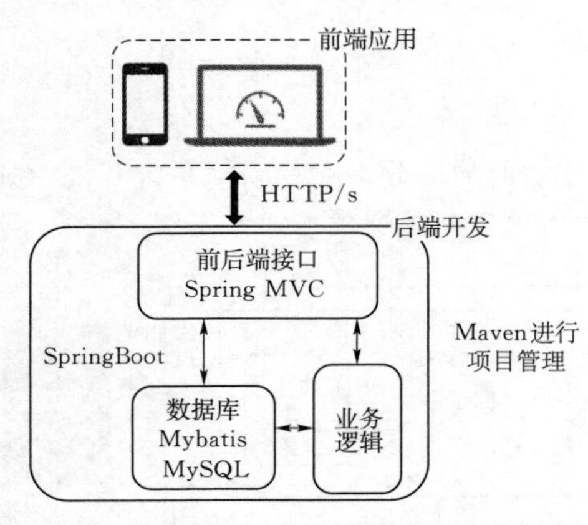

图5.32　基于Java语言的后端开发框架

(1) 项目构建工具Maven进行项目管理。

(2) Maven是Apache下的一个纯Java开发的开源项目，是一个项目构建和管理的工具，它提供了帮助管理构建、文档、报告、依赖、SCMC、发布、分发的方法。可以方便的编译代码、进行依赖管理、管理二进制库等。

(3) 开发框架Spring Boot设计。Spring是Java企业版（Java Enterprise Edition，JEE，也称J2EE）的轻量级代替品。无需开发重量级的Enterprise JavaBean（EJB），Spring为企业级Java开发提供了一种相对简单的方法，用简单的Java对象（Plain Old Java Object，POJO）实现了EJB的功能。Spring Boot是由Pivotal团队提供的全新框架，其设计目的是用来简化新Spring应用的初始搭建以及开发过程。该框架使用了特定的方式来进行配置，从而使开发人员不再需要定义样板化的配置。通过这种方式，Spring Boot致力于在蓬勃发展的快速应用开发领域（rapid application development）成为领导者。此处使用Spring Boot框架是为了搭建和整合三大框架SpringMVC＋MySQL＋Mybatis框架，简化框架开发过程如下：

(1) 数据库MySQL。MySQL是一种开放源代码的关系型数据库管理系统（RDBMS），它是目前最流行的关系型数据库管理系统，在WEB应用方面MySQL是最好的RDBMS（Relational Database Management System：关系数据库管理系统）应用软件之一。其所使用的SQL语言是用于访问数据库的最常用标准化语言。该软件采用了双授权政策，分为社区版和商业版，由于其体积小、速度快、总体拥有成本低，尤其是开放源码这一特点，一般中小型网站的开发都选择其作为网站数据库。

(2) 数据库操作框架Mybatis。使用Mybatis对MySQL数据库进行数据操作。Mybatis是支持普通SQL查询，存储过程和高级映射的优秀持久层框架。Mybatis消除了几乎所有的JDBC代码和参数的手工设置以及结果集的检索。Mybatis使用简单的XML或注解用于配置和原始映射，将接口和Java的POJOs（Plain Ordinary Java Objects，普通的Java对象）映射成数据库中的记录。单独使用Mybatis是有很多限制的（比如无法实现跨越多个会话控制session的事务），而且很多业务系统本来就是使用Spring来管理的事务，因此Mybatis最好与Spring集成起来使用。

(3) 程序开发语言Java。Java是一门面向对象编程语言，不仅吸收了C＋＋语言的各种优点，还摒弃了C＋＋里难以理解得多继承、指针等概念，因此Java语言具有功能强大和简单易用两个特征。Java语言作为静态面向对象编程语言的代表，极好地实现了面向对象理论，允许程序员以优雅的思维方式进行复杂的编程。Java具有简单性、面向对象、分布式、健壮性、安全性、平台独立与可移植性、多线程、动态性等特点。Java可以编写桌面应用程序、Web 应用程序、分布式系统和嵌入式系统应用程序等，设备层的开发也可以使用 Java 语言。

4. 应用层（前端）开发的技术体系

从本质上讲，所有 Web 应用都是一种运行在网页浏览器中的软件，这些软件的图形用户界面（Graphical User Interface，简称 GUI）即为前端。至 2019 年，主流前端框架没有太大的变化，业务代码编程中三大框架（React、Vue、Angular）仍然占了主导地位，如 ramda、WebUI、Omi 等一批新兴国产框架与类库也逐渐受到越来越多的程序员推荐。

前端开发的主要流程如下：

（1）制作需求文档，梳理需求与评审需求（产品逻辑、交互是否合理）。

（2）用户交互界面作图，交互设计稿开始做详细设计拆分需求模块，技术选型，调研技术方案中的不确定（用什么语言，什么框架等）。

（3）详细设计评审，出项目排期。

（4）进入开发阶段，建立项目框架，编码填充各项功能。

（5）页面自测（自己检测 bug、逻辑等），业务联调（和后端开发人员联合调试）。

（6）业务部署上线。

第6章　物联网智能应用方案

本章着眼智能物联网系统及应用案例等进行讲述，使读者了解其原理、系统构造、云端计算、智能化处理实现的过程，了解智能物联网是怎样改变了我们的生活，智能物联网对社会及产业会产生怎样的影响，让智能物联网的知识所具有的延展性得到展现，展示智能物联网技术和业务应有的魅力，本章还特别注意了案例由生活到专业，不同场景下智能物联网的要求与技术实现的特点。

6.1　智慧停车物联网及能量供给系统

6.1.1　停车问题背景

智能物联网当前最吸引人的话题当属自动驾驶汽车。说到自动驾驶，被提到的主要是“安全控制”。所谓安全控制，就是通过汽车上加装传感器来帮助汽车和障碍物之间保持安全距离，从而避免出现碰撞事故。假如你不小心在驾驶汽车的时候睡着了，安全控制系统可以避免你与其他车辆发生碰撞。

高性能的传感器不仅能够检测汽车与周围物体之间的距离，还在往如何感知从狭窄小道路突然窜出来的行人的方向发展。除了汽车自身的技术进化之外，通过互联网连接，还可以实时掌握汽车的位置和状况等信息。这样即使汽车在驾驶员并不熟悉的地区出现故障和事故，救援中心也可以根据车辆的位置信息来准确地安排营救车辆。

今后，如果与互联网相连的汽车越来越多，那么人工智能还可以根据汽车传感器收集到的数据来分析出“拥堵路段”“事故多发路段”等信息并将其上传到云端，从而使驾驶员能够更加准确地把握道路状况。今后的汽车都将配置摄像头和大量传感器，从而准确地把握外围的情况。行车记录仪与联网相连以后，能够获得卡车的位置信息，掌握车辆的具体情况，掌握猛踩油门、急刹车、方向盘转向情况等信息，促进安全驾驶。根据感应到的道路状况找出容易发生事故的路段，根据相关数据在重修道路的时候能够起到重要的作用。也就是说，汽车相关的物联网在自动驾驶之外有许多的商业价值，企业的业务用车与物联网相连之后也会产生出全新的价值不可小视。

相关数据统计，现在全世界有超过 11 亿辆汽车。如果所有的汽车都可以与互联网相连，并且能够自动确定停车方案，世界将会变成什么样呢？如果将这些汽车都换成自动驾驶汽车并且可以智慧自主停车，相当于一下子多出了 11 亿台“设备”与互联网相连，形成了巨大的物联网系统，由此创造的经济价值难以估量。

据测算，目前我国大城市小汽车与停车位的平均比例约为1∶0.8，中小城市约为1∶0.5，同时发达国家约为1∶1.3。我国正处于城镇化快速发展阶段，未来汽车保有量还将稳步增长，而停车位供给存在瓶颈，这将导致车位缺口继续加剧，城市停车市场供需矛盾突出。城市停车存在三大困境。

（1）管理难。漏收费情况多有发生，停车位空置率高，停车成本高、效率低。

（2）停车难。找停车位难，被迫乱停车，被随意收费，停车体验差。

（3）污染/拥堵。废气排放量增加，大气污染严重，停车困难区域极易造成拥堵。

政策快速驱动着各地停车场建设，智慧停车是智慧城市建设中最受关注的应用，新技术融合支持下的智慧停车及管理系统理念图如图6.1所示，智慧停车适用场合如图6.2所示。

图6.1 新技术融合下的智慧停车理念

图6.2 无线智慧停车适用场合

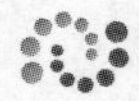

无线智慧停车解决方案是采用先进的地磁车辆检测技术、先进的移动互联网技术及大数据云计算技术推出的物联网创新应用，智能停车方案可实现停车位的智能化管理，车主可远程查询、停车自助缴费等，显示出极强的生命力，得到了快速发展。当前智慧停车正在逐步被实现，同时所遇到的问题也凸显出来，如无线终端检测器电源供给方式、节能等。新技术也正在被研究和开发，定会对智慧停车方案的充实与发展提供力量。

6.1.2　无线智慧停车解决方案系统

汽车已经成为家庭的重要代步工具，方便了出行，但停车却成为最大的难题。传统的停车场存在，如：车辆进出场地效率低、找车位难、找车也难、管理难度大、管理成本高等问题。为了解决传统停车的这些问题，智慧停车解决方案应运而生。无线智慧停车解决方案系统构架如图6.3所示，无线智慧停车产品构成如图6.4所示。

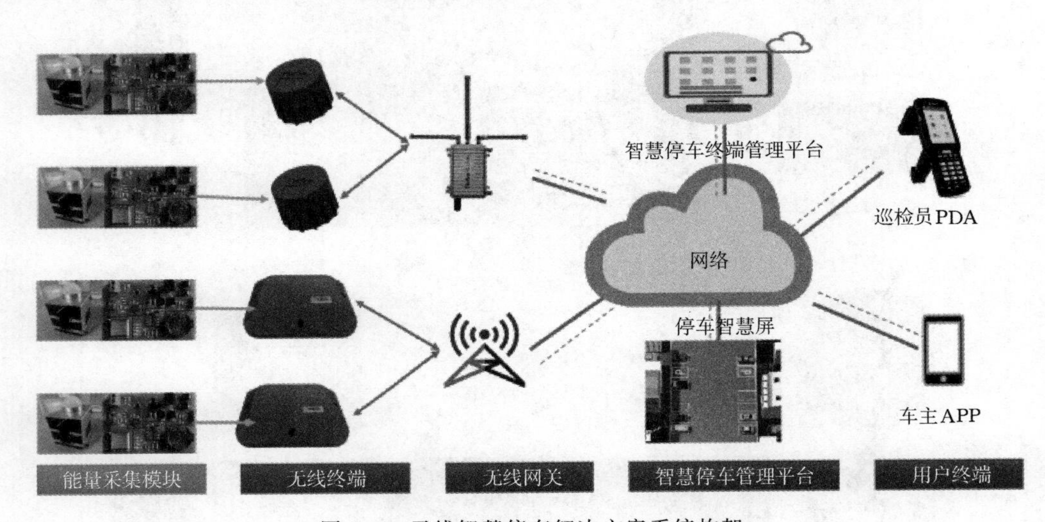

图6.3　无线智慧停车解决方案系统构架

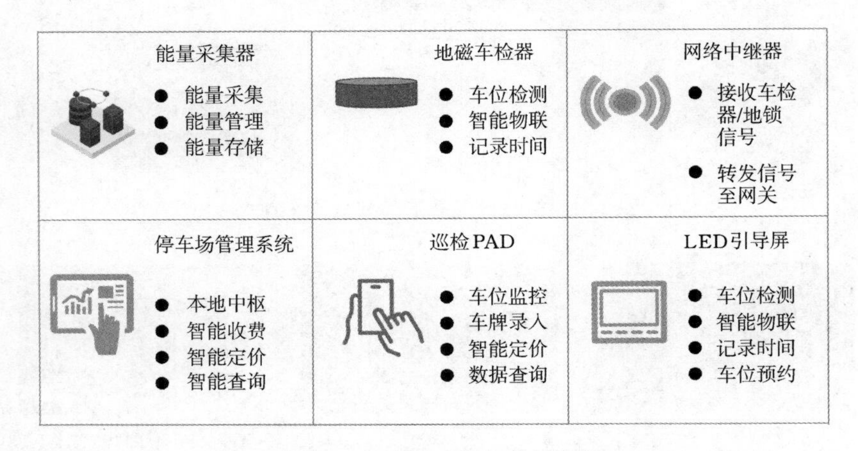

图6.4　无线智慧停车产品构成

6.1.3 智慧停车物联网产品诸模块

1. 车辆检测数据收集模块

智慧停车场中需要大量的地磁车辆检测器，智慧停车物联网系统中也称之为地磁传感器，如图 6.5 所示。地磁车辆检测器是智慧停车系统中非常重要的组成部分，目前的地磁车辆检测器多以无线传输为主。

无线地磁车辆检测器应用于停车管理，是利用车辆对地球磁场的扰动来判断机动车辆是否存在或是通过。在没有机动车的情况下，地球磁场处于相对稳定的状态。当机动车辆经过时会使地球磁场有一定规律的变化，该变化会被地磁检测器记录并分析，通过特有的算法进行对比运算得出车位的状态。一辆汽车本质上就是一个大铁磁性物质模型，当汽车通过磁阻传感器的时候对地球磁场造成的扰动如图 6.5 所示。在车辆检测器（传感器）的感知范围内，车辆内部铁磁性物质的存在会导致该区域磁场分布不均匀。不同车辆由于内部铁磁性物质分布的不同，将会有不同的扰动结果，尤其是车轮以及发动机处对磁场的扰动特别明显。因此可以通过分析磁场的扰动来判断车辆的通过车辆的特性及停车等信息。

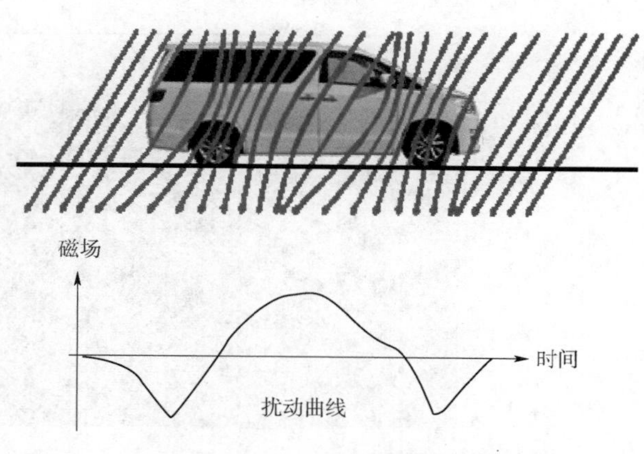

图 6.5 地磁车辆检测器（传感器）

可选地埋式无线地磁车辆检测器或地贴式无线地磁车辆检测器，其车辆检测率高达 99%，每个车位配备一个，对其进行编号，可时实检测该车位是否为空车位，可以向其他停车管理系统和停车收费系统提供车位状态，错误报警等。

无线地磁车辆检测器埋植于地表，由自带的电池供电，其运行交互所需要的信息如：车位状态、传感器编号、通信频率参数、电量信息、车辆速度等参数，通过无线的方式与安装在停车场或路边的无线接收器、中继器进行双向通信，再由无线接收器将车辆信息传送至 DTU 网络传输设备，最终这些数据将被送到云端计算机。云端计算机会对大规模数量众多的传感器所传送回来的数据进行记录并做系统性的分析，实时反馈传送给需要用到这些数据的终端设备和人员。

无线地磁车辆检测器主要有两大功能模块构成，即地磁感应模块和无线射频模块。其中：地磁感应模块主要用来感应地磁上方 1.5m 半径范围内是否有车通过或存在，为球形感应区；无线射频模块的主要功能是将感应模块感应到的实时状态瞬时发送到接收设备，从而达到应用的目的。无线传感网络节点的结构与实际器件构成如图 6.6 所示。

2. 能量采集模块

无线地磁车辆检测器埋植于地表，通常由自带的电池供电。检测器无线传感网络节

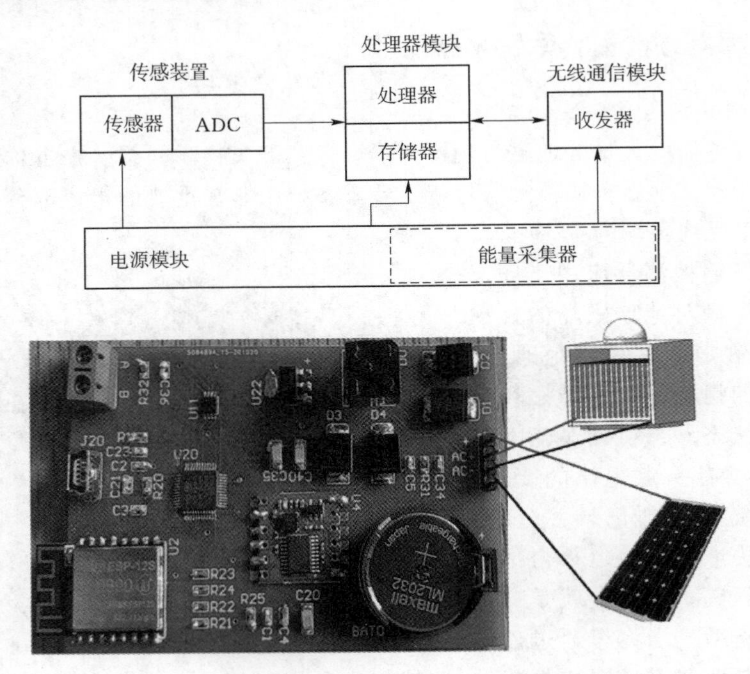

图 6.6　无线传感网络节点结构与实际器件构成图

点各部分如传感器、CPU、信息发送、信息接收、空闲及休眠均会产生能量消耗，随着物联网技术的快速发展，自带电池供电方式受到了极大的挑战，其弊端也逐步显现出来。感知层作为物联网系统的重要单元通常面临无人、无源应用场景，且数量庞大，因此如何为其实现持续可靠的能量供给是整个物联网环境的关键。高速数据传输自供电的物联网节点对电源高集成度及稳定性提出了更高的要求，如何解决感知层方面的供电问题已成为当今国际的研究热点。目前研究中微型能量采集技术已经成为无线传感器、微型自供设备发展的新趋势，而能量采集技术的发展势必会促进传感器及物联网的快速发展。

物联网感知层与能量采集器结构系统如图 6.7 所示，其中包括热电转换能量采集模块、太阳能能量采集模块、汇流转换装置、电路板、蓄电元件、中央处理器数据收集模块、信息传递模块。该系统由热电转换能量采集模块与太阳能能量采集模块复合提供电能，利用热伏、光伏发电技术收集环境中的能量，通过电能汇合装换电路将热电转换能量

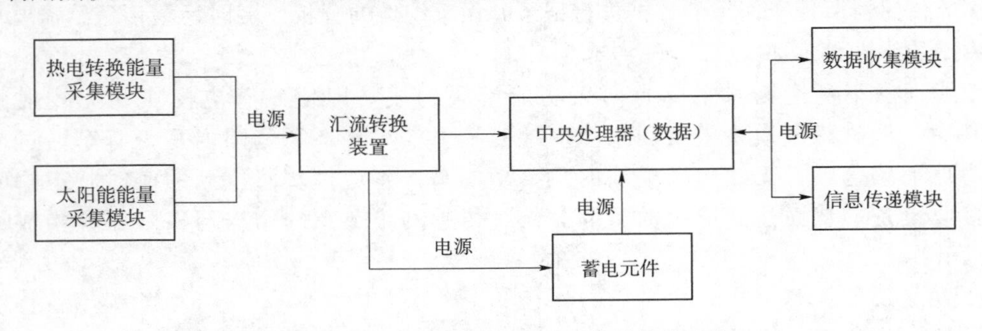

图 6.7　物联网感知层及能量采集器结构系统

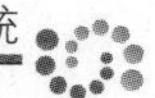

采集模块与太阳能能量采集模块的输出电能汇合转换。将汇合后的电能输送给中央处理器与蓄电元件，在热电转换能量采集模块与太阳能能量采集模块的发电较低时，蓄电元件可向中央处理器，数据收集模块，信息传递模块提供电能，多重保障，保证供电稳定性。该系统由中央处理器作为中心单元，接收数据收集模块检测的信号，再由信息传递模块，将信号传递到云端，终端。其中：

(1) 热电转换能量采集模块：根据半导体塞贝克效应，当半导体片两端存在温度差时，高温端就会向低温端传导热能并产生热流，一部分热能在器件内部传导过程中变成电能通过导线输出。

(2) 太阳能能量采集模块：将柔性光伏薄膜贴于停车场能够采集太阳能处，将太阳能转换成电能，给感知端提供能量。柔性光伏薄膜可以与任何建筑外部整合。

(3) 汇流转换装置：将热电转换能量采集模块，太阳能能量采集模块发电汇合转换。

(4) 中央处理器：控制中枢系统，统一、协调处理系统各个元器件收集的数据，监控整个系统，确保系统正常运行，通过编写控制程序实现。中央处理器主要包括两个部分，即控制器、运算器，其中还包括高速缓冲存储器及实现它们之间联系的数据、控制的总线。电子计算机三大核心部件就是CPU、内部存储器、输入/输出设备。中央处理器的功效主要为处理指令、执行操作、控制时间、处理数据。CPU是计算机中负责读取指令，对指令译码并执行指令的核心部件。其功能主要是解释计算机指令以及处理计算机软件中的数据。

(5) 蓄电元件：将发电组件多余发电储存起来，在环境无法达到发电条件时，及时向用电元件供电。

(6) 数据收集模块：将停车位是否有车停下作为信息信号进行收集。

(7) 信息传递模块：将数据收集模块中信号经过处理传输到云端、终端。

3. 显示模块

为了方便数据监控与不同用户使用，主要推出智慧停车管理平台、停车引导屏、APP、多功能PDA四种显示模块。可通过有线、无线通信方式将数据收集模块收集到的数据信号传输到云端、终端。

4. 智慧停车管理平台与多功能PDA

图6.8为智慧管理平台与多功能PDA机界面。智慧管理平台主要面对管理人员，通过云端网络，将数据信号同步于智慧管理平台。实时监控能量采集器的电流电压。同时实现车位精确管理，方便设备管理等。多功能PDA机主要面对巡检员、基于地图数据显示、同步云端数据、对车位状态变化实时提醒，违章拍照等功能。

5. 停车引导屏与车主APP

停车引导屏与车主APP界面如图6.9所示。停车引导屏主要面对用户，设立于停车场、商场等人流量大的地方。基于地图数据显示同步云端数据，对剩余车位精确管理、车位占用状态实时显示等。车主APP主要面对车主用户，基于地图数据显示，同步云端数据，对剩余车位精确管理，车位占用状态实时显示等。开发泊位查询、停车导航、自动缴费、充值等功能，致力于提高用户使用便利性。

无线传感网络由一定数据的传感器节点组成，通过无线通信与分布式计算来感知物理世界

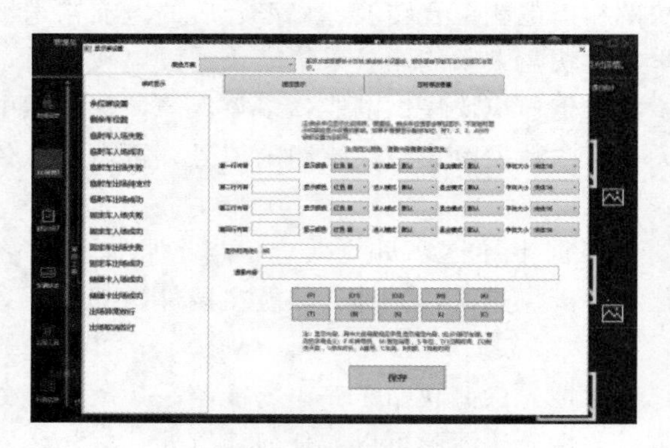

图 6.8　智慧管理平台与多功能 PDA 机界面

图 6.9　停车引导屏与车主 APP 界面

的网络。由于它结合了传感器，分布式计算和无线通信，使得大规模使用无线传感器进行监控成为可能，因此具有很多广泛的应用。

采用地磁车辆检测技术结合物联网技术，无线智慧停车方案给人们生活提供了便利，但是电源供电问题直接影响其性能和生存时间，是限制其实际应用的关键性问题。为了从根本上解决其供电问题，满足超长待机和5G高速数据传输自供电的物联网节点对电源的高集成度和稳定性提出更高的要求。

面对物联网发展中出现的电源供给问题，能量采集技术可从环境中捕获能量并转化成电能，最常见的能量来源是振动、光、电磁场及温度等。城市停车场现在最为常用的为振动式能量采集技术。振动能是一种低频率且功率稳定的振动能量，它的分布范围广泛。目前，振动能量采集技术主要包括电磁转换、静电转换和压电转换三种能量采集技术。著者团队提出了采用热电转换取电的方式，直接从环境中进行能量采集，对感知端进行供电方法，并提出了采用光伏/热伏复合能量采集技术的方法。

6.1.4　光伏/热电转换复合能量采集技术

上述章节中提出了使用光伏与热电转换复合能量采集技术，设计一体化器件应用于物联网感知层以实现其自供电的目标，其中热电转换原理基于塞贝克效应，如图 2.13 所示。当热电转换组件两端存在温度差时，高温端就会向低温端传导热能并产生热流，一部分热能在器件内部传导过程中变成电能通过导线输出。可利用土壤与空气之间的温度差进行发电，响应速度快且结构简单。

同时配合柔性光伏薄膜，其原理与晶硅相似，当太阳光照射到电池上时，电池吸收光能产生光生电子—空穴对，在电池内建电场的作用下，光生电子和空穴被分离，空穴漂移到P侧，电子漂移到N侧，形成光生电动势，外电路接通时，产生电流，如图 6.10 所示。

本设计的电能汇合转换电路如图 6.11 所示，无论半导体发电片热端冷端如何变化都能实现电源快速切换，满足不同环境下供电需求，给用电元器件提供稳定的电源。

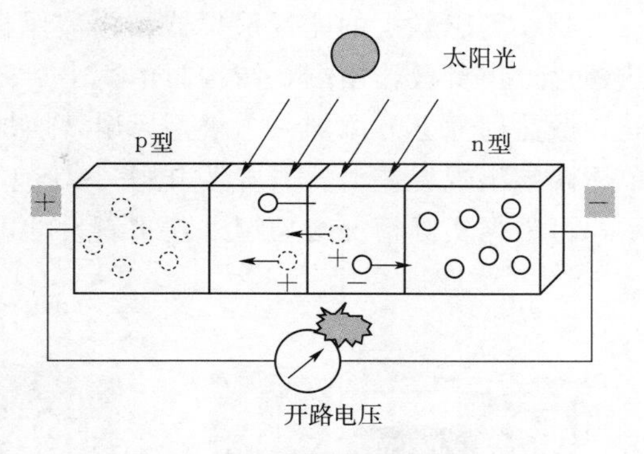

图 6.10 光伏电池发电原理

信息传递的架构如图 6.12 所示，可对能量采集器转换进行监控管理，同时配合无线地磁车辆检测器，通过 TCP 信息传输协议实时自动化数据采集、传输，MODBUS 基站将数据信号传输到云端，实现对停车位监测数据的集中监控，传输，并基于地图数据显示，对剩余车位精确管理。

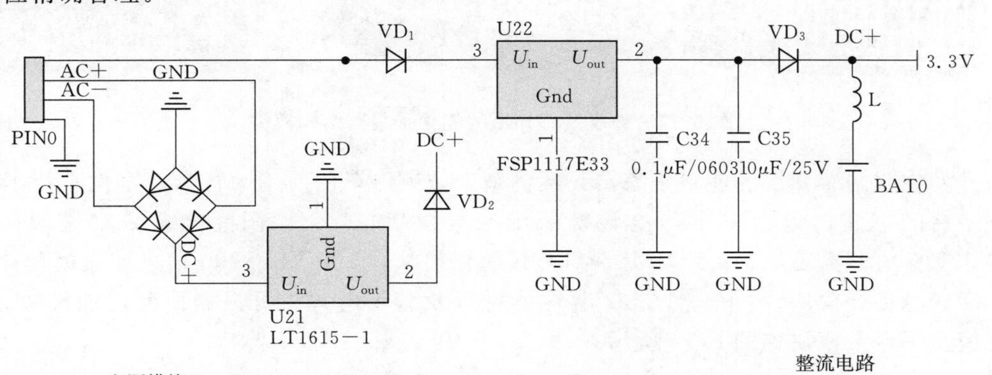

图 6.11 电能汇合转换电路

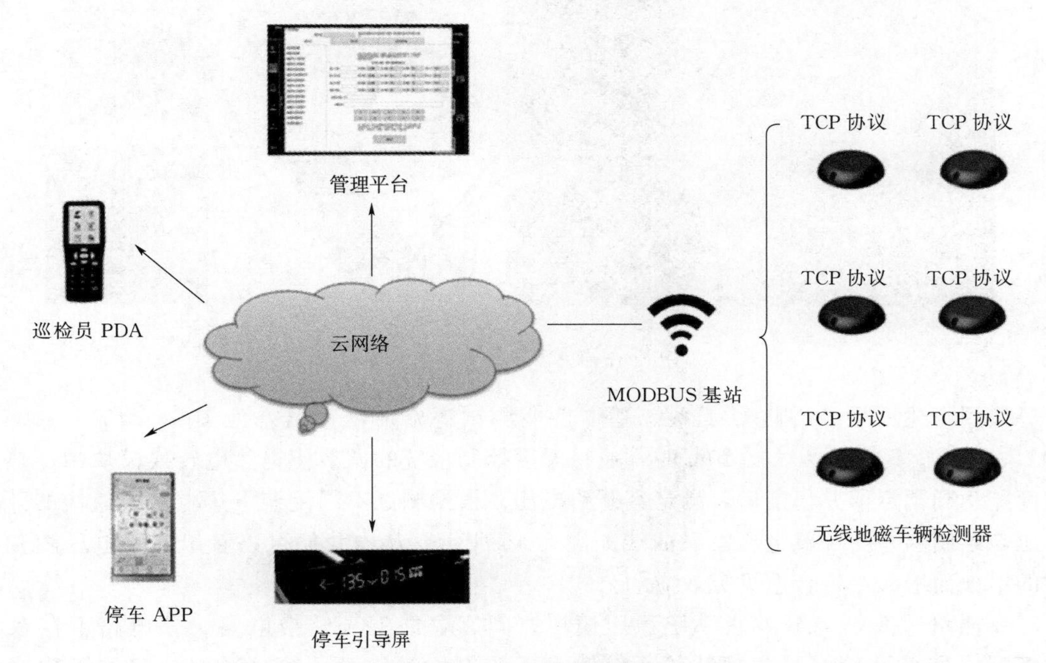

图 6.12 信息传递架构图

物联网感知层的能量采集器结构展示模型如图 6.13 所示，其包括半导体发电片，散热翅片，正负极输出端，结构简单，小巧方便。半导体发电片置于散热翅片与导热铝板之间，散热翅片上方添加一个小型风扇，增加散热速率，也可选择自然风冷散热。热电转换单体两端出现温差时，开始发电，小灯泡亮。该能量采集器结构模型作为该技术发电展示，可根据实际情况对模型外观重新设计。

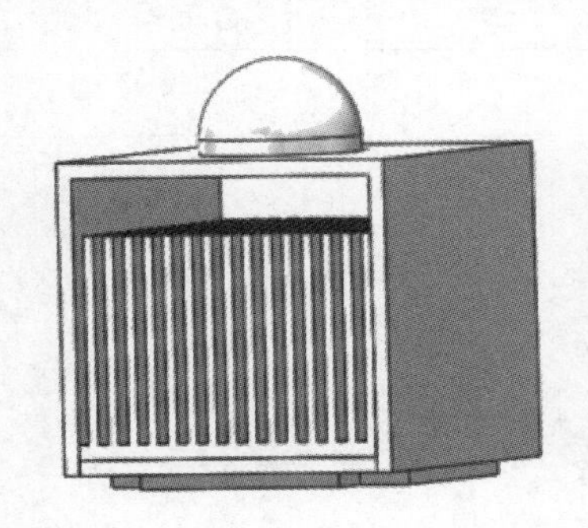

图 6.13　物联网感知层的能量采集器结构模型

开发物联网感知层的能量采集器，案例基于城市停车位使用为背景。案例进行了系统模型平台的搭建，包括 1 个热电转换能量采集模块、1 个太阳能能量采集模块、1 块 STM32F030C8T6 芯片、1 个 QMC5883L 传感器模块、1 块 ESP8266 信息传递模块、1 块 RS485 信息传递模块、1 块 ML2032 蓄电元件以及若干电线，可根据情况增加模块元件，系统模型平台及模块如图 6.14 所示。

图 6.14　系统模型平台及模块

按照下述环境条件进行了系统基本性能测试：分别设置温差为 10℃、20℃、30℃、40℃、50℃、60℃、70℃、80℃时，通过温度控制系统的调节使得热电转换模块的冷热面温度差达到预定值并稳定后，测定其开路电压。根据测试不同温差下热电转换模块的开路电压，绘制温差与开路电压关系曲线如图 6.15 所示，从中我们可以看出开路电压随着温差的增大而增大，符合塞贝克效应的公式。

在能量采集器与开发板系统稳压模块之间有电能汇合转换电路，该电路不存在稳压情况，因此在能量采集模块给系统输入不同电压时候对系统功耗有一定的影响。分

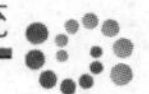

别设置输入电压为7.0V、7.5V、8.0V、8.5V、9.0V、9.5V、10.0V、10.5V、11.0V、11.5V、12.0V，通过测试可得各个电压下，系统总功耗。不同输入电压下的系统功耗见表6.1，绘制不同输入电压与系统功耗关系曲线如图6.16所示。随着输入电压的增加，系统功耗也在增加，为了保证稳压后的电压可达到3.0～3.3V，输入电压要大于6V，为保证系统的安全性，输入电压不应大于12V，因此系统功耗可保持在0.037～0.122W。

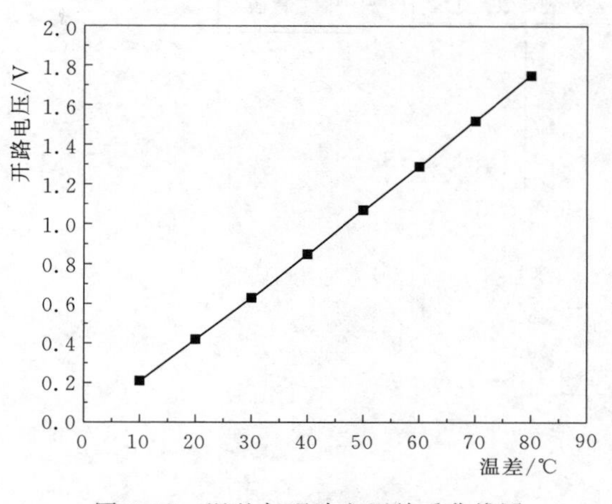

图6.15 温差与开路电压关系曲线图

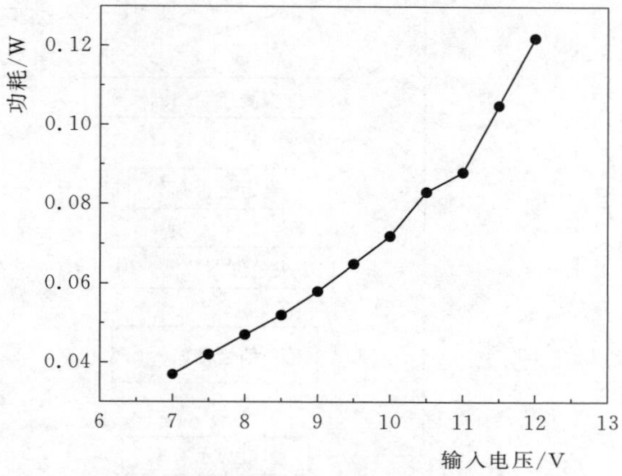

图6.16 不同输入电压与系统功耗关系曲线

表6.1 不同输入电压下的系统功耗

输入电压/V	7	7.5	8	8.5	9	9.5	10	10.5	11	11.5	12
系统电流/mA	5.3	5.6	5.9	6.1	6.4	6.8	7.2	7.9	8.0	9.1	10.2
系统功耗/W	0.037	0.042	0.047	0.052	0.058	0.065	0.072	0.083	0.088	0.105	0.122

6.1.5 物联网感知层系统程序流程

1. *系统程序流程及主函数*

系统程序流程如图6.17所示。由图6.17可知，当系统启动时，传感器模块等进行初始化，设置初始化工作模式。数据检测模块开始连续扫描模式检测车位是否有车进入，若“否”，则中央处理器对数据进行处理，通过信号传输模块传输到云端显示无车，数据检测模块继续启动连续扫描模式；若“是”，数据检测模块将继续连续扫描再次确定是否有车，避免误判。若无车，通过中央处理器数据处理后在云端显示无车，若有车，通过中央处理器数据处理后，信号传输模块传输到云端显示有车。

案例中软件方案中，采用TCP协议，将要采集到的数据传输到云端，通过云端可将数据显示于智慧停车管理平台、停车引导屏、APP、多功能PDA四种显示端，可实时显示停车场是否有空位，空位具体位置。

主函数需要将所有模块通过程序串起来，并且在系统开始启动时候，对系统中央处理器及相关模块进行初始化处理，完成对各个模块的函数调用等。代码如下：

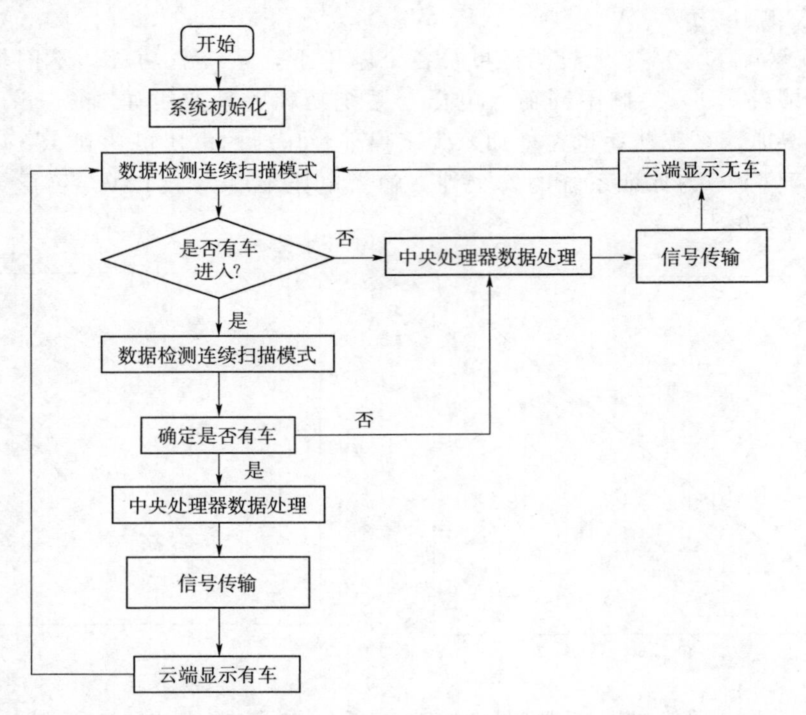

图 6.17　系统程序流程图

```
extern unsigned char ucRxFinish;
int main(void)
{
SysTick_Config(72000);
NVIC_PriorityGroupConfig(NVIC_PriorityGroup_2);
USART1_Init(115200);
USART2_Init(115200);
delay_ms(100);
while(1)
{
Get_Value(&ucRxFinish);
}
}
```

2. ESP8266 模块模式选择

该模块数据传输采用 TCP 协议，采集到的数据通过 TCP 协议传输到云端，设置多种接收数据模式，代码如下：

```
Unsigned char RST[20]="AT+RST\r\n",CWMODE[20]="AT+CWMODE=3\r\n",CWSAP[40],out[4]=
"+++",
CIPMUX[30]="AT+CIPMUX=1\r\n",CIPSERVER[30] = "AT+CIPSERVER=1,8086\r\n",
RESTORE[20] = "AT+RESTORE\r\n" ;
```

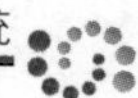

```
void aESP_8266()
{
sprintf ( (char * )CWSAP,"AT+CWSAP=\"%s\",\"%s\",%d,%d%s",ssid,pwd ,1,4,"\r\n");
Bsp_UARTSend_Length(USART6,RST,15);//复位
line_feed();
Bsp_UARTSend_Length(USART6,CWMODE,20);//设置为 AP
line_feed();
Bsp_UARTSend_Length(USART6,CWSAP,40);//设置昵称密码和模式
line_feed();
Bsp_UARTSend_Length(USART6,RST,15);//复位
line_feed();
Bsp_UARTSend_Length(USART6,CIPMUX,30);//设置多模式
line_feed();
Bsp_UARTSend_Length(USART6,CIPSERVER,30);//建立 TCP 服务器
line_feed();
}
```

3. QMC5883L 获取数据模块

由图 6.17 系统程序流程图可知，当模块采集数据之后，对数据进行比较，当采集到的数据与校准值相同时，表示该车位是无车停下，反之，表示该车位有车停下。代码如下：

```
void QMC5883_Start()
{
SDA = 1; //拉高数据线
SCL = 1; //拉高时钟线
Delay_5us(); //延时
SDA = 0; //产生下降沿
Delay_5us(); //延时
SCL =0;//拉低时钟线
}
void Get_Value(unsigned char * ucFlag)//获取数据
{
unsigned char * p;
int Data;
if( * ucFlag==1)
{
p=(unsigned char * )strstr((char * )ucRxData,"d:");
while( * p! ='m')
{
if( * p>='0'&& * p<='9')
Data=Data * 10+( * p -'0');
p++;
```

```
}
printf("3/4àÀë:%dmm\r\n",Data);
*ucFlag=0;
}
}
```

6.1.6 设备主要器件选型

该系统特点是增加了由热电转换能量采集模块与太阳能能量采集模块复合供电，利用热伏，光伏发电技术收集环境中的能量，通过电能汇合装换电路将热电转换能量采集模块与太阳能能量采集模块的输出电能汇合转换。该部分电能在满足中央处理器需求后存放在蓄电元件，并在能量采集器采集电能不足时启用，双重保障，保证系统供电稳定性。数据收集模块的信号经过中央处理器作为中心单元的处理，并通过信息传递模块将信号传递到云端，终端。能量采集器为智慧停车物联网感知层自供电提供了有效的途径。

1. 热电转换能量采集模块

如图6.18所示的热电转换单体，主要包括半导体发电片、散热翅片、导热硅胶、正负极输出端等。图6.18选择半导体发电片SP1848-27145，此产品为陶瓷体，传热迅速，可用于-40～150℃的环境，输出功率为3.1W，开路电压为6.4V，输出电压为3.2V，可通过串联增加电压，并联增加电流。

图6.18 SP1848-27145热电转换单体

该选型具有以下5个特点。

(1) 不使用液体、不污染环境。

(2) 无噪声、无振动、无磨损、运行可靠、维护方便。

(3) 体积小、重量轻，可大大节约建筑面积。

(4) 启动速度快，其启动速度可通过调整热流量或热流密度来控制。

(5) 可通过改变热源方向达到改变输出电压方向的目的。

2. 太阳能能量采集模块

柔性光伏发电薄膜如图6.19所示，这款光伏电池没有提前封装好，可以通过场地需求，改变外形或者有特殊要求，可以采取定制方案，适用于多个领域。这款光伏电池采用三结叠层电池设计并采用溅射被反射层工艺流程，使用溅射镀膜的方式在不锈钢基材上沉积被反射层，增加光的吸收，提高了能量的利用率。在同等的光照条件下，柔性薄膜太阳能电池能提供更大、更稳定的电压，为电路提供一个可靠的电压源。

光伏电池采用清洁不锈钢基材：在真空腔室中，使用气体清洁不锈钢表面，去除表面杂质、颗粒等，保证基材表面的洁净度。大大减少了灰尘、泥土、风沙等物质在光伏电池表面附着的面积。减少各种腐蚀带来的危害。

在制作工艺上，边缘刻蚀和旁路二极管，不仅给电磁边缘进行刻蚀，去除ITO膜，防止

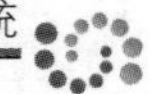

边缘短路，而且对完成栅线的电池片进行旁路二极管的焊接，防止热斑效应。再加上对电池片进行钝化处理，减少电池片缺陷，提高性能。从而提高光伏电池内部电路的稳定。

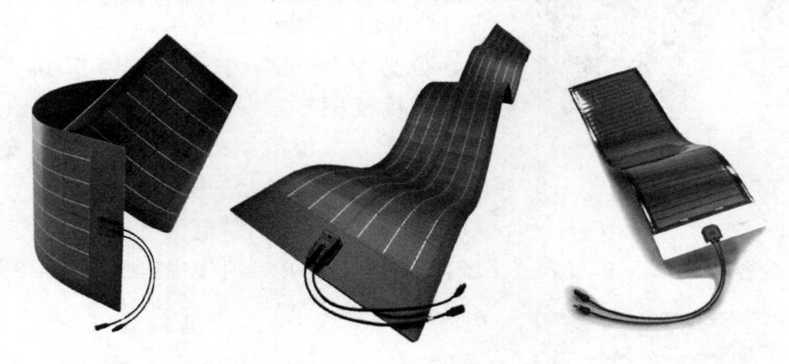

图 6.19 柔性光伏发电薄膜

3. 中央处理器

案例中央处理器采用 STM32F030C8T6 芯片如图 6.20 所示。该芯片具有高速嵌入式存储器（高达 256kB 的闪存和高达 32kB 的 SRAM），以及广泛的增强外围设备和 I/O。提供标准通信接口（最多两个 I2c、最多两个 SPI 和最多 6 个 USART）、一个 12 位 ADC、七个通用 16 位定时器和一个高级控制 PWM 定时器。

图 6.20 STM32F030C8T6 芯片

该芯片具有以下特性：

（1）微控制器在 $-40 \sim +85$°C 的温度范围内工作，电源电压为 2.4～3.6V。一套全面的省电模式允许设计低功耗应用程序，包括四个不同封装的设备，从 20～64 针不等。

（2）16 到 256kB 的闪存。

（3）数字和 I/O 供应电压范围 VDD＝2.4～3.6V。

（4）模拟供应：VDDA＝VDD 达 3.6V。

（5）加电/断电复位（POR/PDR）。

（6）低功耗模式：睡眠，停止备用。

（7）4～32MHz 晶体振荡器。

（8）32kHZ 振荡器 RTC 的校准。

（9）内部 8MHz RC×6 锁相环的选择。

（10）内部 40kHz 的 RC 振荡器。

4. 蓄电元件

案例蓄电元件选择充电池 LIR2032，如图 6.21 所示，电池尺寸 $\phi 20\times 3.2$mm，电池的标称容量 65mAh，标称电压为 3V，标称电流 0.3mA，充电电压为 2.8～3.3V，工作温度在 $-20 \sim +60$℃，重量为 3.0g。该选型蓄电元件可进行充电，该蓄电元件具有储存寿命长，高容量，低功耗，无污染等特点。

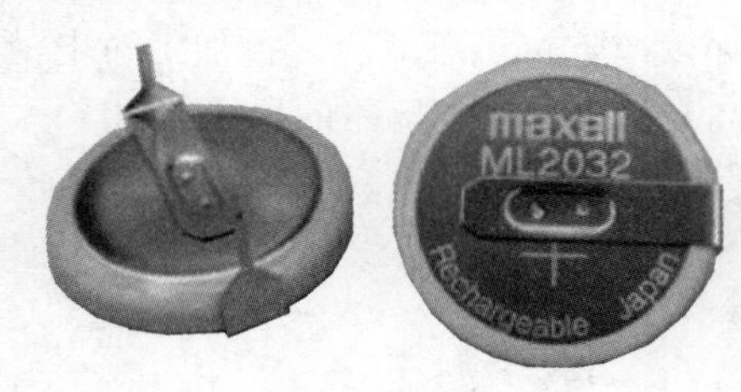

图6.21　LIR2032

5. 数据收集模块

案例数据收集模块选用电子罗盘磁场传感器QMC5883L如图6.22所示，该模块用于检测停车场中车位是否为空位，它是一款体积小，适用范围广，工作温度范围－40～＋85℃，测量范围为±8高斯。该模块作为车位数据采集模块，将其安装于停车场车位，对该车位有无车辆进行检测。

（1）模块内部自带电压稳定电路，工作电压3.3～5V，引脚电平兼容3.3V/5V的嵌入式系统，连接方便。单片机模块连接如图6.23所示。

图6.22　电子罗盘磁场传感器QMC5883L

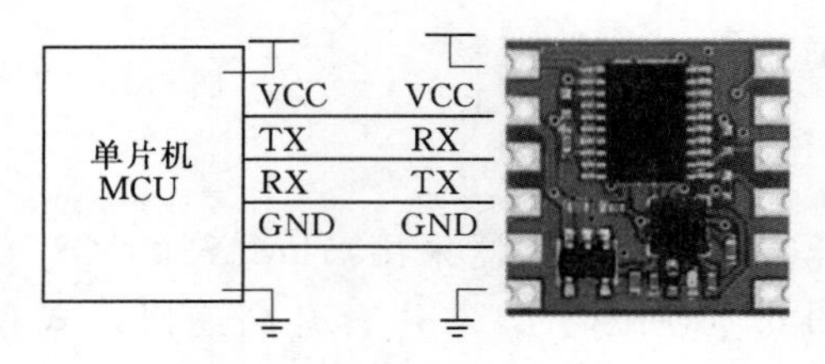

图6.23　单片机连接

（2）三种模式：串口模式，Modbus模拟和IIC模式，IIC模式如图6.24所示，支持串口和IIC两种数字接口，IIC是直接连接芯片，方便用户选择最佳的开发连接方式。

（3）最高100Hz数据输出速率。输出速率0.1～100Hz可调节。

（4）两层PCB板工艺，更薄、更小、更可靠。

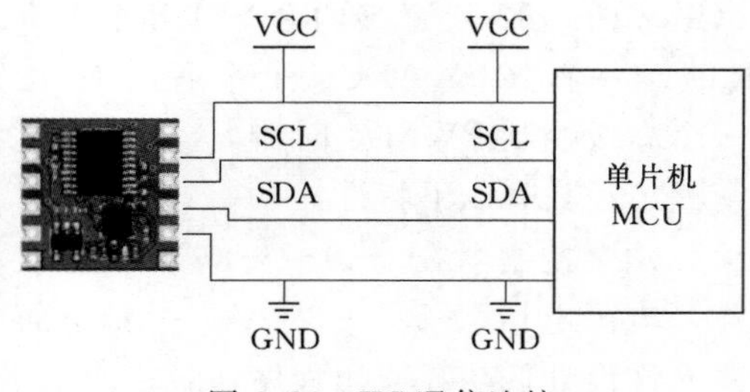

图6.24　IIC通信连接

6. 信息传递模块

案例信息传递模块选择ESP8266模块如图6.25所示，是一款串口转无线模块芯片，面向物联网应用的高性价比、高度集成的WIFI MCU。

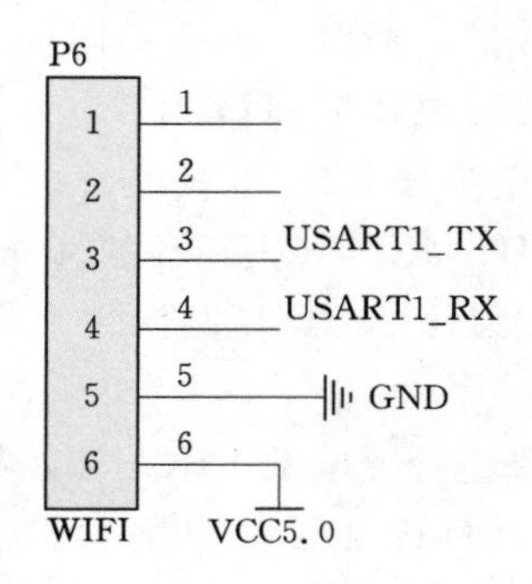

图6.25　ESP8266模块

（1）性能稳定，ESP8266EX的工作温度范围大，且能够保持稳定的性能，能适应各种操作环境。

（2）低功耗，ESP8266EX专为移动设备、可穿戴电子产品和物联网应用而设计，通过多项专有技术实现了超低功耗。ESP8266EX具有的省电模式适用于各种低功耗应用场景。

（3）高度集成，ESP8266EX集成了32位Tensilica处理器、标准数字外设接口、天线开关、射频balun、功率放大器、低噪放大器、过滤器和电源管理模块等，仅需很少的外围电路，可将所占PCB空间降低。

（4）32位Tensilica处理器，ESP8266EX内置超低功耗Tensilica L106 32位RISC处理器，CPU时钟速度最高可达160MHz，支持实时操作系统（RTOS）和WIFI协议栈，可将高达80%的处理能力留给应用编程和开发。

6.2　智　能　电　网

6.2.1　智能电网概述

智能电网就是电网的智能化，也被称为“电网2.0”。以物理电网为基础，将现代先进的传感测量技术、通信技术、信息技术、计算机技术和控制技术与物理电网高度集成而形成的新型电网。其在优化电力资源配置、保证电能质量和用户互动方面优势显著。随着社会及技术的发展，智能电网技术研究和实践的推进，对智能电网的理解也在不断探索、完善的过程中。

传统电网总体上是一个刚性系统，智能化程度不高；电源的接入退出、电能的传输等缺乏良好的灵活性，电网的协调控制能力不强；系统的自愈及自恢复能力完全依赖于设备冗余配置；对用户的服务形式简单、信息单向；系统内部存在多个信息孤岛，信息之间缺乏共享，无法构成一个实时的有机统一整体；难以应对来自能源供应或网络攻击的威胁；难以满足对供电可靠性和电能质量的高度需求。此外，传统能源日益短缺和环境污染日趋严重等问题使得世界各国纷纷大力发展环境友好的新能源，以减少对传统能源的依赖性，减少因能源需求对环境的污染，确保社会和经济的可持续发展。风能和太阳能是公认的可规模化开发和利用的一类新能源。然而，由于风能及太阳能为代表的新能源具有随机性和间歇性特征，大量新能源电力集中或分布接入电网，必然会对传统电力系统的安全性及可靠性产生各种不利影响。传统电力系统结构仅适用于接入具有可控且集中发电特征的电源，并经过输电及配电环节将电力从电源端输送到终端负荷用户。大量新能源电力集中或分布接入电网后，其具有的随机性和间歇性特征导致新能源电力的不可控性及波动性，从而使得传统电力系统无法适应大宗新能源接入的需求。只有发展智能化电网，才能满足大量新能源集中或分布式接入的需要，并确保系统的安全性及可靠性需求。充分发挥电网资源优化配置作用，建设安全水平高、适应能力强、配置效率高、互动性能好、综合效益优的智能电网，已成为能源和电力行业发展的必由之路，是人民追求美好幸福生活的基础保障。

智能电网的定义目前国际范围尚未统一。国际组织和一些国家性组织从智能电网采用的主要技术和具有的主要特性的角度对其进行了描述。其中：

（1）中国物联网校企联盟指出智能电网由很多部分组成，可分为：智能变电站，智能配电网，智能电能表，智能交互终端，智能调度，智能家电，智能用电楼宇，智能城市用电网，智能发电系统，新型储能系统。

（2）中国科学院电工研究所指出智能电网是以包括各种发电设备、输配电网络、用电设备和储能设备的物理电网为基础，将现代先进的传感测量技术、网络技术、通信技术、计算技术、自动化与智能控制技术等与物理电网高度集成而形成的新型电网，它能够实现可观测（能够监测电网所有设备的状态）、可控制（能够控制电网所有设备的状态）、完全自动化（可自适应并实现自愈）和系统综合优化平衡（发电、输配电和用电之间的优化平衡），从而使电力系统更加清洁、高效、安全、可靠。

（3）国家电网中国电力科学研究院指出以特高压电网为骨干网架、各电压等级电网协调发展的坚强电网为基础，以通信信息平台为支撑，具有信息化、自动化、互动化特征，包含电力系统的发电、输电、变电、配电、用电和调度六大环节，涵盖所有电压等级，实现“电力流、信息流、业务流”的高度一体化融合，具有坚强可靠的、经济高效、清洁环保、透明开发和友好互动内涵的现代电网。

（4）美国能源部在《Grid 2030》中指出一个完全自动化的电力传输网络，能够监视和控制每个用户和电网节点，保证从电厂到终端用户整个输配电过程中所有节点之间的信息和电能的双向流动。

（5）美国电力科学研究院中指出 IntelliJ Grid 是一个由众多自动化的输电和配电系统构成的电力系统，以协调、有效和可靠的方式实现所有的电网运作：具有自愈功能；快速响应电力市场和企业业务需求；具有智能化的通信架构，实现实时、安全和灵活的信息流，为用户提供可靠、经济的电力服务。欧洲技术论坛：一个可整合所有连接到电网用户所有行为的电力传输网络，以有效提供持续、经济和安全的电力。欧盟智能电网特别工作组：可以智能化的集成所有接于其中的用户的行为和行动，保证电力供应的可持续性、经济性和安全性。

6.2.2　智能电网的特征与结构

智能电网的目标是实现电网运行的可靠、安全、经济、高效、环境友好和使用安全，电网能够实现这些目标，就可称其为智能电网。可自愈是智能电网最重要的特征。自愈指的是把电网中有问题的元件从系统中隔离出来，并且在很少或不用人为干涉的情况下可以使系统迅速恢复到正常运行状态，从而几乎不中断对用户的供电服务。自愈电网进行连续不断的在线自我评估以预测电网可能出现的问题，并立即采取措施加以控制或纠正。自愈电网确保了电网的可靠性、安全性、电能质量和效率。智能电网中用户将是电力系统不可分割的一部分，鼓励和促进用户参与电力系统的运行和管理是智能电网的另一重要特征。智能电网应具备被攻击后快速恢复的能力，最大限度地降低其后果和快速恢复供电服务，保证供电安全。智能电网应满足 21 世纪用户需求的电能质量，减轻来自输电和配电系统

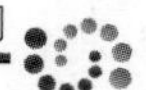

中的电能质量事件。智能电网将允许各种不同类型发电和储能系统的接入，各种各样的发电包括分布式电源如光伏发电、风电、先进的电池系统、即插式混合动力汽车和燃料电池等，改进的互联标准将使各种各样的发电和储能系统容易被接受，这一特征对电网提出了严峻的挑战。智能电网优化资产应用，使运行更加高效，智能电网将使电力市场蓬勃发展。智能电网通过高速信息网络实现对运行设备的在线状态监测，使设备运行在最佳状态。

智能电网参考结构如图 6.26 所示。智能电网中，电能不仅从集中式发电厂流向输电网、配电网直至用户，同时电网中还遍布各种形式的新能源和清洁能源。此外，高速、双向的通信系统实现了控制中心与电网设备之间的信息交互，高级分析工具和决策体系保证了智能电网的安全、稳定和优化运行。智能电网的结构大体可分为：发电接入、输电设备、配电与用电的发输配用层；传感量测保护智能控制层；信息通信网络智能网络层；高级调度中心智能运行层。

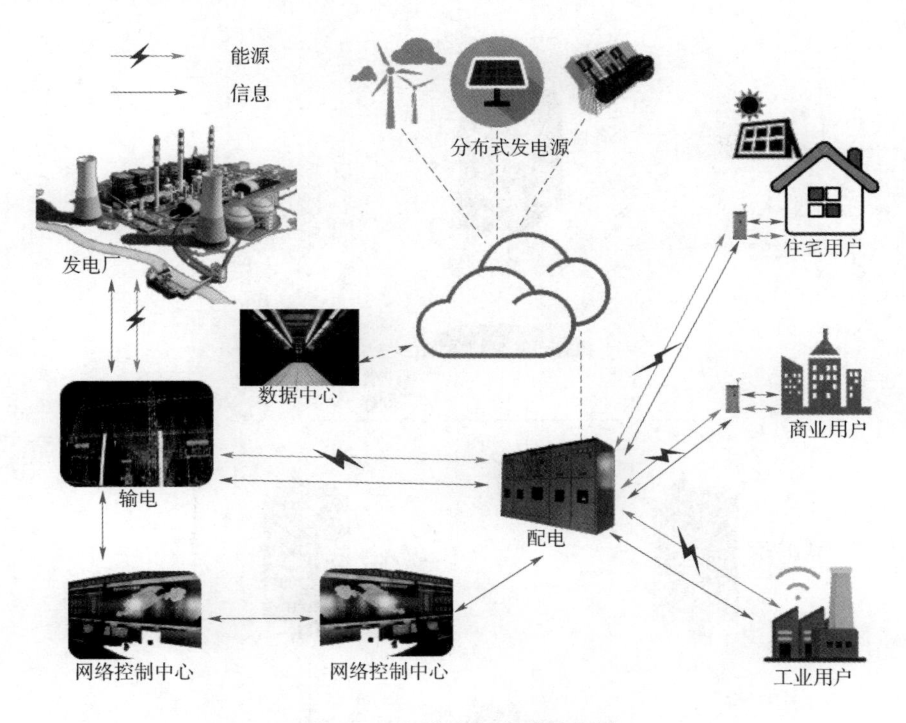

图 6.26 智能电网参考结构图

6.2.3 智能电网主要组成部分功能

智能电网高级量测体系技术组成和功能主要包括：智能电表、通信网络、计量数据管理系统、用户室内网、提供用户服务（如分时或实时电价等），远程接通或断开。

国内外推动智能网建设一般以构建高级测量体系（AMI）为切入点。AMI 是一个用来测量、收集、存储、分析和运用用电信息的完整网络化系统，由安装在用户端或变配电站的智能电表、位于电力公司内的计量数据管理系统和连接它们的通信系统组成，AMI

的实施是实现智能电网的第一步。

智能电表是智能电网及其高级测量体系的数据采集终端，承担电量数据、电能量数据和电能质量等数据的采集处理和传输任务，是用户和电力公司交互的桥梁。电力公司通过智能电表可以获得用户用电信息和电能质量信息等，从而监视和控制电力系统，更好地实现电力系统自动化，提供更加优质的电能，保证电力系统安全、可靠运行，制定灵活的实时电价或费率以达到合理利用资源的目的。电能用户通过智能电表可以获得详细的用电情况和实时电价费率，据此制定合理的用电计划，从而节省电费、节约能源。因而，智能电表是实现高级测量体系 AMI 和智能电网的关键环节。

智能电表是智能电网的智能终端，除了具备传统电能表基本用电量的计量功能以外，为了适应智能电网和新能源的使用它还具有双向多种费率计量功能、用户端控制功能、多种数据传输模式的双向数据通信功能、防窃电功能等智能化的功能，智能电表代表着未来节能型智能电网最终用户智能化终端的发展方向。远程集抄管理系统区域管理器方案如图6.27所示。

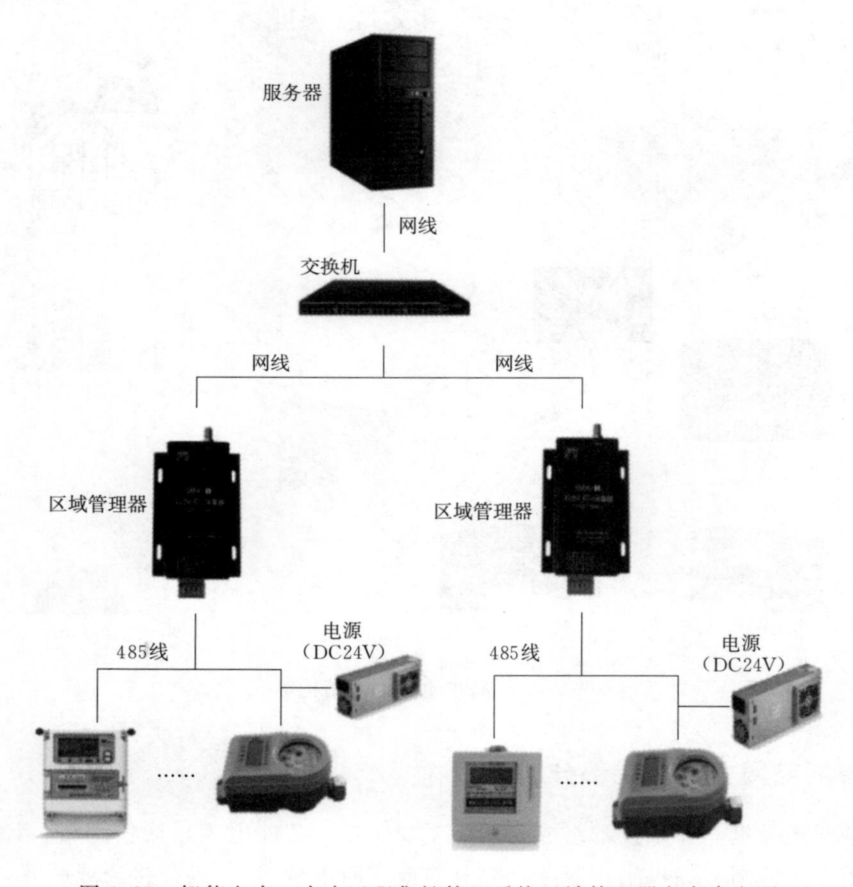

图6.27　智能电表、水表远程集抄管理系统区域管理器方案参考图

智能电网中的用电信息采集系统：用电信息采集系统应用高级传感、通信、自动控制等技术，实现数据采集、数据管理、电能质量数据统计、线损统计分析，及时采集、掌握

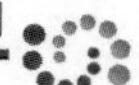

用户的用电负荷进行监测和控制，为实现阶梯电价、智能费控等营销业务策略提供了技术支持。其主要设备包括主站系统、集中器、采集网关、智能电表等，总体架构如图 6.28 所示。

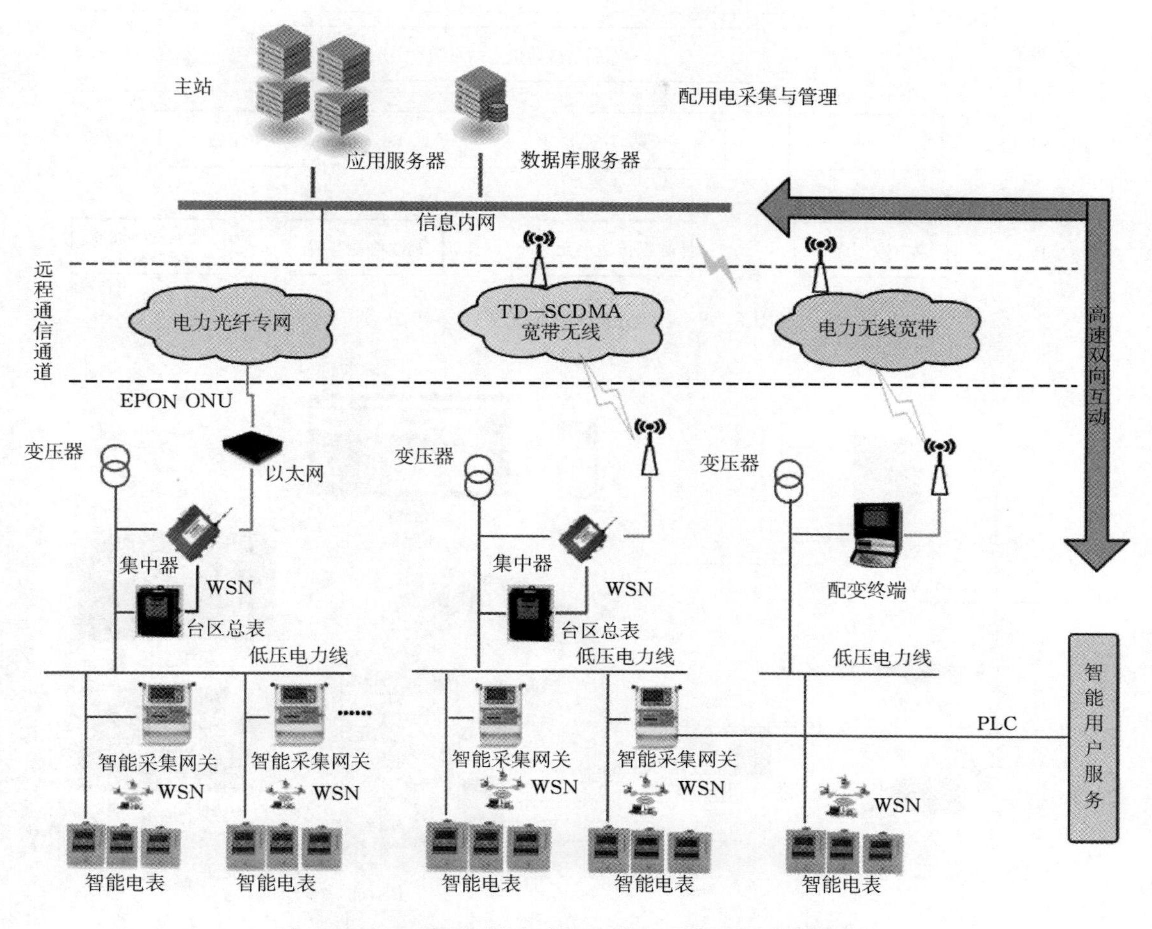

图 6.28　基于物联网的智能用电信息采集系统总体架构图

高级测量体系中还包括通信网络、计量数据管理系统、用户室内网、提供用户服务（如分时或实时电价等）及远程接通或断开，会在有关课程中学习。

智能电网中高级配电系统：实现了高级配电运行的配电网称之为智能配电网，高级配电自动化是智能配电网的主要特征，配电自动化系统层次结构如图 6.29 所示。配电自动化系统最突出的一个优点是，它具有非常好的灵活性。变电站在初期建设的过程中可以使用中型配电自动化系统，而且可以装设与之相对应的主站、子站和终端等。当需要扩展配电系统的时候，可以在目前主站系统的基础上增加数量，再将其中一个主站作为该系统的中心站。通过不同的层次结构，系统主要分成主站自动化系统、子站自动化系统以及终端系统自动化三个层次。根据实际需要可以将第二层以下结构进行适当的扩展。配电变电站运维平台及工作方案如图 6.30 所示。

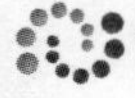

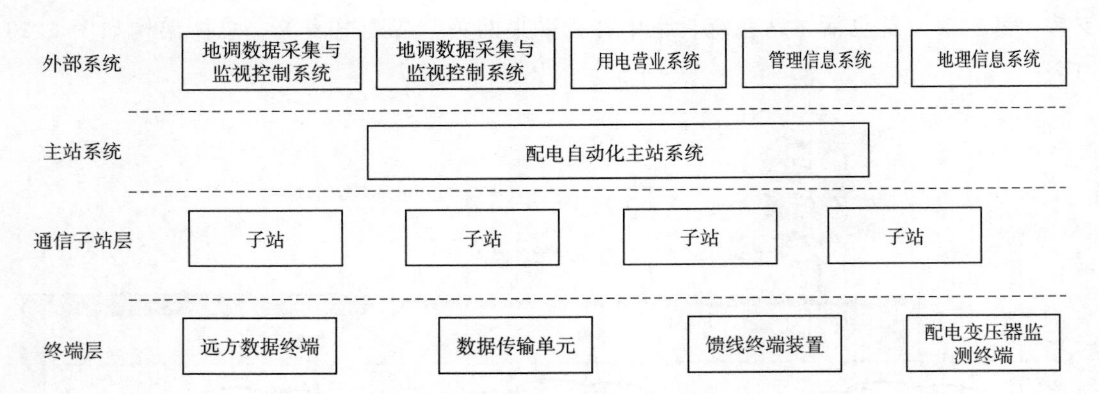

图 6.29　配电自动化系统层次结构图

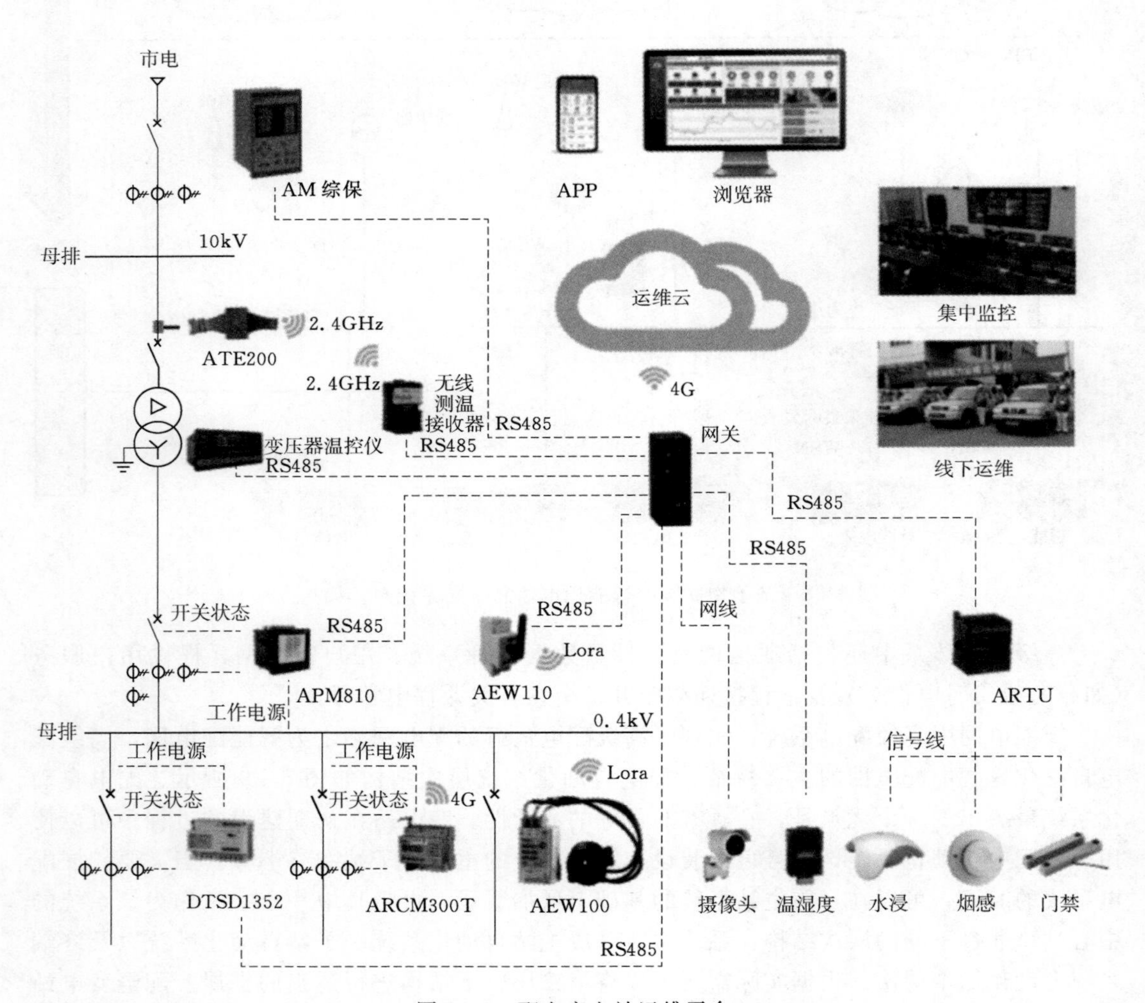

图 6.30　配电变电站运维平台

6.2.4 智能电网技术要求与信息交互

1. 智能电网的信息交互模型

电网智能化的基础是信息交互，借用美国标准技术委员会（NIST）智能电网工作组发布的智能电网信息交互模型如图6.31所示。交互模型中展示了模块的规模发电、输电、配电、用户、市场、运营及服务机构，通过网关及信息网络是如何进行信息交互的，交互路径与跨领域交互路径的关系及复杂性。

2. 智能电网的主要技术要求

智能电网的主要技术要求如下：

(1) 具有坚强的电网基础体系和技术支撑体系，能够抵御各类外部干扰和攻击，能够适应大规模清洁能源和可再生能源的接入，电网的坚强性需要得到巩固和提升。

(2) 信息技术、传感技术、自动控制技术与电网基础设施有机融合，可获取电网的全景信息，及时发现、预见可能发生的故障。故障发生时，可以快速隔离故障，实现自我恢复，从而避免大面积停电的发生。

(3) 柔性交/直流输电、网厂协调、智能调度、电力储能、配电自动化等技术的广泛应用，使电网运行控制更加灵活、经济、并能适应大量分布式电源、微电网及电动汽车充放电设施的接入。

(4) 通信、信息和现代管理技术的综合运用，将大大提高电力设备使用效率，降低电能损耗，使电网运行更加经济和高效。

(5) 实现实时和非实时信息的高度集成，共享与利用。为运行管理展示全面、完整和精细的电网运营状态图，同时能够提供相应的辅助决策支持、控制实施方案和应对预案。

(6) 建立双向互动的服务模式，用户可以实时理解供电能力、电能质量、电价状况和停电信息，合理安排电器使用，电力企业可以获取用户的详细用电信息，为其提供更多的增值服务。

6.2.5 智能电网的监测系统简介

1. 自动化系统组成

(1) 主站自动化系统包括配电主站系统、配电应用软件子系统、配电管理系统。

1) 配电主站系统当主前置服务器发生故障的时候，系统能够自动配置一台代替服务器，在一定程度上可以有效保证系统的稳定运行。

2) 配电应用软件子系统可通过联机调试来测试系统故障恢复的能力。

3) 配电管理系统将分析并显示电力设备空间的定位数据，同时也能够分析相应的属性资料。

(2) 子站自动化系统，作为配电系统监控的重要组成部分，因配电系统中需要监控很多电气设备，其中与配电主站直接关联的设备监控难度较大，所以必须通过中间级进行监控，而中间级就是配电子站系统。其主要功能是采集数据以及监控系统。除此之外，还可以实时监控传输到配电主站的通信处理器内的实时数据。

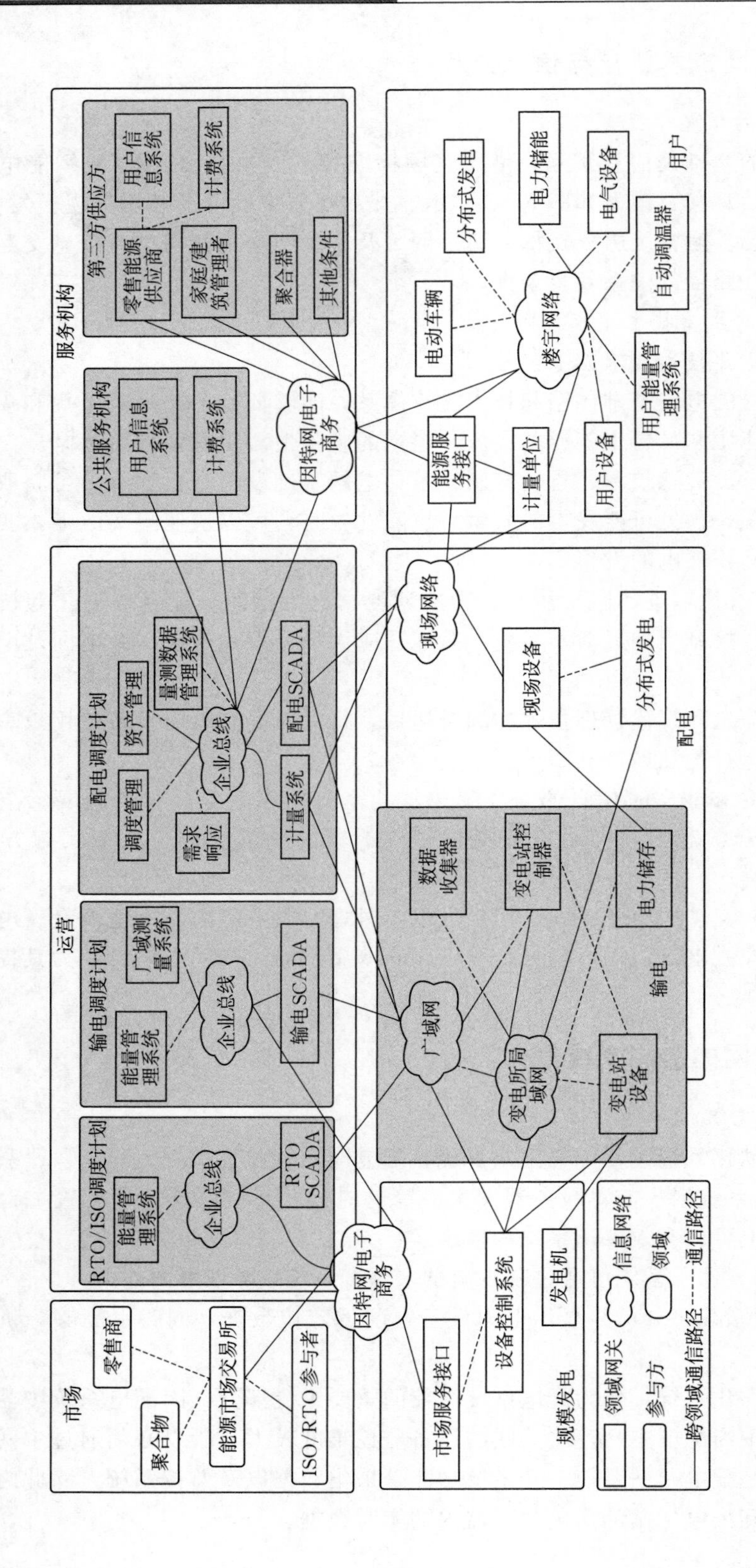

图 6.31　智能电网信息交互模型

(3) 终端系统自动化，对于城市配电系统来说，其终端系统自动化的功能是：实时监控系统中的各类设备，它不但需要完成遥测、遥控以及遥调的功能，还必须识别和控制系统出现的故障，通过配合主站和子站，监测和优化电力系统的实时运行状态，而后重新构造网络隔离故障。

2. 输电线路在线监测系统

符合智能电网要求的输电线路状态信息至少应当包括基础信息、运行信息、灾害预警信息和环境监测信息4个方面，见表6.2。

表6.2 输电线路状态信息

类别	子类	内容
基础信息		台账信息、地理信息、管理信息
运行信息	日常管理	缺陷信息、故障信息、隐患信息
	实时情况	载流能力、导线温度、接头温度、孤垂情况、外绝缘情况、风偏情况、载荷情况
灾害预警		雷电预警、强对流天气预警、冰灾预警、台风预警
环境监测		微气象监测、山火监测、人为破坏情况监测

(1) 数据检测系统。数据检测系统基本结构如图6.32所示，检测系统的通信方式如图6.33所示。其中应用系统层由多个单独的应用系统组成，每个单独的应用系统反映线路运行状况的一个方面。

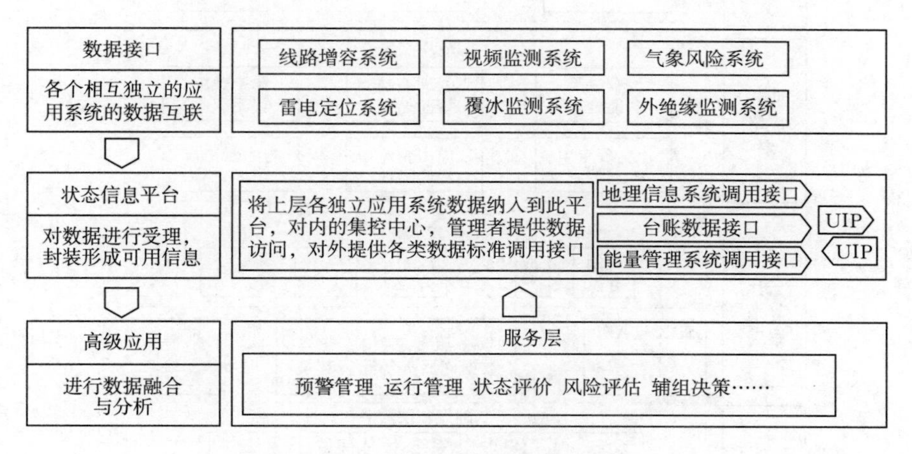

图6.32 数据检测系统基本结构

1) 数据中心层：将上层各独立应用系统的数据集成起来，进行统一管理、集中处理、综合分析，实现多系统的数据融合。

2) 数据应用层：将基于实时监测数据建立输电线路的虚拟现实模型，并利用三维平台构建线路关键点的虚拟现实对象，实现监测系统的可视化。

(2) 基于云计算的智能电网信息平台的体系结构如图6.34所示，其中构造如下：

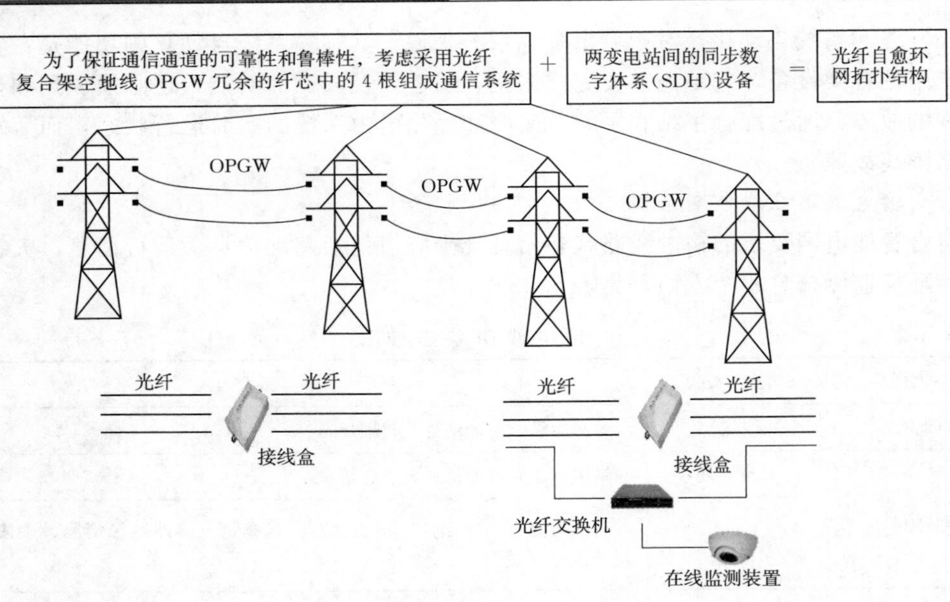

图 6.33　检测系统的通信方式

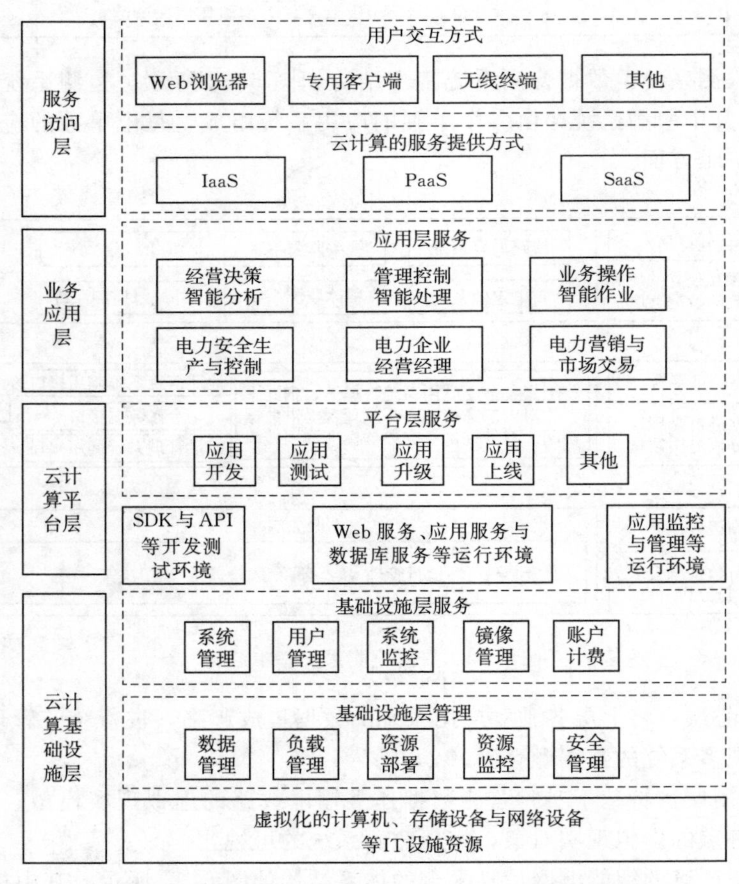

图 6.34　基于云计算的智能电网信息平台的体系结构

1）服务访问层：作为一种全新的商业模式，云计算以IT即服务的方式提供给用户使用，包括基础即服务（IaaS）、平台即服务（PaaS）和软件即服务（SaaS），能够在不同应用级别上满足电力企业用户的需求。

2）业务应用层：是云上应用软件的集合，对于智能电网信息平台而言，这些软件包括电力安全生产与控制、电力企业经营管理和电力营销与市场交易等领域的业务软件，以及经营决策智能分析等智能分析软件。

3）云计算平台层：是具有通用性和可重用性的软件资源的集合，为云应用提供软件开发套件与应用编程接口等开发测试环境，Web服务器集群、应用服务器集群与数据库服务器集群等构成的运行环境，以及管理监控的环境。

4）云计算基础设施层：是经虚拟化后的硬件资源和相关管理功能的集合，通过虚拟化技术对计算机、存储设备与网络设备等硬件资源进行抽象，实现内部流程自动化与资源管理优化。

（3）智能电网状态监测云计算平台的设计流程如图6.35所示，对于平台设计基本要求可以简单归纳如下。接触虚拟机实现资源的虚拟化，提高设备的利用率。因此采用分布式的冗余存储系统来存储数据，保证数据的可靠性，降低机器故障率。注意成本的减低。

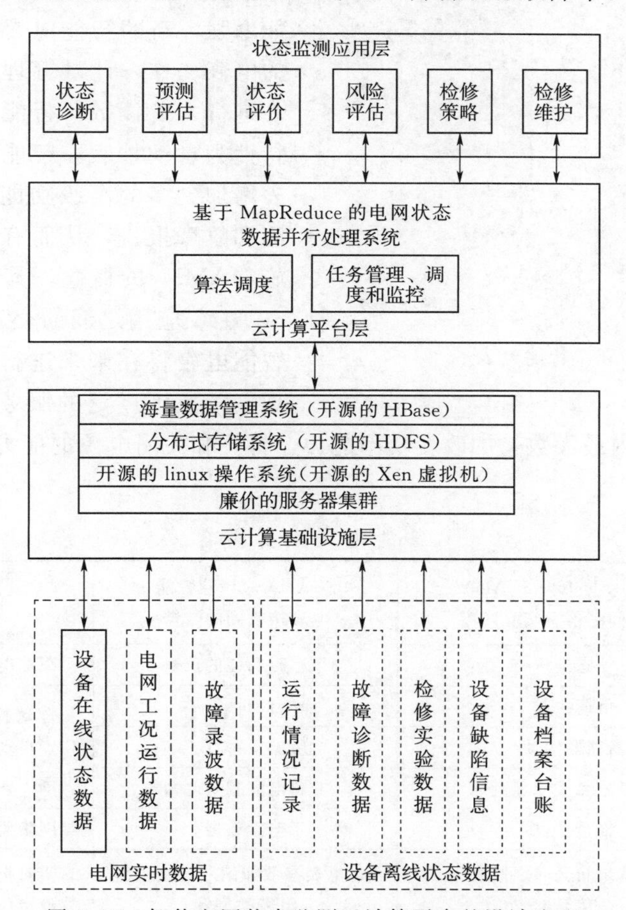

图6.35 智能电网状态监测云计算平台的设计流程

因数据量极大，且可靠性和实时性要求高，不采用传统的关系数据库，而采用基于列存储的数据管理模式，来支持大数据集的高效管理。

因为智能电网需要在状态数据基础上进行各种电力系统计算与应用，所以提出基于MapReduce的状态数据进行处理系统，可以为状态评估、诊断与预测提供高性能的并行计算能力以及通用的并行算法开发环境。

3. 智能电网家庭综合能源管理系统

智能家庭综合能源管理系统是需求侧管理的重要依托，系统中智能电表、智能显示终端、智能插座等设备组成的家庭网络，能够支持分布式能源、电动汽车等系统或设备的接入和计量、家用电器智能控制，综合家庭能耗监测和能源优化管理等功能。

单相智能电表及相关辅助设备是家庭能源管理系统中高级量测与控制的核心。其功能设计一般包括：具有双向多种费率计量功能、用户端控制功能、多种数据传输模式的双向数据通信功能、防窃电功能等智能化的功能，有效地实现抄表、编程、校时、数据管理等功能，拥有可靠、直观、简便、廉价的各种优点。智能电表代表着未来节能型智能电网最终用户智能化终端的发展方向，智能电表如图6.36所示。

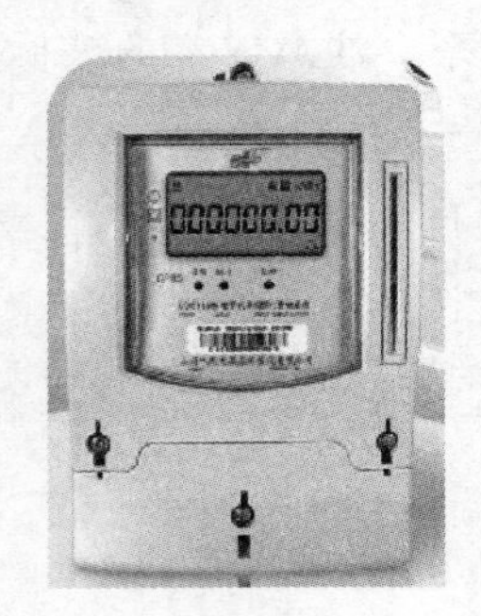

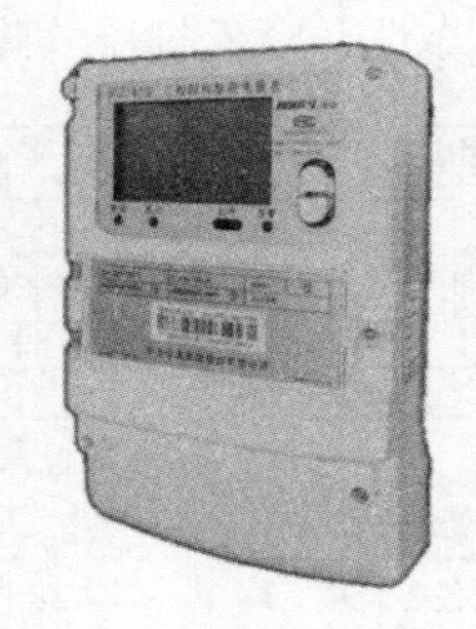

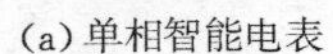

(a)单相智能电表　　(b)三相智能电表

图6.36　智能电表

智能电表通过增加新的特性使得其功能增强，新的智能电表不需要像很久以前的电表一样，计量管理通过定期对每个电表进行人工读数。智能电表第一个增强的特性为自动抄表，智能电表进一步会为电表增加更多的高级功能，例如电能质量监测和故障报告，从而有了先进计量基础设施（AMI）的概念。其中智能电表与中央SCADA应用之间的交互情况如下表所示。智能电表将在未来进行大规模部署，并实现支持范围广泛的服务，如实时功耗，可在任何给定的时间内最大数量的改变功率能力，打开和关闭电源的能力，停电自动检测能力等，见表6.3。

表6.3　智能电表服务内容

	智能电表与中央SCADA应用之间的信息交互内容	SCADA应用从智能电表接收到的数据	智能电表额外提供的公共事业类服务
服务内容	动态定价	每小时功耗的价格	跟踪电表的位置
	负荷曲线	启动报警	自动检测在低压网络上的变化，自动将数据上传至新加入的电表中
	断路器驱动	历史报警日志	
	对计量故障关闭和延迟	电源电池剩余寿命	
	报警重设	电量数据	网络监控，可以用于电网监控
	在断路重新开启之前的通信延时	智能电表参数如编号、制造商、电表类型等	实时报告附件停电状况，进行故障定位的能力

光伏分布式能源接入系统至用户端的案例如图 6.37 所示，可以看出光伏发电到达用户端的过程。智能显示终端功能框架如图 6.38 所示，系统用户侧家庭管理系统构成能够实现发电量数据的实时采集、定时自动采集和自动补抄，为用户展示分布式电源当前/日/月电量数据信息及接入状态信息等。

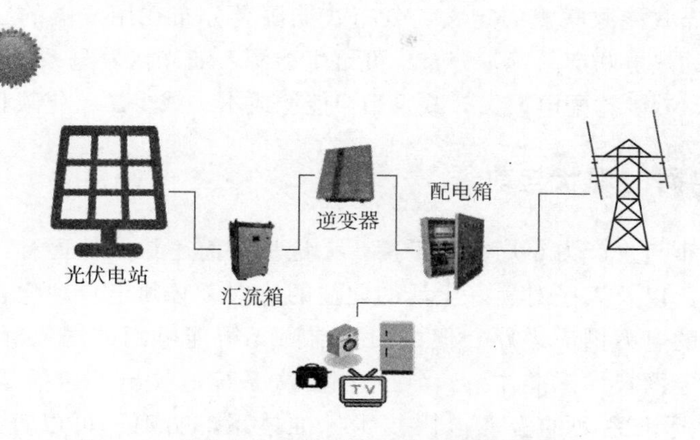

图 6.37 光伏分布式能源至用户端系统案例图

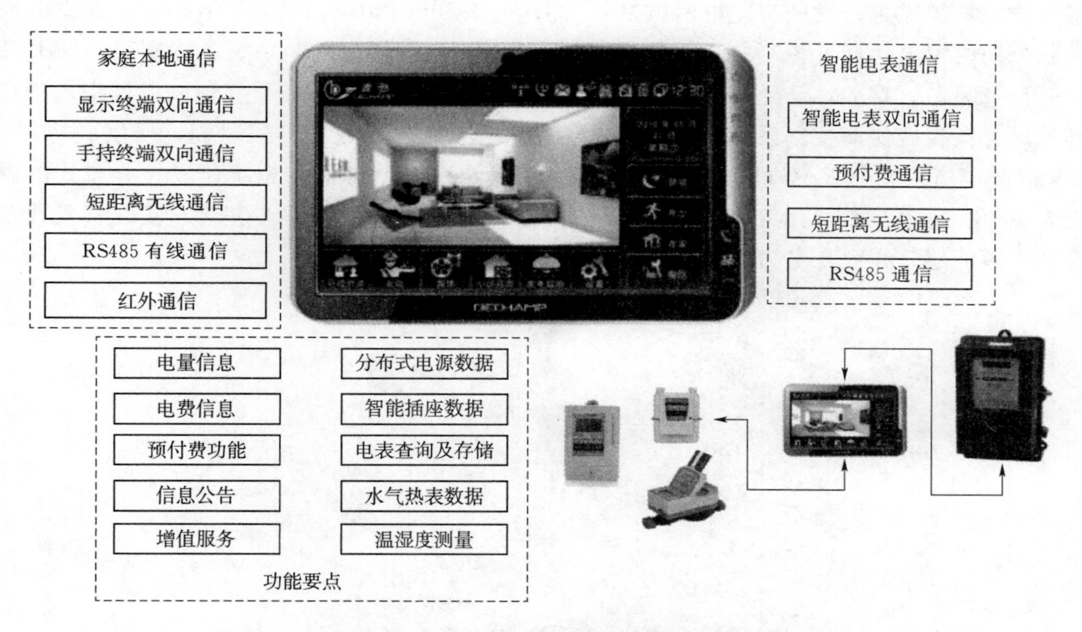

图 6.38 智能显示终端功能框架图

智能终端管理系统的特点主要包括：

（1）面向电网公司，通过 RS485、短距离无线，智能显示终端可与智能电表、智能手持终端通信。

（2）在户内，通过短距离无线等方式，与智能插座、水气表等设备通信。

（3）用户可方便获得、全面掌握家庭能源消耗情况，包括用电量、分布式发电量、家电耗电量信息、水/气/热消耗信息等。

（4）通过智能电表和智能显示终端组成的交互门户，家电设备可与远程终端（如手机、计算机）联系，进而远程控制家电设备，提高生活质量，且用户可足不出户实现电力等能源商品的交易与结算。

根据世界分布式能源联盟的定义，分布式能源是分布在用户端的独立的各种产品和技术。包括：高效的热电联产系统，分布式可再生能源，如光伏发电系统等。其意义在于：提高能源利用效率、减少输配电损失、减少用户能源成本、减少二氧化碳和污染物的排放等。

6.2.6　智能电网的现状与前景

我国能源分布与生产力布局很不平衡，无论从当前还是从长远看，要满足经济社会发展对电力的需求，以及人民对美好生活的向往的追求。必须走自动化、智能化、可靠、经济、清洁、互动的电力供应道路。但中国目前尚无智能电网的国家标准。2010 年国家电网发布了《智能电网技术标准体系》，在中国首次系统地提出了包括 8 个专业分支、26 个技术领域、92 个标准系列的智能电网技术标准体系，明确了可以直接采用、需要修订、需要制定的智能电网技术标准。2012 年 11 月，中国电力科学研究院有限公司等单位发布了《能源系统需求开发的智能电网方法》（GB/Z 28805—2012），2017 年 5 月，国家电网有限公司国家电力调度控制中心等单位发布了《智能电网调度控制系统总体框架》（GB/T 33607—2017）。目前，已经研制成功新能源发电监控系统、50 kW 垂直轴风电机组，正在开发风光储智能协调控制系统。完成柔性直流输电系统关键设备样机研制，研发成功 500 kW 故障电流限制器 FACTS 装置，正在进行输变电设备状态监测系统研发。分布式能源接入系统、电动汽车的充放电设备及车联网、物联网系统等正在逐步完善，正在实现普及应用。智能感知在泛在电力物联网所处位置如图 6.39 所示。

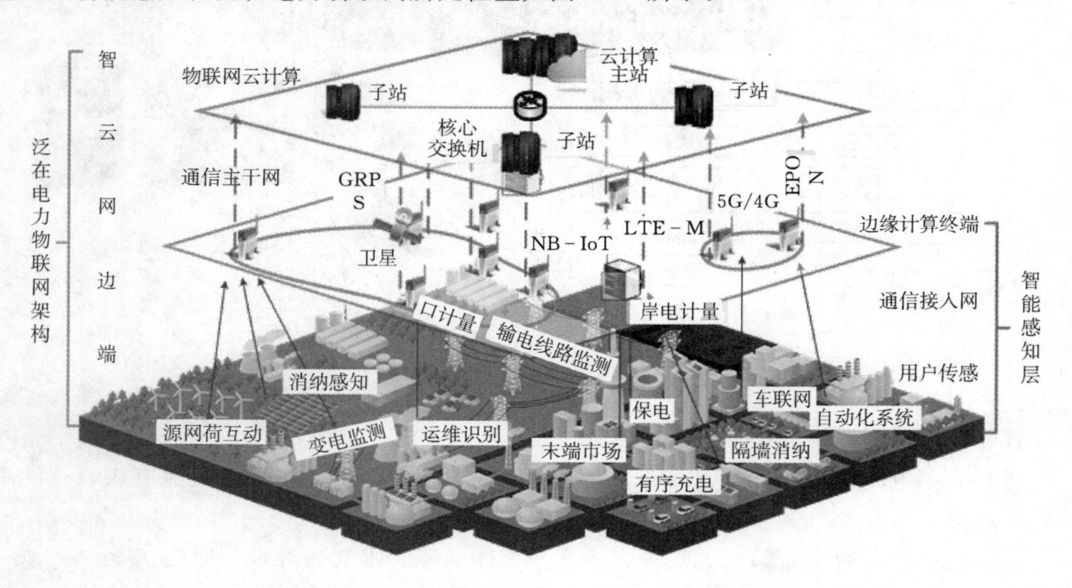

图 6.39　智能感知在泛在电力物联网所处位置

6.3 智慧消防解决方案

6.3.1 解决方案架构

随着社会不断发展，2010年“智慧城市”的提出，智慧生活、智慧交通、智慧出行、智能交通等相关词语紧随其后，“智慧”开启了信息化时代的新纪元，为整个社会的发展指明了新的方向，我们运用科技手段创造更美好的生活。但是任何发展的基础都离不开安全，而消防安全更是必不可少的，在智慧城市发展过程中，消防安全作为公共安全的重要组成部分，同样也在不断变化发展。

众所周知，生活中火灾报警及消防解决方案十分重要，关系着民生及安全，近年来普及火灾报警系统成为了大的趋势。2015年中华人民共和国公安部、民政部等联合发布《关于积极推动发挥独立式感烟火灾探测报警器火灾防控作用的指导意见》（公消〔2015〕289号），明确指出：养老院、福利院、幼儿园、社区居民活动场所、老旧居民住宅、宿舍、小旅馆等场所需安装独立式烟感，并鼓励采用联网型设备。2017年中华人民共和国公安部发布了《关于全面推进“智慧消防”建设的指导意见》（公消〔2017〕297号）要求，2018年年底地级以上城市建成消防器材物联网远程监控系统，目前已经建成消防器材物联网系统的城市，在2017年年底，70%以上的火灾高危单位和设有自动消防器材设备的高层建筑接入系统，2018年年底全部接入。近年来各地管理部门纷纷推动养老院、校舍、商业区的消防改造工程，并探索采用物联网、互联网等先进技术提高消防管理水平。

物联网是一种无处不在的连接的范例，几乎所有的虚拟和物理的设备都被期望嵌入互联网协议（IP）套件中，实现彼此相连。这些被连接的设备可以通过多个网络进行通信，形成一个连接设备的生态系统。无线物联网消防解决方案的基本组成构架如图6.40所示，采用了最新的LoRa/LoRaWAN和NB-IoT技术推出的物联网创新应用。解决方案系统如图6.41所示，解决方案的优点如图6.42所示。

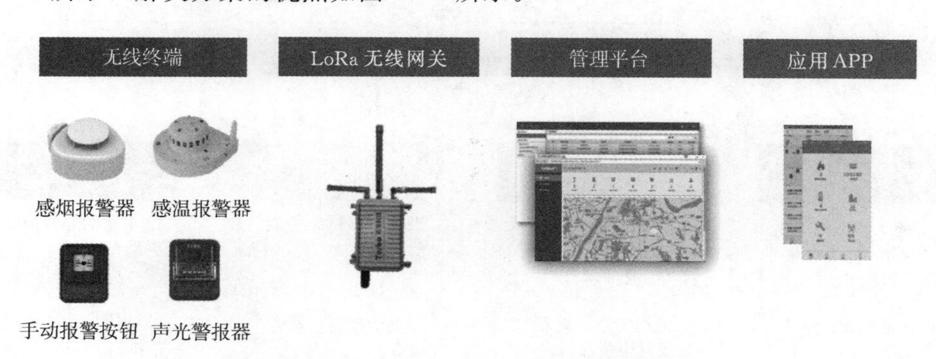

图6.40 无线物联网消防解决方案的基本组成构架

消防解决方案可以通过物联网手段实现智慧消防的新要求，能够解决这些场所的消防改造和消防设施添加困难问题，以及火灾报警设备部署、管理与维护难题，方案具有覆盖范围大、易于部署、成本低、智能化和管理性强的特点。

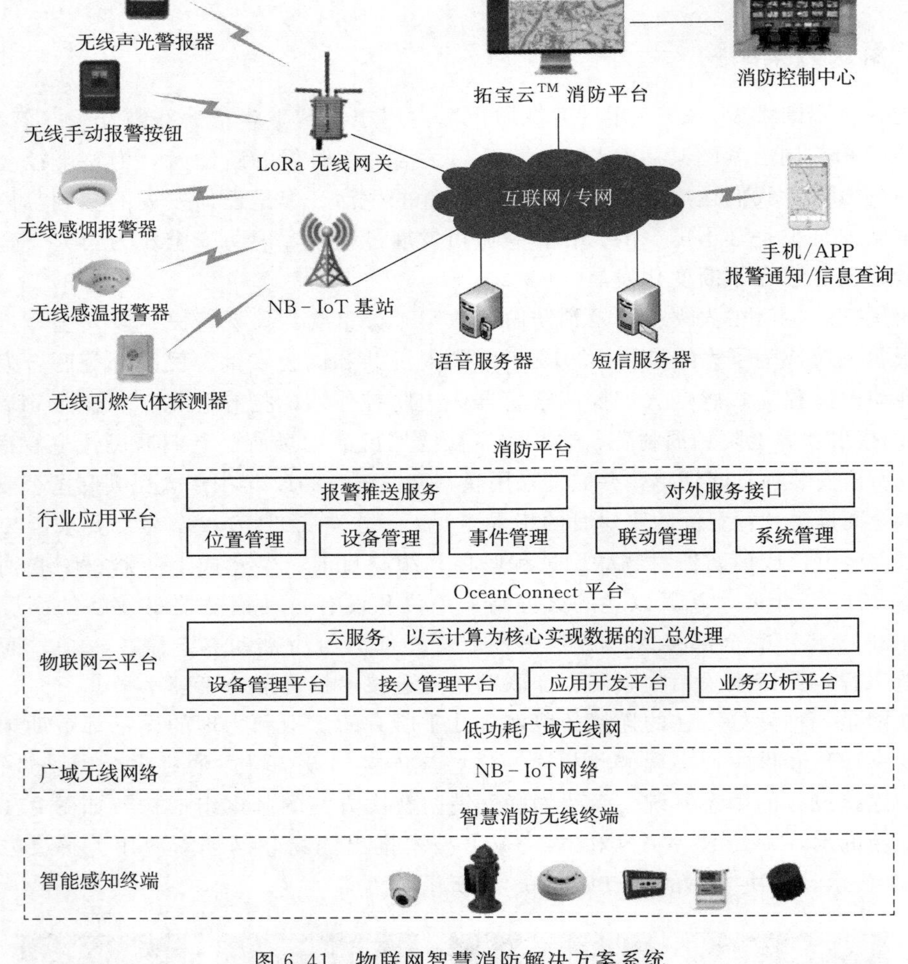

图 6.41　物联网智慧消防解决方案系统

先进的无线技术	容易安装维护	智能化	低成本
1. 支持 LoRa 和 NB-LoT 标准，可大规模组网及混合组网	1. 无需网关（NB-IoT）或仅需少量网关（LoRa）	1. 实时联网，智能监控	1. 丰富的专业消防终端
2. 传输范围大，室内覆盖好	2. 无线传输，无需布线可快速部署	2. 集中控制，联合报警	2. 组网灵活，适应范围广
	3. 终端功耗低，电池寿命最长可达5年以上	3. 特有烟感失联和底座拆动报警功能	3. 容量大，可扩展性强
			4. 部署和维护成本低

图 6.42　解决方案的优点

6.3.2 解决方案基本设备

物联网希望通过通信技术将人与物，物与物进行连接。智慧消防物联网的特点又是非常明显：物联的种类多⟶互联的范围广⟶智联的要求高⟶应用反馈的速度要快。

消防的相关的事、物、地、车、人电、水万物互联，实现数据共享、业务协同。物联网希望通过通信技术将人与物，物与物进行连接。为满足越来越多远距离物联网设备的连接需求，LPWAN（low - power Wi 接 de - Area Network，低功耗广域网）应运而生。LPWAN 专为低带宽、低功耗、远距离、大量连的物联网应用而设计。互联的意义中也包含了监管互联感知，通过各个政府部门平台的数据打通，实现消防基础平台的建设。智联，借助 AI 的能力，对影响消防安全的事、物、人进行智能研判与预警。通过海量数据相互关联、分析，提升消防预测能力，实现防火预知，救火及时。

解决方案系统功能根据消防工作内容及火灾隐患特点划分出六大系统功能：智慧消防水系统、智慧用电系统、火灾报警系统、视频信息联动系统、地理综合信息显示系统、消防设施巡检管理系统，称之为智慧消防云平台。

智慧消防设备满足物联网的三个层次（感知层、传输层、应用层），运用传感器等技术，使信息传感设备实时感知需要的信息，按照约定的协议，通过可能的网络（如基于 LoRa 的无线局域网）接入方式，把物品与互联网相连接，进行信息交换和通信，实现物与物、物与人的泛在链接，实现对消防设备的智慧化识别、跟踪和管理。现场设备采集层通过 LoRa 数据采集器实时采集数据，这些传输给物联网平台，实现对数据的实时控制、存储及输出的功能，记录报警事件，管理人员可通过浏览 Web 服务页面或者移动设备实时了解现场情况。

对于广范围、远距离的连接则需要远距离通信技术，LPWAN 技术（物联网低功耗广域网络）正是为满足物联网需求应运而生的远距离无线通信技术。提到远距离无线通信，目前全球电信运营商已经构建了覆盖全球的移动蜂窝网络，然而 2G、3G、4G 等蜂窝网络虽然覆盖距离广，但基于移动蜂窝通信技术的物联网设备有功耗大、成本高等劣势，当初设计移动蜂窝通信技术主要是用于人与人的通信。根据权威的分析报告，当前全球真正承载在移动蜂窝网络上的物与物的连接仅占连接总数的 6%。如此低的比重，主要原因在于当前移动蜂窝网络的承载能力不足以支撑物与物的连接。因此，为满足越来越多远距离物联网设备的连接需求，LPWAN（low - power WIFI 接 de - Area Network，低功耗广域网）应运而生。物联感知层及基本设备如图 6.43 所示，物联传输层及设备如图 6.44 所示，物联应用层消防平台与互联网运营模式如图 6.45 所示。

6.3.3 解决方案系统运营

运用物联网技术，搭建起智慧消防云平台，信息化与消防业务的深度融合得以实现，系统运营结构如图 6.46 所示，系统云平台将时刻观察着采集网络火灾报警控制器运营信息与警报状态，实现对网络单元自动报警系统的全方位感知监控，提前排除各项隐患，保障各类消防实施的正常运行。用户只需要安装智能终端，缴纳服务费，物联网公司设计公司提供产品与服务支撑，运营公司负责平台运营。物联网硬件安装，实现消防终端基础数据采集，上传到云平台，构建立体化、全覆盖的社会火灾防控提醒，打造符合实战要求的

图 6.43　物联感知层及设备

图 6.44　物联传输层及设备

现代消防警务勤务机制提供有力支撑，全面提升社会火灾防控能力、灭火应急救援能力和队伍管理水平，实现“传统消防”向“现代消防”的转变。

在城市发展的过程中，不仅仅局限于城市，整个社会都需要铺展智慧消防，但是针对复杂多样的应用场景，各种各样的易燃物件，智慧消防是如何被应用于各种各样的环境中呢?

智慧消防物联平台如图 6.47 所示。可根据社会场景进行分类汇总，根据建筑，人口，面积，单位等情况设计不同的应用场景解决方案，例如针对高层建筑住宅、写字楼等人口密度较大的区域，可使用物联网视频监控、物联网烟感、物联网手动报警器、智能防火门、水位水压探测器等多种物联网消防硬件产品结合智慧消防平台，搭建起立体化的高层建筑火灾防控体系。智慧消防体系覆盖了日常的火灾隐患监控，消防设施在线监控，消防巡检管理，消防知识宣传，消防工作根据等搭建起高层建筑整体火灾防控体系。

智慧消防是智慧城市的一部分，随着各地智慧城市建设的推进，智慧消防项目也会越来越多，市场前景广阔。随着家庭智能化的发展，家庭智能监控报警系统是其中的一项重要内容。

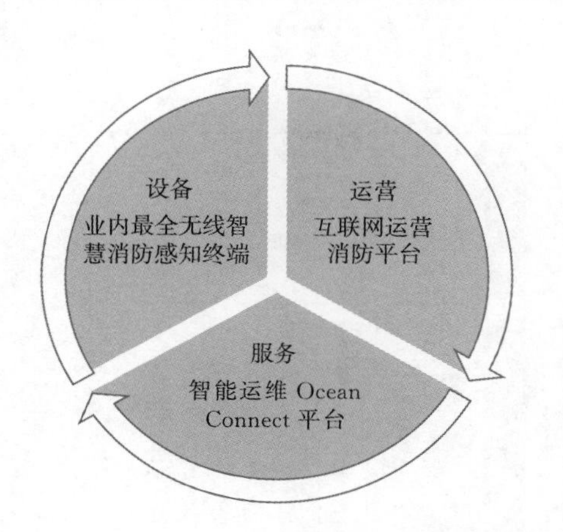

- 火灾报警及联动，微信、电话、短信等实时推送
- 设备接入和管理，管理和运维所有无线终端设备
- GIS地图服务，分级地址管理，定位设备及报警
- 用户认证及授权，不同角色使用者设置相应的功能
- 业务分析功能，数据统计和分析，直观简单的展示

图 6.45　物联应用层消防平台与互联网运营模式

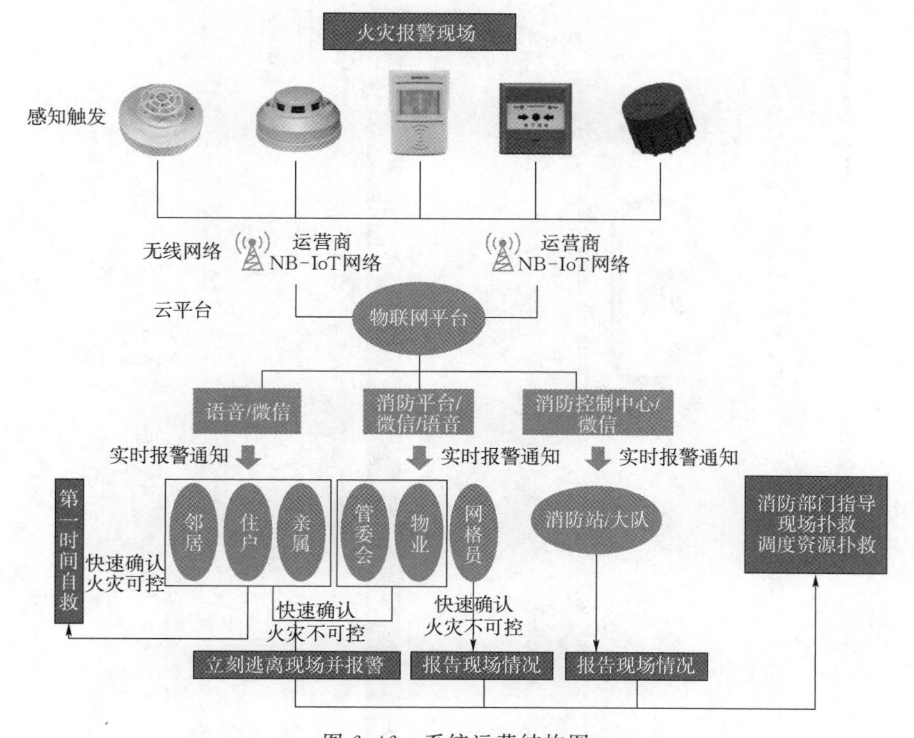

图 6.46　系统运营结构图

如业主离家前可设定安防报警系统自动启动：对特定的阀门（如煤气、水阀门）或开关（电气开关）实现自动被关闭，以防止因忘记关炉灶或水龙头造成的火灾或水灾等事故发生。业主回家后该系统将自动解除，开启各种阀门开关。如果出现突发警情，各种安防设备传感器（烟雾、火警、水警、盗警）的报警信号会自动通过物联网网络传往物管控制中心，并启动相关联动装置，比如水源管理系统物联网案例结构及管理图，如图 6.48 所示。智慧消防物联网体系建设是全社会关注、全体人民受益的事情，市场空间大，必有大发展。

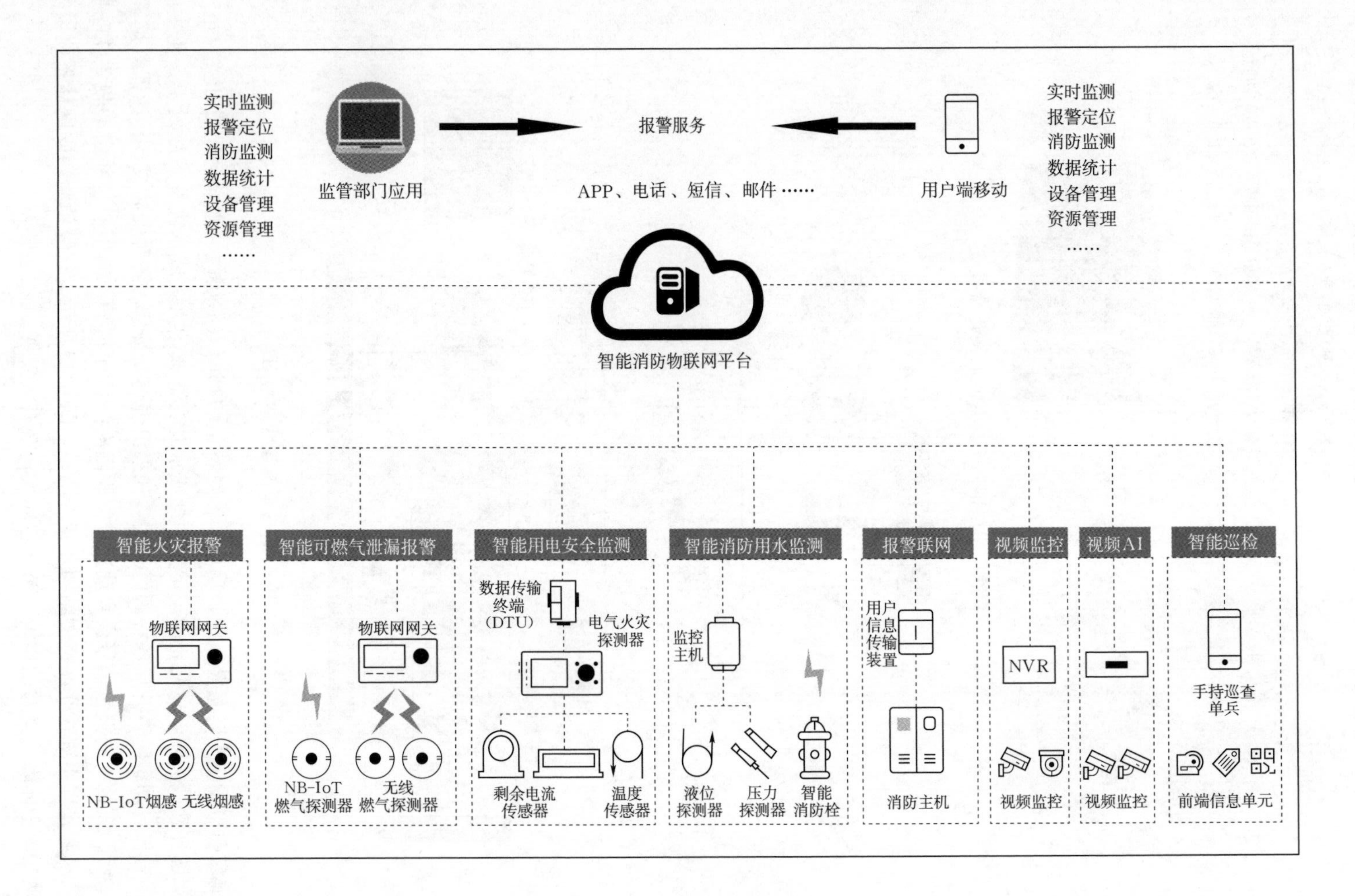

图 6.47　智慧消防物联网平台

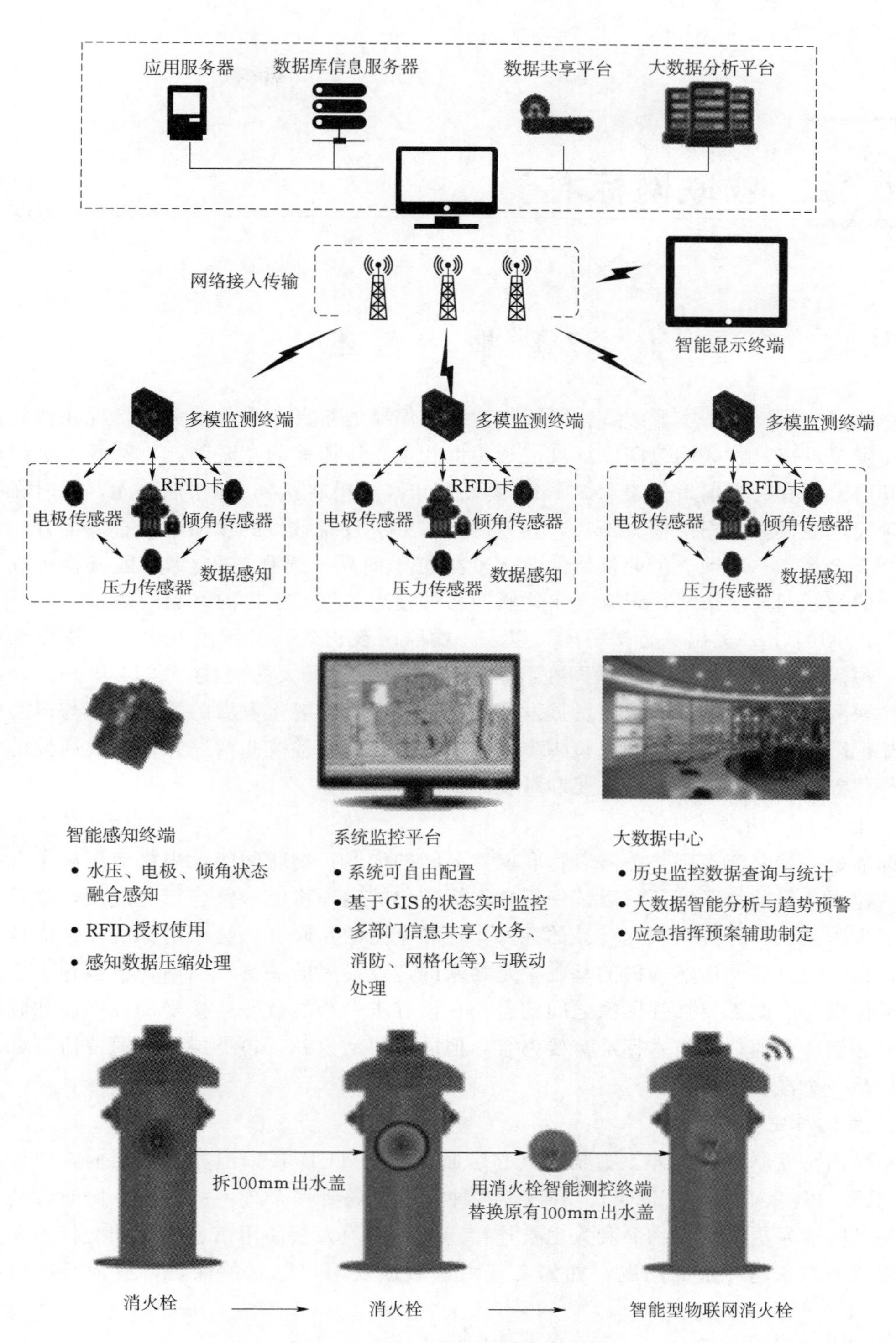

图 6.48 智能水源管理物联网结构

第7章 物联网标准

7.1 概 述

物联网技术已经基本形成，物联网作为国家倡导的新兴产业备受关注，现在物联网产业正在发展迅速，物联网范围广泛且前景盛世壮观，接棒移动互联网，物联网万亿级市场正在开启。据有关市场报告表示2025年物联网市场规模将达到2000亿美元，同时在基础建设阶段，硬件将占据市场大份额，业界对全球IoT设备数量的预测也会直线上升。物联网在个人穿戴、车联网、工业领域的收入规模位于前列。预测2022年中国就能将成为全球最大的物联网连接市场，未来5年物联网将构建近3倍于手机的终端网络。

自2009年8月提出“感知中国”以来，物联网被正式列为国家五大新兴战略性产业之一，写入政府工作报告，物联网在我国受到了全社会极大的关注。2014年开始，我国掀起物联网风潮，各家厂商努力发掘发展机会，然而，碎裂化发展的技术标准与产品服务规格却也阻碍了物联网市场的成长脚步。为了能让各家设备彼此沟通并使用共通性的应用软件与服务，标准的整合十分必要和重要。

1. 技术标准问题

标准是一种交流规则，关系着物联网物品间的沟通，物联网的大规模应用离不开标准体系的建立，目前物联网还缺乏统一标准。标准化的实现将能够整合行业应用，规范新业务的实现和测试，保证物联网产品的互操作性和全网的互联性。物联网标准体系的建设与完备，是扩大物联网市场规模的基础，是物联网产业发展的关键。当前，各国存在不同的物联网标准，因此需要加强国家之间的合作，以寻求一个能被普遍接受的标准。如物联网的发展必然涉及通信的技术标准需要整合，但同时要认识到，各类层次的通信协议标准的统一将是一个漫长的过程。

2. 协议与安全问题

物联网是互联网的延伸。物联网核心层面是基于TCP/IP，但在接入层面，协议类包括GPRS、短信、TD-SCDMA、有线等多种渠道，需要一个统一的协议。同时，物联网中的物品间联系更紧密，物品和人也被连接起来，必须大量使用信息采集和交换设备，数据泄密成为越来越严重的问题。如何实现大量数据及用户隐私的保护，成为亟待解决的问题。

3. 终端与地址问题

物联网终端除具有本身功能外，还拥有传感器和网络接入等功能，且不同行业需求

各异，如何满足终端产品的多元化需求，对运营商来说是一大挑战。另外，每个物品都需要在物联网中被寻址，因此物联网需要更多的 IP 地址。IPv4 资源即将耗尽，IPv6 可满足物联网的资源需求。但 IPv4 向 IPv6 过渡是一个漫长的过程，且存在兼容性问题。

从 2011 年起，中国电子技术标准化研究院、无锡物联网产业研究院、西安航天自动化股份有限公司等八家单位通过在多行业的调研、分析、梳理和总结，提出了新的物联网参考体系结构，即“六域模型”。以该模型为基础，2016 年 12 月 30 日发布、2017 年 7 月 1 日正式实施了中国第一个物联网体系化标准《物联网　参考体系结构》（GB/T 33474—2016）。

截至 2020 年 1 月，经中国国家标准化管理委员会发布的物联网标准共计现行标准 54 项，即将实施标准 8 项，涵盖了物联网网络体系、物联网安全、各行业物联网标准等各个方面。

7.2　物联网参考体系结构与实体域

物联网基础标准主要是《物联网　参考体系结构》（GB/T 33474—2016）及《物联网术语》（GB/T 33745—2017）这两个标准，也是我国最早颁布的物联网标准。GB/T 33474—2016 规定了我国物联网的标准化体系结构，现有物联网系统均遵从这个体系结构进行开发；GB/T 33745—2017 界定了物联网中一些共性的、基础的术语和定义，适用于物联网概念的理解和信息的交流，同时各个术语明确了标准英文名称，对跨国进行物联网技术交流、物联网技术资料的翻译，起到了良好的促进作用。

GB/T 33474—2016 给出了物联网概念模型，并从系统、通信、信息三个不同的角度给出了物联网参考体系结构，适用于各应用领域物联网系统的设计，为物联网系统设计提供参考。

物联网概念模型由用户域、目标对象域、感知控制域、服务提供域、运维管控域和资源交换域组成，逻辑关系如图 5.9 所示。物联网体系参考体系结构中各个域包含的实体的描述见表 7.1。

表 7.1　参考体系域包含的实体描述

域名称	实　体	实　体　描　述
用户域	用户终端	包括移动通信终端、互联网终端、专网终端、无线局域网终端等
	用户终端接入网络	用户终端访问和获取信息服务的通信网络
目标对象域	智能化感知对象	其他实体可通过数字或模拟接口能获取其信息的感知对象
	智能化控制对象	通过数字化接口进行控制操作的控制对象
感知控制域	传感器网络结点	包括传感器结点、传感器网络网关等
	标签读写设备	通过标签获取数据和（或）写入数据的电子设备
	标签	主要包括 RFID、条形码、二维码等
	音视频设备	获取对象音视频信息并传输的设备

续表

域名称	实　体	实　体　描　述
感知控制域	智能化设备接口系统	连接智能化感知对象和智能化控制对象实现对象数据交互的系统
	位置信息系统	基于北斗卫星定位系统、GPS定位系统或移动通信网络定位等获取感知对象位置信息并对外交互的系统
	物联网网关	物联网网关从通信角度应事先感知系统与其他物联网业务系统互联的实体，宜具备包括协议转换、地址映射、安全认证、网络管理等功能。同时需实现不同类型感知控制系统间网络管理
服务提供域	基础服务系统	支撑基础服务系统内部提供基础服务的实体间互联互通以及与其他外部实体或网络间交互的通信网络
	业务服务系统网络	支撑业务服务系统内部提供业务服务实体间互联互通以及与其他外部实体或网络间交互的通信网络
运维管控域	运行维护系统网络	支撑运行维护系统内部实体间互联互通以及与其他外部实体或网络间交互的通信网络
	法规监管系统网络	支撑法规监管体系内部实体间互联互通以及与其他外部实体或网络间交互的通信网络
资源交换域	资源交换系统网络	支撑信息资源交换系统和市场资源交换系统内部信息数据、服务数据、资金数据等实体间互联互通以及与其他外部实体和网络间交互的通信网络

7.3　物联网标准体系

7.3.1　物联网基础共性标准

物联网标准体系的建立应遵照全面、明确、兼容、可扩展的原则，将物联网标准体系划为基础共性标准体系和行业应用标准体系如图7.1所示。

1. 总体技术类标准

总体类标准包括术语、体系结构、接口、信息交换、参考模型和需求分析标准等。它们是物联网标准体系的顶层设计和指导性文件，负责对物联网通用系统体系结构、技术参考模型、数据体系结构设计等重要基础性技术进行规范。

我国物联网总体技术标准主要是针对智能传感器制定，包括《物联网总体技术　智能传感器接口规范》（GB/T 34068—2017）、《物联网总体技术　智能传感器特性与分类》（GB/T 34069—2017）、《物联网总体技术　智能传感器可靠性设计方法与评审》（GB/T 34071—2017）。

智能传感器由传感单元、智能计算单元和接口单元组成，具有智能与物联网特性，其类别繁多，广泛应用于物联网中。物联网智能传感器的一大特点就是能够通过各种接口实现与外部网络或系统的双向通信，并具备自识别、自描述、自组织等功能。

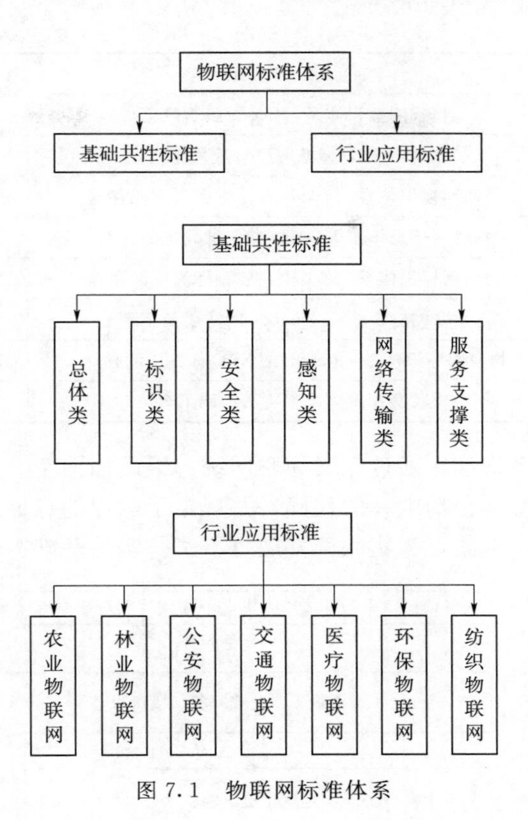

图 7.1 物联网标准体系

为对智能传感器的研究、生产与应用，以及后续使用可靠性进行评审，上述标准对智能传感器接口进行标准化。同时对智能传感器在硬件方案论证阶段、技术设计阶段、详细设计阶段、试生产（生产定型）阶段的可靠性设计工作和评审工作，以及在产品需求分析阶段、软件需求分析阶段、软件概要设计阶段、软件详细设计阶段和软件实现阶段的可靠设计工作与评审工作作出了规范。

2. 标识体系标准

从没有物联网开始，厂家就开始使用产品序列号来精确定义某个具体的产品，超市、商场等商家通常使用条码来标识某个商品。在物联网出现后陆续发展出使用条码、二维码、射频标签（RFID）、NFC 等方式对物进行精确标识。

如果没有一个国家统一标准，各自不同标识的使用会造成用物品标识混乱，可能一种产品会出现多种不同标识、一个标识对应多种产品的情况。因此国家标准化管理委员会从 2015—2019 年不断起草颁布了适用各种接入模式、各种智能传感器使用的物联网标识体系标准，见表 7.2。

表 7.2　各种智能传感器使用的物联网标识体系标准

标准号	标准名称	发布日期	实施日期
GB/T 37032—2018	物联网标识体系　总则	2018.12.28	2019.7.1
GB/T 36604—2018	物联网标识体系　Ecode 平台接入规范	2018.9.17	2019.4.1

续表

标　准　号	标　准　名　称	发布日期	实施日期
GB/T 36605—2018	物联网标识体系　Ecode解析规范	2018.9.17	2019.4.1
GB/T 36461—2018	物联网标识体系　OID应用指南	2018.6.7	2019.1.1
GB/T 35419—2017	物联网标识体系　Ecode在一维条码中的存储	2017.12.29	2018.4.1
GB/T 35420—2017	物联网标识体系　Ecode在二维码中的存储	2017.12.29	2018.4.1
GB/T 35421—2017	物联网标识体系　Ecode在射频标签中的存储	2017.12.29	2018.4.1
GB/T 35422—2017	物联网标识体系　Ecode的注册与管理	2017.12.29	2018.4.1
GB/T 35423—2017	物联网标识体系　Ecode在NFC标签中的存储	2017.12.29	2018.4.1
GB/T 31866—2015	物联网标识体系　物品编码Ecode	2015.9.11	2016.10.1

这些物联网标识体系标准，通过定义物联网统一编码如图7.2所示，赋予物联网中对象物理实体或虚拟物理实体全局唯一的代码，并规定了标识的存储、采集和识别方法。明确了如下物联网标识体系框架，为物联网发展打下了坚实的基础。

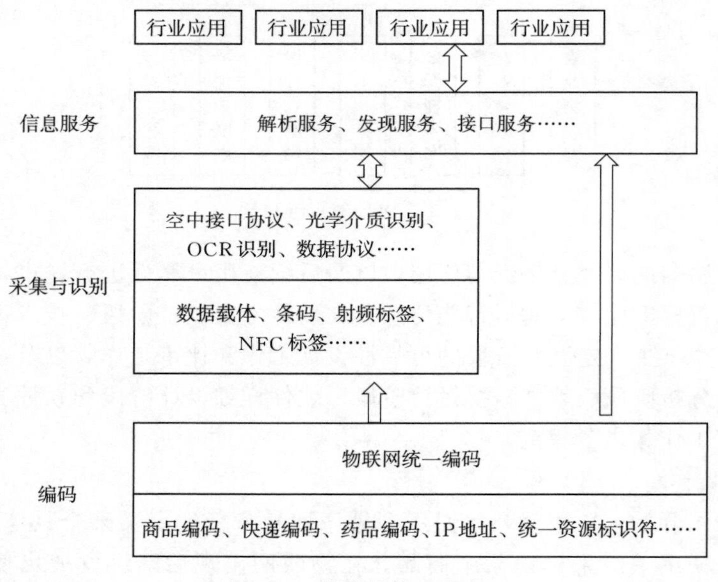

图7.2　物联网统一编码

3. 安全类标准

2016年10月，美国最主要的DNS服务商Dyn遭遇大规模DDoS攻击，导致Twitter、Spotify、Netflix、AirBnb、CNN、华尔街日报等数百家网站无法访问。媒体将此次攻击称作是“史上最严重DDoS攻击”，可见其影响之恶劣。值得注意的是，此次网络攻击中，黑客利用了大量的物联网设备。如今，越来越多的物品贴上了“智能”标签，成为了联网设备。这给人们的生活带来许多便利，这些物联网设备的安全问题却常常被人忽视。

有鉴于此，在2018年12月28日，国家标准化管理委员会出台了五项物联网安全标

准，涉及了终端、数据接入、数据传输、网络平台等各个方案。

从物联网系统的规划设计、开发建设、运维管理、废弃退出等整个生存周期规范了各类安全要求，也确定了物联网安全标准的基线参考，见表7.3。

表7.3 物联网安全标准

标准号	标准名称	发布日期	实施日期
GB/T 36951—2018	信息安全技术 物联网感知终端应用安全技术要求	2018.12.28	2019.7.1
GB/T 37024—2018	信息安全技术 物联网感知层网关安全技术要求	2018.12.28	2019.7.1
GB/T 37025—2018	信息安全技术 物联网数据传输安全技术要求	2018.12.28	2019.7.1
GB/T 37044—2018	信息安全技术 物联网安全参考模型及通用要求	2018.12.28	2019.7.1
GB/T 37093—2018	信息安全技术 物联网感知层接入通信网的安全要求	2018.12.28	2019.7.1

4. 感知类标准

感知类标准是物联网标准工作的重点和难点，是物联网的基础和特有的一类标准，感知类标准要面对各类被感知的对象，涉及信息技术之外的多种技术，由于复杂性、多样性、边缘性、多领域性造成的难度是很突出的，其核心标准亟待突破。感知技术是物联网产业发展的核心，目前感知类标准呈现小、杂、散的特征，严重制约了物联网产业化发展。感知类标准主要包括传感器、多媒体、条码、射频识别、生物特征识别等技术标准，涉及信息技术之外的物理、化学以及广泛的非电技术。当前，主要相关标准组织包括ISO、IEC、EPC、IEEE、WGSN和电子标签工作组等。

5. 网络传输类标准

物联网络传输类标准包括接入技术和网络技术两大类标准，接入技术包括短距离无线接入、广域无线接入、工业总线等，网络技术包括互联网、移动通信网、易购网等组网和路由技术。网络传输标准相对比较成熟和完善，在物联网发展的早期阶段基本能够满足应用需求。为了适应在特定场景下的物联网需求，国内外主要标准组织展开了针对物联网应用的新型接入和优化的网络技术研究，并取得了一定的成果。

6. 服务支撑类标准

物联网服务支撑类标准包括数据服务、支撑平台、运维管理、资源交换标准。数据服务标准是指数据接入、数据储存、数据融合、数据处理、服务管理等标准。支撑平台标准是指设备管理、用户管理、配置管理、计费管理等标准。运维管理标准是指物联网系统的运行监控、故障诊断和优化管理等标准，也涉及系统相关的技术、安全等合规性管理标准。资源交换标准是指物联网系统与外部系统信息共享与交换方面的标准。

7.3.2 物联网行业应用标准

物联网业务应用标准具有鲜明的行业属性，行业物联网如图7.1所示，需要按照行业配置与推进。由于物联网涉及的行业众多，行业发展不平衡，现在缺失多的是行业应用标准，导致物联网建设不能满足最终应用的要求，这也是直接制约物联网发展的主要因素。国家非常重视物联网业务应用标准的建设，已经在各行业开展现先行的标准建设试点，有望在不久的将来取得显著的突破。

本书所涉及的能源与发电行业物联网系统标准主要有：《物联网温度变送器规范》（GB/T 34072—2017），该标准主要规定了物联网温度变送器的术语和定义、分类和基本参数、要求、试验条件及试验方法、检验规则以及标志、使用说明书、包装、储存和运输等内容：《物联网电流变送器规范》（GB/T 34070—2017），该标准主要规定了物联网系统中电流测量的电流变送器的术语和定义、分类要求、试验方法、检验规则以及标志、使用说明书、包装、贮存和运输要求等内容；《变电站设备物联网通信架构及接口要求》（GB/T 37548—2019），该标准适用于变电站一次设备、辅助设施等设备管理的物联网应用，规定了变电站设备物联网体系架构、通信架构、感知设备通信接口、安全防护要求等内容。

参 考 文 献

[1] 张建中．温差电技术［M］．天津：天津科学技术出版社，2013.

[2] 张仁元．相变材料与相变储能技术［M］．北京：科学出版社，2009.

[3] 王长贵，王斯成．太阳能光伏发电实用技术［M］．北京：化学工业出版社，2009.

[4] 高敏，张景韶，Rowe D. M. 温差电转换及其应用［M］．北京：兵器工业出版社，1996.

[5] 喜文华，魏一康，张兰英，等．太阳能实用工程技术［M］．兰州：兰州大学出版社，2001.

[6] 李建保，李敬锋．新能源材料及应用技术：锂离子电池、太阳能电池及温差电池［M］．北京：清华大学出版社，2005.

[7] 徐德胜．半导体制冷与应用技术［M］．上海：上海交通大学出版社，1992.

[8] 林昕畅．物联网技术发展、机遇与挑战［M］．北京：人民邮电出版社，2019.

[9] 程明，张建忠，王念春，等．可再生能源发电技术［M］．北京：机械工业出版社，2012.

[10] NTT DATA 集团．图解物联网［M］．丁灵，译．北京：人民邮电出版社，2017.

[11] 托马斯·达文波特，茱莉亚·柯尔比．人机共生：智能时代人类胜出的 5 大策略［M］．李盼，译．杭州：浙江人民出版社，2018.

[12] 小泉耕二．2 小时读懂物联网［M］．朱悦玮，译．北京：北京时代华文书局，2019.

[13] 高俊岭．大功率热电转换关键技术及测试方法研究［D］．广州：华南理工大学，2015.

[14] 林涛．半导体温差发电系统及其性能研究［D］．广州：广东工业大学，2016.

[15] 李宜筱．面向空间核电源应用的高温热电材料和器件的研究［D］．合肥：中国科学技术大学，2020.

[16] 邢通．高性能碲化物的热电性能研究及器件制备［D］．上海：中国科学院大学（中国科学院上海硅酸盐研究所），2020.

[17] 乔吉祥．碲化铋热电薄膜材料设计、制备与性能研究［D］．合肥：中国科学技术大学，2020.

[18] 韦国锐，陈立栋，于秋思，杨晓．跨 DC 的虚拟化核心网容灾体系研究［J］．邮电设计技术，2019（9）：78－81.

[19] 韦国锐，霍晓歌．5G 时代虚拟化核心网组网架构演进［J］．移动通信，2018，42（12）：37－41.

[20] 张晨，韦国锐．移动通信 4G/5G 互操作中的配置研究与优化［J］．通信技术，2021，54（4）：1015－1020.